Optimización matemática aplicada.

Enunciados, ejercicios y aplicaciones del mundo real con MATLAB

María Josefa Cánovas, Víctor Huertas, María Sempere

Optimización matemática aplicada.
Enunciados, ejercicios y aplicaciones del mundo real con MATLAB.

© María Josefa Cánovas
Víctor Huertas
María Sempere

ISBN: 978-84-9948-243-9
Depósito legal: A-801-2010

Edita: Editorial Club Universitario Telf.: 96 567 61 33
C/ Decano, n.º 4 – 03690 San Vicente (Alicante)
www.ecu.fm
e-mail: ecu@ecu.fm

Printed in Spain
Imprime: Imprenta Gamma Telf.: 965 67 19 87
C/ Cottolengo, n.º 25 – 03690 San Vicente (Alicante)
www.gamma.fm
gamma@gamma.fm

Índice general

Introducción

El presente libro versa principalmente sobre el planteamiento y la resolución (analítica y con ayuda del programa informático MATLAB[1]) de problemas de optimización no lineal, con diferentes incursiones en la optimización lineal. Así pues, el objetivo fundamental del libro es proporcionar herramientas analíticas y computaciones para la búsqueda de máximos o mínimos de una determinada *función objetivo* dentro del conjunto de soluciones factibles, el llamado *conjunto factible*, definido como el conjunto de soluciones de un cierto sistema de ecuaciones e inecuaciones llamadas *restricciones* del problema (véase (3.1) para una formulación matemática del modelo). Se considera también, en una primera etapa, el caso de problemas de optimización sin restricciones (véase (2.1) para un planteamiento formal). Cuando tanto la función objetivo como el sistema de restricciones son lineales, estamos ante un problema de Programación Lineal (PL para abreviar); en otro caso, en el que alguna de las mencionadas funciones es no lineal, nos encontramos ante un problema de Programación No Lineal (que abreviamos por PNL).

Trabajaremos en el contexto de problemas con una cantidad finita de *variables de decisión* (cada una de ellas tomando valores en el conjunto de los números reales) y una cantidad finita de restricciones. Ambas, PL y PNL, son ramas de la Programación Matemática (PM), la cual se ocupa del estudio teórico y práctico de problemas de optimización generales, incluyendo también la Programación Entera, Programación Multiobjetivo, Programación Semi-Infinita e Infita, etc. En lo que sigue emplearemos indistintamente los términos *progra-*

---

[1]MATLAB es marca registrada de The MathWorks, Inc.

(véase www.mathworks.com/trademarks)

mación y *optimización*; así por ejemplo, PNL y *optimización no lineal* serán empleados como sinónimos.

A efectos de la teoría, por simplicidad en los resultados, el problema de optimización siempre será considerado en el formato de "minimizar" con restricciones expresadas en términos de desigualdades en el sentido de '$\leq$'. Nótese que no es restrictivo adoptar siempre este formato, pues todo problema escrito en términos de "maximizar" es equivalente al de minimizar el opuesto de la función objetivo original. Además, obviamente toda restricción del tipo '$\geq$' puede escribirse en el formato de '$\leq$' sin más que multiplicar ambos miembros de la desigualdad por -1 y toda igualdad '$=$' puede expresarse en términos de dos desigualdades.

Breves notas históricas. Es bien sabido que el teorema de las *condiciones de Karush, Kuhn y Tucker* (véase la sección 3.2) constituye un pilar básico en la teoría y los métodos de la PNL, y que éste se verifica bajo una amplia colección de hipótesis, llamadas hipótesis de *cualificación de restricciones*; de hecho, la búsqueda de nuevas hipótesis de cualificación de restricciones constituye actualmente una línea activa de investigación.

Conceptualmente, el antecedente directo a las condiciones de Karush, Kuhn y Tucker (KKT por brevedad) lo encontramos en el llamado *método de los multiplicadores de Lagrange,* publicado por este autor en 1788, en su libro *Mécanique Analytique.* El método de los multiplicadores de Lagrange se aplica a problemas de optimización con restricciones de igualdad, mientras que las condiciones de KKT se establecen para problemas de optimización con desigualdades. A pesar de que, en primera instancia, puede parecer que el salto conceptual de problemas con igualdades a problemas con desigualdades no es muy grande, la teoría de las condiciones de KKT no aparece hasta mediados del siglo XX. Seguidamente se indican algunas fechas clave en el desarrollo de la PNL.

El caso de problemas de PNL con restricciones de desigualdad fue ya considerado por Fourier en 1798, también en el contexto de la Mecánica Analítica, aportando algunas ideas fundamentales acerca de condiciones necesarias de optimalidad para cierto problema de equilibrio mecánico. Estas condiciones, para dicho problema específico, fueron demostradas por Farkas en 1898[2]. Véase Prékopa [22] para mayor detalle sobre los comienzos de la teoría de la optimización tal y como la conocemos hoy en día.

El tratamiento sistemático de problemas de PNL con restricciones de desigualdad fue iniciado por Karush en 1939, y Kuhn y Tucker en 1951. Estos autores obtuvieron de forma independiente las condiciones necesarias de optimalidad (local), referidas en párrafos anteriores como condiciones de KKT. Desde la publicación de Kuhn y Tucker [15], diferentes autores han dedicado un notable esfuerzo a la obtención de las condiciones de KKT bajo diferentes hipótesis de cualificación de restricciones. Un excelente trabajo de recopilación de casi una veintena de estas cualificaciones de restricciones y las relaciones existentes entre ellas lo encontramos en Peterson [20]. Citaremos, por ejemplo, las hipótesis de cualificación de restricciones de Slater, Mangasarian, Cottle, Mangasarian-Fromovitz, Kuhn-Tucker, Arrow-Hurwicz-Uzawa, Abadie y Guignard.

Resumen de contenidos. El libro está estructurado en tres partes bien diferenciadas y precisamente la composición de contenidos de estas tres partes es la principal característica que diferencia a ésta de otras obras que podemos encontrar en la literatura sobre optimización matemática. La selección de contenidos del libro está inspirada en la vertiente práctica de las asignaturas de Programación No Lineal y Modelos de Optimización (con un total de 7,5 créditos teóricos y 6 créditos prácticos), impartidas en la Universidad Miguel Hernández de Elche (UMH) por M.J. Cánovas, coautora de la presente obra.

La parte I recoge los enunciados fundamentales de la teoría de la PNL ilustrados con diferentes ejemplos y ejercicios resueltos. Los autores han prestado especial atención a los aspectos didácticos y al rigor matemático a la hora de introducir los diferentes conceptos y resultados, así como a la completitud de los mismos. Concretamente, se enuncian las condiciones de KKT bajo determinadas hipótesis de cualificación de restricciones. Este libro incluye tres de estas hipótesis, seleccionadas por criterios didácticos y de utilidad práctica. También

---

[2] Aunque la prueba de este resultado se encuentra en un trabajo de este autor publicado en húngaro en 1898, la referencia más extendida es Farkas [8].

se enuncian las condiciones de optimalidad local de segundo orden, un teorema sobre la interpretación de los llamados multiplicadores de KKT y diferentes resultados sobre la optimalidad global. Además de los contenidos propios sobre PNL, por motivos de completitud, la obra incorpora un capítulo de preliminares donde se recogen las herramientas básicas necesarias provenientes del análisis matemático, del álgebra lineal y del análisis convexo.

La parte II presenta las instrucciones básicas del manejo de MATLAB relativas a la resolución de problemas de PL y PNL. Los contenidos de esta parte, agrupados en dos capítulos, están pensados para ser impartidos en diferentes sesiones de prácticas con ordenador (en un total de 5 sesiones como se indica en las secciones correspondientes) con una duración total aproximada de 10 horas. Concretamente, esta parte presenta las instrucciones básicas para la representación gráfica de funciones en 2 y 3 dimensiones, el cálculo diferencial y resolución de sistemas de ecuaciones en el formato de la matemática simbólica, y las funciones implementadas en MATLAB que resuelven problemas de optimización con y sin restricciones.

En relación con estas dos primeras partes, los autores han optado por incluir los enunciados teóricos de optimización clásica sin demostración, y la descripción a nivel de usuario de las instrucciones básicas de MATLAB, sin entrar en los detalles técnicos de los algoritmos empleados, con el fin de dar cabida a la tercera parte del libro.

La parte III recoge diferentes aplicaciones de la PL y la PNL expuestas con detalle. La mayor parte de estas aplicaciones incluyen motivaciones y justificaciones teóricas expuestas con rigor, así como un tratamiento sistemático de su resolución con la correspondiente implementación en el lenguaje de programación de MATLAB.

La conjunción en esta obra de las tres partes que la componen la hacen, hasta donde hemos podido comprobar, diferente de las diversas opciones que encontramos en la literatura.

Finalidad y ubicación de la obra en la literatura existente. En los últimos años, paralelamente al desarrollo de los ordenadores, el estudio de la optimización ha experimentado un notable auge. De hecho, esta materia se va incorporando, cada vez más, a las titulaciones tanto de naturaleza teórica, como los grados en matemáticas, como las de corte más aplicado.

El manuscrito surge con una doble finalidad. Por un lado, pretende servir de bibliografía básica en asignaturas de optimización aplicada, impartidas en diferentes ingenierías, en grados y postgrados de economía, estadística, medicina, etc. Por otro, se trata de un libro de problemas de PNL y de consulta sobre diferentes aplicaciones de la PL y la PNL en grados y postgrados relacionados con la optimización teórica y aplicada (por ejemplo, en carreras de matemáticas). Al mismo tiempo, los contenidos del manuscrito pretenden ser objeto de consulta de profesionales de diferentes campos relacionados con la logística y la toma de decisiones.

Como se ha comentado anteriormente, hasta donde los autores han podido comprobar, no existe en la literatura otro libro de características similares. Se enuncian con todo rigor los conceptos y resultados teóricos esenciales de PNL, se muestran a nivel instrumental las herramientas computaciones que ofrece el MATLAB para la resolución de problemas de PL y PNL, y se aplican estos conocimientos al desarrollo teórico y la resolución, con alto grado de generalidad, de una selección de aplicaciones (en ocasiones empleando grandes bases de datos y programas específicos elaborados por los autores en el lenguaje del MATLAB). Con todo, la referencia más cercana a la temática del presente libro es Venkataraman [27].

Pueden encontrarse en la literatura excelentes monografías donde se exponen la teoría y los métodos de la PNL con todo rigor, incluyendo las demostraciones de las condiciones de optimalidad y las pruebas relacionadas con la convergencia de algoritmos de PNL. Dentro de este grupo de publicaciones citaremos Bazaraa *et ál.* [4], Bertsekas [5], Fletcher [9] y Luenberger [16].

También encontramos textos de teoría y/o ejercicios dedicados al estudio de las condiciones de optimalidad y que se caracterizan por su precisión y rigor matemático, como son Barbolla *et ál.* [2] y [3], Díaz *et ál.* [7] y Novo [17].

Por otro lado, existen textos de carácter general sobre los modelos y métodos de la Investigación Operativa, que dedican alguno de sus temas a dar una breve introducción a la PNL, de entre los que podemos citar Hillier y Lieberman [13], Prawda [21], Taha [26] y Winston [28].

Finalmente, comentamos que también existen manuales sobre MATLAB con aplicaciones a diferentes campos, y que dedican algún capítulo a la resolución de problemas de optimización. Citamos, por ejemplo, Pérez [19].

El programa MATLAB en la enseñanza de la PNL. Desde el punto de vista didáctico, MATLAB presenta diferentes virtudes: además de incluir una herramienta especifica de optimización (*optimization toolbox*), permite representar las gráficas y curvas de nivel de funciones de una o dos variables, lo que ayuda a desarrollar la intuición del alumno en relación con los conceptos de óptimo local y global. Además, contiene herramientas de matemática simbólica que permiten ilustrar los resultados teóricos sobre condiciones de optimalidad mediante la resolución de ejercicios, tal y como se haría de forma analítica con lápiz y papel. Además, MATLAB permite desarrollar nuevos programas, por ejemplo, para sistematizar la búsqueda de soluciones óptimas en determinadas situaciones reales (tal y como se hace en la parte III del libro). También, permite implementar algoritmos de optimización, aunque éste no es uno de los objetivos del libro. Finalmente, es destacable la presencia del MATLAB en el ámbito universitario, puesto que presenta numerosas utilidades, no solo para matemáticos, sino también para ingenieros, químicos, informáticos, etc.

Agradecimientos. Los autores agradecen al profesor José María Amigó, en calidad de director del Departamento de Estadística, Matemáticas e Informática de la Universidad Miguel Hernández de Elche, el apoyo prestado durante la elaboración de este libro, formalizado a través del contrato de prácticas internas de María Sempere bajo la tutela de María Josefa Cánovas. Por otro lado, los autores manifiestan su agradecimiento al profesor Juan Parra por su inestimable ayuda en el proceso de revisión de la obra, tanto por su minuciosa corrección de los contenidos matemáticos como por sus comentarios y sugerencias sobre los aspectos didácticos. Asimismo, los autores desean agradecer la supervisión y los consejos del profesor Marco A. López en relación con el enfoque y la selección de contenidos del libro. Finalmente, los autores agradecen a Pascual Bonmatí su ayuda y confianza depositadas en este proyecto.

Parte I

Esquemas teóricos y ejercicios

Capítulo 1

Preliminares

1.1. Topología de $\mathbb{R}^n$

En lo que sigue $\mathbb{R}^n$ representa al producto cartesiano $\overbrace{\mathbb{R} \times \cdots \times \mathbb{R}}^{(n)}$, siendo $\mathbb{R} =]-\infty, +\infty[$ el conjunto de los números de reales. Las diferentes coordenadas de $x \in \mathbb{R}^n$, cuando sea $n > 1$, se distinguirán mediante subíndices; así escribiremos $x = (x_i)_{i=1,\ldots,n}$. En general, los superíndices se emplearán para distinguir diferentes elementos de $\mathbb{R}^n$, así, por ejemplo, $x^1 = (x_i^1)_{i=1,\ldots,n}$. Por defecto entenderemos que cualquier vector $x \in \mathbb{R}^n$ está expresado como vector columna y x' representará su traspuesto; esto es, $x' = (x_1, x_2, \ldots, x_n)$. No obstante, cuando $x = (x_1, \ldots, x_n)' \in \mathbb{R}^n$ figure como argumento de una función $f : \mathbb{R}^n \to \mathbb{R}$, por simplicidad, escribiremos $f(x_1, \ldots, x_n)$ para denotar a $f(x) = f((x_1, \ldots, x_n)')$.

Es bien sabido que $\mathbb{R}^n$ es un *espacio vectorial* con las operaciones suma y producto por escalar dadas por

$$x + y = (x_i + y_i)_{i=1,\ldots,n}, \quad \alpha x = (\alpha x_i)_{i=1,\ldots,n}, \text{ con } x, y \in \mathbb{R}^n, \ \alpha \in \mathbb{R}.$$

Definición 1.1 *Una* norma *definida en $\mathbb{R}^n$ es una aplicación* $\|\cdot\| : \mathbb{R}^n \to [0, +\infty[$ *que verifica las propiedades:*

(i) $\|x\| = 0$ si, y solo si, $x = 0$;

(ii) $\|\alpha x\| = |\alpha| \, \|x\|$, para todo $\alpha \in \mathbb{R}$ y todo $x \in \mathbb{R}^n$;

(iii) $\|x + y\| \leq \|x\| + \|y\|$, para cualesquiera $x, y \in \mathbb{R}^n$.

Definición 1.2 *Una distancia definida en $\mathbb{R}^n$ es una aplicación $d : \mathbb{R}^n \times \mathbb{R}^n \to$*
$[0, +\infty[$ que verifica las propiedades:

   (i) $d(x, y) = 0$ si, y solo si, $x = y$;

   (ii) $d(x, y) = d(y, x)$, para cualesquiera $x, y \in \mathbb{R}^n$.

   (iii) $d(x, z) \leq d(x, y) + d(y, z)$, para cualesquiera $x, y, z \in \mathbb{R}^n$.

Observación 1.1 *Cualquier norma en $\mathbb{R}^n$, $\|\cdot\|$, permite definir una distancia*
dada por

$$d(x, y) = \|x - y\|.$$

Ejemplo 1.1 (p-normas) Un caso particular de norma es la llamada *p*-norma,
$\|\cdot\|_p$, para $p \in]1, +\infty[$, definida por

$$\|x\|_p = \left(\sum_{i=1}^{n} (x_i)^p \right)^{\frac{1}{p}}, \ x \in \mathbb{R}^n.$$

Un caso especialmente importante es el de la norma $\|\cdot\|_2$, también llamada
norma euclídea. Es la norma usual de $\mathbb{R}^n$ para medir distancias en línea recta:

$$d_2(x, y) = \|x - y\|_2 = \sqrt[2]{\sum_{i=1}^{n} (x_i - y_i)^2}, \ \text{para cualesquiera } x, y \in \mathbb{R}^n.$$

El producto escalar usual entre dos vectores de $\mathbb{R}^n$ guarda la siguiente relación
con las normas euclídeas de ambos[1]:

$$x'y = \sum_{i=1}^{n} x_i y_i \leq \|x\|_2 \|y\|_2 \tag{1.1}$$

Ejemplo 1.2 (Normas $\|\cdot\|_1$ y $\|\cdot\|_\infty$) Otras normas de interés en casos prácticos son las definidas de la siguiente forma

$$\|x\|_1 := |x_1| + |x_2| + \ldots + |x_n| \ \text{y} \ \|x\|_\infty := \max \{|x_i| : i = 1, 2, \ldots, n\}, \ x \in \mathbb{R}^n,$$

donde max representa el máximo. Dichas normas inducen las correspondientes
distancias

$$d_1(x, y) := \sum_{i=1}^{n} |x_i - y_i| \ \text{y} \ d_\infty(x, y) := \max \{|x_i - y_i| : i = 1, 2, \ldots, n\}, \ x, y \in \mathbb{R}^n.$$

---

[1]En general, $|x'y| \leq \|x\|_p \|y\|_q$ (desigualdad de Hölder) siendo $p, q > 1$ tales que $1/p + 1/q = 1$, siendo $p = q = 2$ un caso particular.

En lo que sigue 0_n denotará al vector de $\mathbb{R}^n$ que tiene todas sus coordenadas nulas.

Definición 1.3 (Bolas) *Dada una norma* $\|\cdot\| : \mathbb{R}^n \to [0, +\infty[$, *y dados* $x \in \mathbb{R}^n$ *y* $\alpha > 0$, *la* bola abierta *centrada en* x *y de radio* α *(asociada a la norma* $\|\cdot\|$*) es el subconjunto de* $\mathbb{R}^n$ *dado por*

$$B(x, \alpha) = \{y \in \mathbb{R}^n \mid d(x, y) = \|x - y\| < \alpha\}.$$

La bola unidad abierta $B(0_n, 1)$ *asociada a una norma genérica* $\|\cdot\|$ *se representará simplemente por* B. *La* bola unidad abierta *asociada la norma* $\|\cdot\|_1$ *(respectivamente,* $\|\cdot\|_2$ *y* $\|\cdot\|_\infty$*) se representa por* B_1 *(respectivamente* B_2 *y* B_∞*); véase una ilustración en la figura 1.1.*

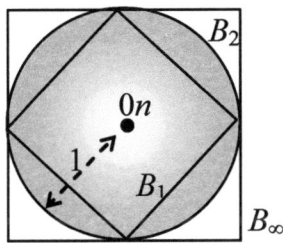

Figura 1.1: Bolas asociadas a las normas $\|\cdot\|_1$, $\|\cdot\|_2$ y $\|\cdot\|_\infty$.

Definición 1.4 (Entornos y abiertos) *Dada una norma* $\|\cdot\|$ *y dado* $x \in \mathbb{R}^n$, *llamamos* entorno *de* x *a un subconjunto* $U \subset \mathbb{R}^n$ *tal que*

$$B(x, \alpha) \subset U, \ \text{para algún } \alpha > 0.$$

Un abierto *en* $\mathbb{R}^n$ *será un subconjunto* $A \subset \mathbb{R}^n$ *que tiene la propiedad de ser entorno de todos sus puntos. En otras palabras,* $A \subset \mathbb{R}^n$ *es abierto si para cualquier* $x \in A$ *existe* $\alpha > 0$ *tal que* $B(x, \alpha) \subset A$.

Teorema 1.1 *Todas las normas de* $\mathbb{R}^n$ *definen la misma topología (la misma familia de abiertos).*

Definición 1.5 (Cerrado) *Un subconjunto* $C \subset \mathbb{R}^n$ *es* cerrado *si su complementario,* $\mathbb{R}^n \backslash C$, *es abierto.*

Definición 1.6 (Punto interior y frontera) *Dados $x \in \mathbb{R}^n$, $X \subset \mathbb{R}^n$ se dice que:*

(i) *El punto x es interior a X si existe algún $\alpha > 0$ tal que $B(x, \alpha) \subset X$;*

(ii) *El punto x está en la frontera de X si para cualquier $\alpha > 0$ se tiene que*

$$B(x, \alpha) \cap X \neq \varnothing \ y \ B(x, \alpha) \cap (\mathbb{R}^n \backslash X) \neq \varnothing.$$

El conjunto de todos los puntos interiores a X se representa por int (X) *y el de los puntos de la frontera por* bd (X) *(del inglés, boundary). La clausura de un conjunto $X \subset \mathbb{R}^n$ es la unión de su interior y su frontera:*

$$\mathrm{cl}(X) = \mathrm{int}(X) \cup \mathrm{bd}(X).$$

Definición 1.7 (Acotado) *Un subconjunto $X \subset \mathbb{R}^n$ se dice* acotado *si existe alguna constante $M > 0$ tal que*

$$X \subset B(0_n, M).$$

Definición 1.8 *Un subconjunto $X \subset \mathbb{R}^n$ es* compacto[2] *si es cerrado y acotado.*

Definición 1.9 (Función continua) *Una función $h : \mathbb{R}^n \to \mathbb{R}^m$ es continua si para cualquier abierto $A \subset \mathbb{R}^m$ se tiene que*

$$h^{-1}(A) := \{x \in \mathbb{R}^n \mid h(x) \in A\} \ es \ abierto.$$

La definición anterior puede enunciarse también en términos de conjuntos cerrados: $h : \mathbb{R}^n \to \mathbb{R}^m$ es continua si para cualquier cerrado $C \subset \mathbb{R}^m$ se tiene que $h^{-1}(C)$ es también cerrado.

Ejemplo 1.3 (Cerrados como solución de sistemas) En la formulación de problema de PNL con restricciones se considerarán conjuntos descritos de la siguiente manera

$$F := \{x \in \mathbb{R}^n \mid g_i(x) \leq 0, \ i = 1, 2, ..., m\},$$

---

[2]Por motivos didácticos, se introducen los compactos como los conjuntos cerrados y acotados. Es bien sabido que la compacidad suele definirse en términos más generales, y la propiedad de ser cerrado y acotado es una caracterización de la compacidad en $\mathbb{R}^n$. El hecho de ser una caracterización nos permite adoptarla como definición alternativa.

donde, para todo i, $g_i : \mathbb{R}^n \to \mathbb{R}$ es una función continua. Veamos que F es un cerrado. Si consideramos la función

$$g = (g_1, ..., g_m) : \mathbb{R}^n \to \mathbb{R}^m,$$

nótese que otra forma de expresar F es como sigue:

$$F := g^{-1}\left(]-\infty, 0]^m\right) = \{x \in \mathbb{R}^n \mid g_i(x) \in]-\infty, 0], \ i = 1, ..., m\}.$$

Puesto que $]-\infty, 0]^m \subset \mathbb{R}^m$ es cerrado, tenemos que F es cerrado.

1.2. Algunos preliminares de análisis matemático

Dada una función $f : A \subset \mathbb{R}^n \to \mathbb{R}$, siendo A abierto, y dado $\overline{x} \in A$, como es habitual, $\frac{\partial f}{\partial x_i}(\overline{x})$ y $\frac{\partial^2 f}{\partial x_i \partial x_j}(\overline{x})$ representan, respectivamente, la derivada parcial de f con respecto a x_i en el punto $\overline{x}$ y la derivada parcial segunda de f con respecto a x_i y x_j en $\overline{x}$. Recordemos que f es de clase C^1 en A, lo que se escribe como $f \in C^1(A)$, si todas las derivadas parciales de f son continuas en A, y f es de clase C^2 en A, $f \in C^2(A)$, si todas las derivadas parciales segundas son continuas en A. Siguiendo con las derivadas parciales de orden superior, en general, $f \in C^p(A)$ representa el hecho de que existan las derivadas parciales de orden $p \in \mathbb{N}$ de f y sean continuas en A. Para indicar que existen las derivadas parciales de cualquier orden y son continuas en A, se escribe $f \in C^\infty(A)$.

El vector gradiente de f en $\overline{x} \in \mathbb{R}^n$,

$$\nabla f(\overline{x}) = \left(\frac{\partial f}{\partial x_i}(\overline{x})\right)_{i=1,...,n}$$

será expresado como vector columna. La matriz hessiana de f en $\overline{x} \in \mathbb{R}^n$, será denotada por $Hf(\overline{x})$, esto es,

$$Hf(\overline{x}) = \left(\frac{\partial^2 f}{\partial x_i \partial x_j}(\overline{x})\right)_{i,j=1,...,n}.$$

Las siguientes proposiciones enuncian resultados bien conocidos de análisis de varias variables.

Proposición 1.1 (Simetría de la matriz hessiana) *Sean $f : A \subset \mathbb{R}^n \to \mathbb{R}$, y $\overline{x} \in A$, siendo A abierto, y supongamos que $f \in C^2(A)$. Entonces $Hf(\overline{x})$ es simétrica.*

Proposición 1.2 (Propiedades de las funciones de clase C^p) *Sea $p \in \mathbb{N} \cup \{\infty\}$. Se tienen las siguientes propiedades:*

(i) (Suma y producto) Si $g, h \in C^p(A)$, entonces $g + h \in C^p(A)$ y $gh \in C^p(A)$;

(ii) (Cociente) Si $g, h \in C^p(A)$, y $A \subset \{x \in \mathbb{R}^n \mid h(x) \neq 0\}$ entonces $\frac{g}{h} \in C^p(A)$;

(iii) (Producto por escalar) Si $g \in C^p(A)$, entonces $\alpha g \in C^p(A)$, siendo $\alpha \in \mathbb{R}$;

(iv) (Composición) Sean $g \equiv (g_1, g_2, ..., g_m) : \mathbb{R}^n \to \mathbb{R}^m$ y $h : \mathbb{R}^m \to \mathbb{R}$ tales que $g_i \in C^p(A)$ para todo $i = 1, ..., m \in \mathbb{N}$, y h es también de clase C^p en algún abierto V verificando $\operatorname{Im} g \subset V \subset \mathbb{R}^m$; entonces $h \circ g \in C^p(A)$. Además, si $f = h \circ g : \mathbb{R}^n \to \mathbb{R}$ y $\overline{x} \in A$, se tiene:

$$\frac{\partial f}{\partial x_i}(\overline{x}) = \sum_{j=1}^{m} \frac{\partial h}{\partial y_j}(g(\overline{x})) \frac{\partial g_j}{\partial x_i}(\overline{x}). \ \textit{(Regla de la cadena)}.$$

Ejemplo 1.4 Ejemplos de funciones de clase C^2 en $\mathbb{R}$ (de hecho de clase C^∞) son:

(i) $f : \mathbb{R} \to \mathbb{R}$ dada por $f(x) = a_0 + a_1 x + ... + a_k x^k$, con $a_0, a_1, ..., a_k \in \mathbb{R}$ (funciones polinómicas);

(ii) $f : \mathbb{R} \to \mathbb{R}$ dada por $f(x) = \operatorname{sen} x$ (también $f(x) = \cos x$);

(iii) $f : \mathbb{R} \to \mathbb{R}$ dada por $f(x) = e^x$.

Ejemplo 1.5 Un ejemplo de función de clase C^2 en $\mathbb{R} \setminus \{0\}$ es $f : \mathbb{R} \to \mathbb{R}$ dada por $f(x) = \sqrt[3]{x}$ (y, de hecho cualquier raíz de índice impar).

Ejemplo 1.6 Ejemplos de funciones de clase C^2 en $]0, +\infty[$ son la funciones logaritmo ($f(x) = \log x$) y raíz cuadrada ($f(x) = \sqrt{x}$).

Ejemplo 1.7 Las funciones dadas a través de un cociente de polinomios, $f(x) = \frac{a_0 + a_1 x + ... + a_k x^k}{b_0 + b_1 x + ... + b_k x^k}$ con $a_k \neq 0$, $b_k \neq 0$, $k \in \mathbb{N}$, son de clase C^2 sobre el abierto $A = \mathbb{R} \setminus \{x \in \mathbb{R} \mid b_0 + b_1 x + ... + b_k x^k = 0\}$ (nótese que A es abierto, pues el conjunto de raíces reales del denominador es finito, de hecho, a lo sumo tiene k raíces).

Ejemplo 1.8 A partir de los ejemplos anteriores, aplicando las propiedades de cálculo de las funciones de clase C^p, puede comprobarse fácilmente que las siguientes funciones son de clase C^2 (de hecho C^∞) en $\mathbb{R}^n$ (n se precisa en cada caso):

(i) $f : \mathbb{R}^2 \to \mathbb{R}$, $f(x) = \operatorname{sen} x_1 \operatorname{sen} x_2$;

(ii) $f : \mathbb{R}^n \to \mathbb{R}$ dada por $f(x) = \displaystyle\sum_{i,j=1}^{n} a_{ij} x_i x_j$, con $a_{ij} \in \mathbb{R}$ para todo $i, j = 1, ..., n$;

(iii) $f : \mathbb{R}^2 \to \mathbb{R}$, $f(x) = x_2^4 \, e^{x_1^3 + \operatorname{sen} x_1 \operatorname{sen} x_2}$;

(iv) $f : \mathbb{R}^2 \to \mathbb{R}$, $f(x) = \sqrt[3]{1 + x_1^2 + 3 \log\left(x_1^2 + x_2^2 + 1\right)}$.

1.3. Preliminares de álgebra lineal

Como veremos a continuación, un detalle clave en la verificación de las condiciones de optimalidad de segundo orden es la clasificación de la matriz $Hf(\overline{x})$, que en nuestro caso siempre será simétrica (pues supondremos $f \in C^2(A)$, con $\overline{x} \in A \subset \mathbb{R}^n$, siendo A abierto).

Definición 1.10 (Clasificación de matrices y formas cuadráticas) *Sea* $M = (m_{ij})_{i,j=1}^{n}$ *una matriz simétrica de orden* n *con* $m_{ij} \in \mathbb{R}$ *para todo* $i, j = 1, ..., n$ *y sea* $q : \mathbb{R}^n \to \mathbb{R}$ *su forma cuadrática asociada, esto es,*

$$q(x) = x'Mx = \sum_{i=1}^{n} m_{ii} x_i^2 + \sum_{i<j} 2m_{ij} x_i x_j, \ x \in \mathbb{R}^n.$$

Se dice que:

(i) M (o q) es definida positiva si $q(x) = x'Mx > 0$, para todo $x \in \mathbb{R}^n \backslash \{0_n\}$;

(ii) M (o q) es semidefinida positiva si $q(x) = x'Mx \geq 0$, para todo $x \in \mathbb{R}^n$, existiendo algún $y \neq 0_n$ tal que $q(y) = 0$;

(iii) M (o q) es definida negativa si $q(x) = x'Mx < 0$, para todo $x \in \mathbb{R}^n \backslash \{0_n\}$;

(iv) M (o q) es semidefinida negativa si $q(x) = x'Mx \leq 0$, para todo $x \in \mathbb{R}^n$, existiendo algún $y \neq 0_n$ tal que $q(y) = 0$;

(v) M (o q) es indefinida si existen $x, y \neq 0_n$ tales que $q(x) > 0$ y $q(y) < 0$.

Observación 1.2 *Nótese que los casos (iii) y (iv) no son excluyentes en el sentido de que la matriz nula (con todos sus coeficientes cero) es tanto semidefinida positiva como semidefinida negativa.*

La siguiente proposición caracteriza cada una de las situaciones de la definición anterior en términos de los valores propios de M. En este momento, recordemos un resultado importante de álgebra lineal que establece que toda matriz simétrica de orden n con coeficientes en $\mathbb{R}$ es diagonalizable, esto es, existen una matriz diagonal D una matriz invertible P tales que $P^{-1}MP = D$; los elementos diagonales de la matriz D son los *valores propios de M*. En particular, si M es simétrica, siempre existen n valores propios reales (con posibles repeticiones). Recordemos también que los valores propios de M coinciden con las raíces del polinomio característico $p(\lambda) := \det(M - \lambda I)$, donde I representa a la matriz identidad de orden n, $\det(M - \lambda I)$ denota al determinante de la matriz característica $M - \lambda I$, con $\lambda \in \mathbb{R}$.

Proposición 1.3 (Criterio de los valores propios) *Sea M una matriz simétrica de orden n con coeficientes reales y sean $\lambda_1, \lambda_2, ..., \lambda_n \in \mathbb{R}$ sus valores propios. Se tiene:*

(i) M es definida positiva si, y solo si, $\lambda_1, \lambda_2, ..., \lambda_n > 0$;

(ii) M es semidefinida positiva si, y solo si, $\lambda_1, \lambda_2, ..., \lambda_n \geq 0$, y existe algún $\lambda_i = 0$;

(iii) M es definida negativa si, y solo si, $\lambda_1, \lambda_2, ..., \lambda_n < 0$;

(iv) M es semidefinida negativa si, y solo si, $\lambda_1, \lambda_2, ..., \lambda_n \leq 0$, y existe algún $\lambda_i = 0$;

(v) M es indefinida si existen $\lambda_i > 0$ y $\lambda_j < 0$.

Proposición 1.4 (Menores y elementos diagonales) *Sea $M = (m_{ij})_{i,j=1}^{n}$ una matriz simétrica de orden n con coeficientes reales y sean $M_1, M_2, ..., M_n$ los menores dados por $M_k := \det\left((m_{ij})_{i,j=1}^{k}\right)$. Se tienen los siguientes enunciados:*

(i) M es definida positiva si, y solo si, $M_1, M_2, ..., M_n > 0$;

(ii) M es definida negativa si, y solo si, $\operatorname{sign}(M_i) = (-1)^i$, donde $\operatorname{sign}(\alpha)$ representa el signo del número real α, esto es, $\operatorname{sign}(\alpha) = 1$ si $\alpha > 0$, $\operatorname{sign}(\alpha) = -1$ si $\alpha < 0$ y $\operatorname{sign}(0) = 0$;

(iii) Si $M_1, M_2, ..., M_{n-1} > 0$ *y* $M_n = 0$, *entonces* M *es semidefinida positiva;*

(iv) Si M *es definida positiva, entonces sus elementos diagonales* $m_{ii} > 0$ *para todo* i;

(v) Si M *es semidefinida positiva, entonces sus elementos diagonales* $m_{ii} \geq 0$ *para todo* i, *y además* $\det(M) = 0$.

Observación 1.3 *Nótese que el criterio de los signos de los menores principales permite caracterizar los casos de matrices definidas positivas y definidas negativas, sin embargo, en el caso de semidefinida positiva solo se tiene una condición suficiente. Por otra parte, destacamos las condiciones (iv) y (v) que proporcionan condiciones necesarias (que no son suficientes) operativas desde el punto de vista práctico.*

El caso de matrices de orden 2 es especialmente simple, y con el valor del determinante y de la traza (suma de los elementos de la diagonal principal) pueden caracterizarse todas las situaciones como se especifica en el siguiente resultado.

Proposición 1.5 (El caso de matrices 2×2**)** *Sea* M *simétrica de orden 2 y sea* $\text{tr}(M)$ *su traza. Se tiene:*

(i) M *es definida positiva si, y solo si,* $\det(M) > 0$ *y* $\text{tr}(M) > 0$;

(ii) M *es semidefinida positiva si, y solo si,* $\det(M) = 0$ *y* $\text{tr}(M) \geq 0$;

(iii) M *es definida negativa si, y solo si,* $\det(M) > 0$ *y* $\text{tr}(M) < 0$;

(iv) M *es semidefinida negativa si, y solo si,* $\det(M) = 0$ *y* $\text{tr}(M) \leq 0$;

(v) M *es indefinida si, y solo si,* $\det(M) < 0$.

1.4. Preliminares de análisis convexo

Definición 1.11 *Un subconjunto* $X \subset \mathbb{R}^n$ *es convexo si para cualesquiera puntos* $x,\, y \in X$ *y cualquier* $\alpha \in [0,1]$ *se tiene que*

$$\alpha x + (1 - \alpha)\, y \in X.$$

Véase la figura 1.2 para una ilustración de la definición de conjunto convexo y su negación.

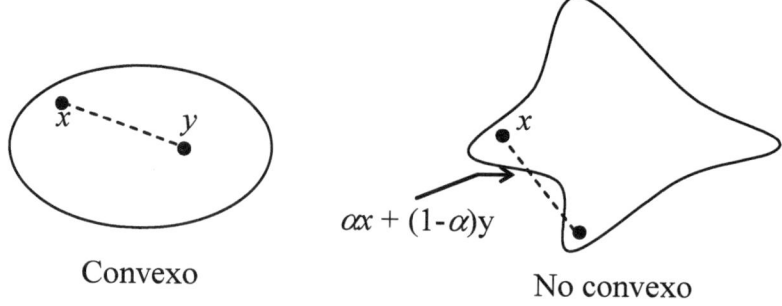

Convexo   No convexo

Figura 1.2: Ilustración de un conjunto convexo y otro no convexo.

Ejercicio 1.1 (Hiperplanos y semiespacios) Demostrar los siguientes enunciados:

(i) *(Hiperplanos)* Sea $0_n \neq a \in \mathbb{R}^n$ y $b \in \mathbb{R}$. El hiperplano asociado,

$$H = \left\{ x \in \mathbb{R}^n \mid a'x = a_1x_1 + a_2x_2 + \dots + a_nx_n = b \right\},$$

es convexo.

(ii) *(Semiespacios abiertos y cerrados)* Sea $0_n \neq a \in \mathbb{R}^n$ y $b \in \mathbb{R}$. Los semiespacios abierto y cerrado asociados,

$$S_a = \left\{ x \in \mathbb{R}^n \mid a'x = a_1x_1 + a_2x_2 + \dots + a_nx_n < b \right\},$$
$$S_c = \left\{ x \in \mathbb{R}^n \mid a'x = a_1x_1 + a_2x_2 + \dots + a_nx_n \leq b \right\},$$

son conjuntos convexos.

Solución. (i) Sean $x, y \in H$, esto es, $a'x = a'y = b$; y sea $\alpha \in [0, 1]$. Se tiene:

$$a' \left(\alpha x + (1 - \alpha) y \right) = \alpha a'x + (1 - \alpha) a'y = \alpha b + (1 - \alpha) b = b,$$

luego $\alpha x + (1 - \alpha) y \in H$ (pues verifica la ecuación lineal que define al hiperplano H).

(ii) Veamos que S_a es convexo. Sean $x, y \in S_a$, esto es, $a'x < b$ y $a'y < b$; y sea $\alpha \in [0, 1]$, en otras palabras $\alpha \geq 0$ y $(1 - \alpha) \geq 0$ y al menos uno de ellos es positivo. Entonces

$$a' \left(\alpha x + (1 - \alpha) y \right) = \alpha a'x + (1 - \alpha) a'y < \alpha b + (1 - \alpha) b = b,$$

luego $\alpha x + (1 - \alpha) y \in S_a$. Nótese que se ha aplicado el hecho de que $\alpha \geq 0$ y $(1 - \alpha) \geq 0$ para conservar el sentido de la desigualdad '$\leq$' y el que al menos uno sea positivo para garantizar que al menos una de las desigualdades es estricta.

La prueba de que S_c es convexo es análoga a la anterior (de hecho más sencilla) reemplazando '$<$' por '$\leq$'.

Ejercicio 1.2 Demostrar que el círculo, dado por

$$C = \left\{ x \in \mathbb{R}^2 \mid x_1^2 + x_2^2 \leq 1 \right\},$$

es un conjunto convexo.

Solución. Sean $x, y \in C$; esto es

$$x_1^2 + x_2^2 \leq 1 \text{ e } y_1^2 + y_2^2 \leq 1.$$

Sea $\alpha \in [0, 1]$. Veamos que

$$\alpha x + (1 - \alpha) y = (\alpha x_1 + (1 - \alpha) y_1, \alpha x_2 + (1 - \alpha) y_2) \in C;$$

esto es, que

$$(\alpha x_1 + (1 - \alpha) y_1)^2 + (\alpha x_2 + (1 - \alpha) y_2)^2 \leq 1.$$

En efecto,

$$\begin{aligned}
(\alpha x_1 &+ (1 - \alpha) y_1)^2 + (\alpha x_2 + (1 - \alpha) y_2)^2 \\
&= \alpha^2 \left(x_1^2 + x_2^2 \right) + (1 - \alpha)^2 \left(y_1^2 + y_2^2 \right) + 2\alpha (1 - \alpha) (x_1 y_1 + x_2 y_2) \\
&\leq \alpha^2 + (1 - \alpha)^2 + 2\alpha (1 - \alpha) (x_1 y_1 + x_2 y_2) \\
&\leq \alpha^2 + (1 - \alpha)^2 + 2\alpha (1 - \alpha) \|x\|_2 \|y\|_2 \\
&= \alpha^2 + (1 - \alpha)^2 + 2\alpha (1 - \alpha) \sqrt{x_1^2 + x_2^2} \sqrt{y_1^2 + y_2^2} \\
&\leq \alpha^2 + (1 - \alpha)^2 + 2\alpha (1 - \alpha) = (\alpha + (1 - \alpha))^2 = 1,
\end{aligned}$$

donde la primera y la última de las desigualdades se obtienen como aplicación directa de la hipótesis y la segunda desigualdad viene de (1.1). Así pues, $\alpha x + (1 - \alpha) y \in C$ y por tanto C es convexo.

En lo que sigue emplearemos el símbolo '$:=$' para definir elementos, conjuntos y funciones; así pues, '$X :=$' se lee 'X se define como' (o 'X es igual, por definición, a...').

Proposición 1.6 *Sean $X_1, X_2, ..., X_k \subset \mathbb{R}^n$ convexos. Entonces:*

(i) $X_1 \cap X_2 \cap ... \cap X_k$ es convexo;

(ii) $X_1 + X_2 + .. + X_k := \left\{ \sum_{i=1}^{k} x_i \in \mathbb{R}^n : x_i \in X_i, \ i = 1, ..., k \right\}$ es convexo.
(definimos $X_1 + X_2 + ... + X_k = \varnothing$ si algún $X_i = \varnothing$).

Ejemplo 1.9 (Poliedros) Las intersecciones de semiespacios e hiperplanos dan lugar a conjuntos convexos llamados poliedros. En nuestro caso estaremos especialmente interesados en poliedros cerrados. Formalmente, sean $a_j \in \mathbb{R}^n$, $b_j \in \mathbb{R}$, $j = 1, ...,\ q$, y consideremos el conjunto:

$$P = \left\{ x \in \mathbb{R}^n \mid a_j' x \leq b_j, \ j = 1, ..., p, \ a_j' x = b_j, \ j = p+1, ..., q \right\},$$

suponiendo $p, q \in \mathbb{N}$ con $1 < p \leq q$ (si $p = q$, solo tendremos inecuaciones). A partir del ejemplo y la proposición anterior se deduce inmediatamente que P es convexo.

Definición 1.12 (Envoltura convexa) *Sean $x^1, ..., x^r \subset \mathbb{R}^n$. Se dice que $x \in \mathbb{R}^n$ es una* combinación convexa *de $x^1, ..., x^r$ si existen escalares $\alpha_1, .., \alpha_r$ tales que*

$$x = \sum_{i=1}^{r} \alpha_i x^i, \ con \ \sum_{i=1}^{r} \alpha_i = 1 \ y \ \alpha_1, .., \alpha_r \geq 0.$$

Dado un conjunto arbitrario $X \subset \mathbb{R}^n$, llamamos envoltura convexa *de X, denotada por $conv(X)$, al conjunto de todas las combinaciones convexas (finitas) de elementos de X; esto es,*

$$conv(X) = \left\{ \sum_{i=1}^{r} \alpha_i x^i \mid x^i \in X, \alpha_i \geq 0, \ i = 1, ..., r, \sum_{i=1}^{r} \alpha_i = 1, \ r \in \mathbb{N} \right\}.$$

($conv(\varnothing) := \varnothing$).

Proposición 1.7 *Sea $X \subset \mathbb{R}^n$. La envoltura convexa de X es el menor[3] convexo que contiene a X.*

---

[3]En el sentido de que $conv(X)$ es convexo y cualquier otro convexo $Y \supset X$ verifica $Y \supset conv(X)$.

Definición 1.13 *Sea* $\varnothing \neq C \subset \mathbb{R}^n$ *convexo y sea* $f : C \to \mathbb{R}$*. Se dice que* f *es convexa en* C *si para cualesquiera* $x, y \in C$ *y cualquier* $\alpha \in [0, 1]$*, se tiene:*

$$f(\alpha x + (1 - \alpha) y) \leq \alpha f(x) + (1 - \alpha) f(y).$$

En la figura 1.3 se ilustra la definición de función convexa. En términos informales, la gráfica de una función convexa queda por debajo (pudiendo coincidir) del segmento que une a los puntos $(x, f(x))$ con $(y, f(y))$.

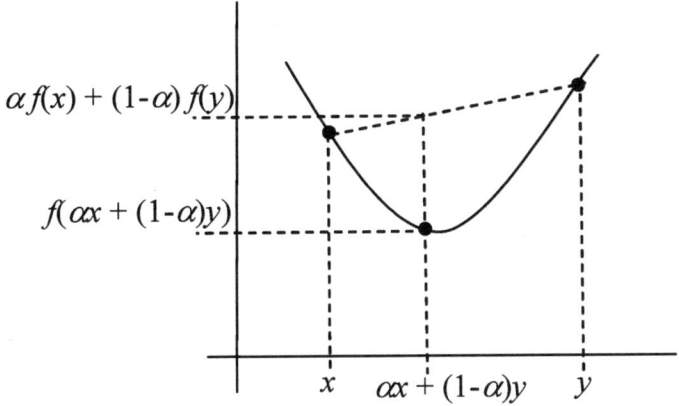

Figura 1.3: Ilustración de la definición de función convexa.

Proposición 1.8 (Convexidad bajo hipótesis de diferenciabilidad) *Sea* $\varnothing \neq A \subset \mathbb{R}^n$ *un abierto convexo. Se tiene:*

(i) Supongamos que $f \in C^1(A)$*. Entonces* f *es convexa en* A *si, y solo si,*

$$f(x) \geq f(\overline{x}) + \nabla f(\overline{x})'(x - \overline{x}), \quad \textit{para cualesquiera } x, \overline{x} \in A;$$

(ii) Supongamos que $f \in C^2(A)$*. Entonces* f *es convexa en* A *si, y solo si, para cualquier* $x \in A$,

$$Hf(x) \ \textit{es definida o semidefinida positiva.}$$

La segunda de las caracterizaciones anteriores será utilizada frecuentemente en ejercicios prácticos (bajo la hipótesis requerida). Se incluye la primera de las caracterizaciones por motivos de completitud, además de favorecer la intuición:

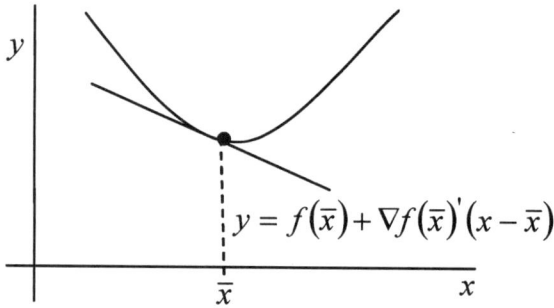

Figura 1.4: Ilustración del apartado (i) de la proposición 1.8.

véase la figura 1.4 donde se muestra que, para una función convexa, la aproximación de Taylor de primer orden (plano tangente) siempre queda por debajo de la gráfica de la función.

Observación 1.4 *Cuando digamos simplemente que f es convexa sin especificar sobre qué convexo, se entenderá que es convexa en todo el espacio $\mathbb{R}^n$. En este caso el abierto A de la proposición anterior es el propio $\mathbb{R}^n$. Concretamente, por ejemplo, en el apartado (ii) de la proposición anterior quedaría: si $f \in C^2(\mathbb{R}^n)$, se tiene que f es convexa si, y solo si, $Hf(x)$ es definida o semidefinida positiva para todo $x \in \mathbb{R}^n$.*

Ejercicio 1.3 Analizar si cada una de las siguientes funciones es convexa en $\mathbb{R}^2$ o no.

   (i) $f(x) = x_1^2 + 4x_2^2$;

   (ii) $f(x) = x_1 x_2$;

   (iii) $f(x) = \cos x_1 \cos x_2$;

   (iv) $f(x) = \log(x_1^2 + x_2^2 + 1)$.

Solución. (i) Se tiene que

$$\nabla f(x) = \begin{pmatrix} 2x_1 \\ 8x_2 \end{pmatrix}, \text{ y } Hf(x) = \begin{pmatrix} 2 & 0 \\ 0 & 8 \end{pmatrix}, \ x \in \mathbb{R}^2.$$

Nótese que, en este ejemplo, $Hf(x)$ es constante con respecto a x, siendo definida positiva.

(ii) Para $f(x) = x_1 x_2$ se tiene:

$$Hf(x) = \begin{pmatrix} 0 & 1 \\ 1 & 0 \end{pmatrix}, \; x \in \mathbb{R}^2,$$

que es indefinida (véase por ejemplo la proposición 1.5).

(iii) Para $f(x) = \cos x_1 \cos x_2$ se tiene, para todo $x \in \mathbb{R}^2$,

$$\nabla f(x) = \begin{pmatrix} -\operatorname{sen} x_1 \cos x_2 \\ -\cos x_1 \operatorname{sen} x_2 \end{pmatrix}, \; \text{y } Hf(x) = \begin{pmatrix} -\cos x_1 \cos x_2 & \operatorname{sen} x_1 \operatorname{sen} x_2 \\ \operatorname{sen} x_1 \operatorname{sen} x_2 & -\cos x_1 \cos x_2 \end{pmatrix}.$$

Si evaluamos la matriz hessiana en $\overline{x} = \binom{0}{0}$, obtenemos

$$Hf(\overline{x}) = \begin{pmatrix} -1 & 0 \\ 0 & -1 \end{pmatrix},$$

que es definida negativa, luego f no es convexa;

(iv) Para $f(x) = \log(x_1^2 + x_2^2 + 1)$ se tiene:

$$\nabla f(x) = \begin{pmatrix} \frac{2x_1}{x_1^2+x_2^2+1} \\ \frac{2x_2}{x_1^2+x_2^2+1} \end{pmatrix} \text{ y}$$

$$Hf(x) = \begin{pmatrix} \frac{2}{x_1^2+x_2^2+1} - \frac{4x_1^2}{\left(x_1^2+x_2^2+1\right)^2} & \frac{-4x_1 x_2}{\left(x_1^2+x_2^2+1\right)^2} \\ \frac{-4x_1 x_2}{\left(x_1^2+x_2^2+1\right)^2} & \frac{2}{x_1^2+x_2^2+1} - \frac{4x_2^2}{\left(x_1^2+x_2^2+1\right)^2} \end{pmatrix}.$$

En situaciones como ésta, las condiciones (iv) y (v) de la proposición 1.4 pueden proporcionar una forma rápida de comprobar que f no es convexa: se trata de encontrar un punto fijo en el que algún elemento diagonal sea negativo; en este caso, no es necesario evaluar el resto de la matriz. Por ejemplo, si consideramos $\overline{x} = \binom{2}{0}$, el elemento a_{11} de $Hf(\overline{x})$ toma el valor

$$a_{11} = \frac{2}{4+1} - 4\frac{4}{(4+1)^2} = -\frac{6}{25} < 0,$$

luego $Hf(\overline{x})$ no es definida ni semidefinida positiva, y por tanto, f no es convexa.

En ocasiones, las siguientes propiedades pueden resultar de utilidad a la hora de comprobar la convexidad de determinadas funciones.

Proposición 1.9 (Propiedades) *Sea* $\varnothing \neq A \subset \mathbb{R}^n$ *un abierto convexo. Se tiene:*

(i) Si $f, g : A \to \mathbb{R}$ *son convexas en* A, *entonces* $f + g$ *es convexa en* A;

(ii) Si $f : A \to \mathbb{R}$ *es convexa en* A *y* $\alpha \geq 0$, *entonces* αf *es convexa en* A;

(iii) Si $f : A \to \mathbb{R}$ *es convexa en* A, $\mathrm{Im}\, f \neq \varnothing$ *y* $\phi : \mathrm{Im}\, f \to \mathbb{R}$ *es convexa y creciente[4], entonces* $\phi \circ f$ *es convexa en* A;

(iv) Si $f : A \to \mathbb{R}$ *es de la forma* $f(x) = a'x + b$, *con* $a \in \mathbb{R}^n$, $b \in \mathbb{R}$ *(función afín) y* $\phi : \mathrm{Im}\, f \to \mathbb{R}$ *es convexa, entonces* $\phi \circ f$ *es convexa en* A.

Ejercicio 1.4 Analizar si las siguientes funciones son convexas.

(i) $f : \mathbb{R}^3 \to \mathbb{R}$, dada por $f(x) = e^{x_1^2 + 4x_2^4 + 5x_3^6}$;

(ii) $f : \mathbb{R}^3 \to \mathbb{R}$, dada por $f(x) = (x_1 + 3x_2 - 4x_3 + 1)^2$;

(iii) $f : \mathbb{R}^3 \to \mathbb{R}$, $f(x) = \sqrt{x_1^2 + x_2^2 + x_3^2}$;

(iv) $f : \mathbb{R}^3 \to \mathbb{R}$, $f(x) = |x_1 - x_2 + 4x_3|$.

Solución. (i) Podemos expresar f de la forma $f = \phi \circ g$ donde $g : \mathbb{R}^3 \to \mathbb{R}$ y $\phi : \mathbb{R} \to \mathbb{R}$ vienen dadas por

$$g(x) := x_1^2 + 4x_2^4 + 5x_3^6 \quad \text{y} \quad \phi(t) = e^t.$$

Es fácil comprobar que g es convexa, pues

$$Hg(x) = \begin{pmatrix} 2 & 0 & 0 \\ 0 & 48x_2^2 & 0 \\ 0 & 0 & 150x_3^4 \end{pmatrix},$$

que es definida o semidefinida positiva para todo x (nótese que al ser diagonal, los elementos diagonales son los valores propios; véase la proposición 1.3).

Por otro lado, ϕ es creciente y convexa en $\mathbb{R}$, pues

$$\phi'(t) = \phi''(t) = e^t > 0 \text{ para todo } t \in \mathbb{R}.$$

Aplicando entonces la proposición 1.9 (iii) se tiene que $f = \phi \circ g$ es convexa.

(ii) Como consecuencia inmediata de la proposición 1.9(iv) se tiene que f es convexa.

---

[4]Obviamente si ϕ está definida sobre algún conjunto convexo que contiene a $\mathrm{Im}\, f$, el resultado es igualmente válido.

(iii) Consideremos $f : \mathbb{R}^3 \to \mathbb{R}$, con $f(x) = \sqrt{x_1^2 + x_2^2 + x_3^2}$. Nótese que si expresamos f como composición $f = \phi \circ g$ donde $g(x) := x_1^2 + x_2^2 + x_3^2$ y $\phi(t) := \sqrt{t}$, no se verifican las hipótesis de la proposición 1.9 (iii) ($\phi \in C^2 (]0, +\infty[)$, con $\phi''(t) = -\frac{1}{4\sqrt{t^3}} < 0$), luego, en principio, no podemos concluir que f es convexa. Buscaremos otro argumento: podemos observar que $f(x) = \|x\|_2$. Veamos directamente aplicando la definición que f es convexa. Dados $x, y \in \mathbb{R}^3$ y dado $\alpha \in [0,1]$ se tiene:

$$f(\alpha x + (1-\alpha) y) = \|\alpha x + (1-\alpha) y\|_2 \leq \|\alpha x\|_2 + \|(1-\alpha) y_2\|_2$$
$$= |\alpha| \|x\|_2 + |1-\alpha| \|y\|_2 = \alpha f(x) + (1-\alpha) f(y),$$

donde se han aplicado las propiedades que definen una norma y el hecho de que α y $1 - \alpha$ son no negativos; por lo tanto f es convexa.

(iv) Consideremos $f(x) = |x_1 - x_2 + 4x_3|$ y expresemos $f = \phi \circ g$ con $g(x) := x_1 - x_2 + 4x_3$ y $\phi(t) = |t|$. La convexidad de f se deriva entonces de la proposición 1.9 (iv). Basta comprobar que ϕ es convexa, lo cual se obtiene por un razonamiento análogo al del apartado anterior: si $t, s \in \mathbb{R}$, $\alpha \in [0,1]$,

$$\phi(\alpha t + (1-\alpha) s) = |\alpha t + (1-\alpha) s| \leq |\alpha t| + |(1-\alpha) s|$$
$$= \alpha |t| + (1-\alpha) |s| = \alpha \phi(t) + (1-\alpha) \phi(s).$$

El estudio de la convexidad de funciones en ocasiones puede ser de utilidad para analizar la convexidad de determinados conjuntos, en concreto de los *conjuntos de nivel inferior* de una función convexa.

Ejercicio 1.5 Sea $\varnothing \neq C \subset \mathbb{R}^n$ convexo y sea $f : C \to \mathbb{R}$ convexa. Demostrar que el conjunto de nivel inferior λ, dado por

$$N_\lambda = \{x \in C : f(x) \leq \lambda\},$$

es convexo.

Solución. Situémonos en el caso no trivial en el que $N_\lambda \neq \varnothing$. Sean $x, y \in N_\lambda$ y sea $\alpha \in [0,1]$, veamos que $\alpha x + (1-\alpha) y \in N_\lambda$. En efecto:

$$f(\alpha x + (1-\alpha) y) \leq \alpha f(x) + (1-\alpha) f(y) \leq \alpha \lambda + (1-\alpha) \lambda = \lambda,$$

lo que prueba $\alpha x + (1-\alpha) y \in N_\lambda$.

Ejercicio 1.6 Demostrar que los siguientes conjuntos son convexos:

(i) $C = \left\{ x \in \mathbb{R}^3 \mid x_1^2 + 4x_2^2 + 4x_3^4 \leq 1, x_1 - x_3 \leq 0 \right\}$;

(ii) $C = \left\{ x \in \mathbb{R}^3 \mid |x_1 + 4x_2 + 4x_3| \leq 1, e^{x_1 + 4x_2} \leq 0 \right\}$.

Solución. (i) $C = \left\{ x \in \mathbb{R}^3 \mid x_1^2 + 4x_2^2 + 4x_3^4 \leq 1 \right\} \cap \left\{ x \in \mathbb{R}^3 \mid x_1 - x_3 \leq 0 \right\}$.

Veamos que cada uno por separado son conjuntos convexos. Respecto del primero, es un nivel inferior de la función $f_1(x) = x_1^2 + 4x_2^2 + 4x_3^4$, que se comprueba fácilmente que es convexa, pues

$$Hf_1(x) = \begin{pmatrix} 2 & 0 & 0 \\ 0 & 8 & 0 \\ 0 & 0 & 48x_3^2 \end{pmatrix}$$

es definida o semidefinida positiva para todo $x \in \mathbb{R}^3$. Por su parte, el segundo, es un nivel inferior de la función $f_2(x) = x_1 - x_3$ que es convexa, de hecho $Hf_2(x)$ es la matriz nula. Así pues, C es convexo.

(ii) Como en el apartado anterior, basta ver que las funciones $g_1(x) = |x_1 + 4x_2 + 4x_3|$ y $g_2(x) = e^{x_1 + 4x_2}$ son convexas, lo cual se deduce inmediatamente de la proposición 1.9 (iii) y (iv).

Ejercicio 1.7 Encontrar un ejemplo que muestre que N_λ puede ser convexo, aunque f no sea convexa.

Solución. Considérese la función $f : \,]0, +\infty[\,\to \mathbb{R}, \, f(t) = \log(t)$. Se tiene que

$$\begin{aligned} N_\lambda &= \{ t \in \,]0, +\infty[\,\mid \log(t) \leq \lambda \} \\ &= \left\{ t \in \,]0, +\infty[\,\mid t = e^{\log(t)} \leq e^\lambda \right\} \\ &= \left]0, e^\lambda \right], \end{aligned}$$

que es convexo, y f no es convexa.

Observación 1.5 (Funciones cóncavas) *Puede hacerse un desarrollo paralelo para funciones cóncavas. Si $\varnothing \neq C \subset \mathbb{R}^n$ convexo, una función $f : C \to \mathbb{R}$ es cóncava si $-f$ es convexa. Para funciones de clase C^2 en un abierto convexo*

A se tiene que: f es cóncava si, y solo si, $Hf(x)$ es definida o semidefinida negativa para todo $x \in A$. Los conjuntos de nivel superior

$$S_\lambda := \{x \in C : f(x) \geq \lambda\}$$

son convexos, si $f : C \to \mathbb{R}$ es cóncava. En estos prelimiminares hemos prestado especial atención a las funciones convexas pues juegan un papel destacado en el estudio de problemas de optimización en el formato de minimizar y donde las restricciones están expresadas mediante desigualdades en el sentido '$\leq$'. Análogamente, la concavidad sería una propiedad destacada si el formato fuese de maximizar con restricciones de '$\geq$'.

Capítulo 2

Optimización sin restricciones

A lo largo de este capítulo consideramos un problema de optimización sin restricciones, que denotamos por (P), consistente en minimizar una determinada función objetivo f definida en $\mathbb{R}^n$ y con valores en $\mathbb{R}$; formalmente (P) se representa de la siguiente manera:

$$(P) \ Min \ f(x).$$

La sección 2.1 introduce la notación y definiciones básicas relativas al problema (P), y precisa qué entendemos por resolver (P). En la sección 2.2 presentaremos un resumen de resultados teóricos básicos (condiciones de optimalidad) que pueden resultar de utilidad en la tarea de resolver (P). Apoyándonos en los resultados teóricos, resolveremos diferentes ejemplos de forma exacta. En esta sección, además, los problemas convexos y los problemas cuadráticos ocupan un lugar destacado debido a sus buenas propiedades en relación con la optimalidad.

2.1. Definiciones y primeros ejemplos

Consideremos el problema de PNL sin restricciones dado por:

$$(P) \ Min \ f(x), \tag{2.1}$$

donde $x \in \mathbb{R}^n$ representa a la *variable de decisión* y $f : \mathbb{R}^n \to \mathbb{R}$ es la *función objetivo* de (P). A medida que se vayan requiriendo, iremos incorporando ciertas hipótesis de diferenciabilidad a f. Seguidamente presentamos diferentes elementos destacados asociados al problema (P).

Definición 2.1 *Dado el problema (2.1) de PNL sin restricciones, se definen los siguientes elementos:*

(i) El valor óptimo de (P), denotado por v, está dado por:

$$v := \inf \left\{ f\left(x\right) : x \in \mathbb{R}^n \right\};$$

(ii) Un punto $\overline{x} \in \mathbb{R}^n$ es óptimo local de (P) si existe un entorno de $\overline{x}$, $U \subset \mathbb{R}^n$, tal que

$$f\left(\overline{x}\right) \leq f\left(x\right) \quad para\ todo\ x \in U;$$

(iii) Un punto $\overline{x} \in \mathbb{R}^n$ es óptimo global de (P) si

$$f\left(\overline{x}\right) \leq f\left(x\right) \quad para\ todo\ x \in \mathbb{R}^n;$$

en otras palabras, si el valor óptimo se alcanza en $\overline{x}$ (i.e., $v = f\left(\overline{x}\right)$).

En lo que sigue, por resolver (P) entenderemos determinar estos elementos destacados: su valor óptimo, el conjunto de óptimos locales y óptimos globales. Atendiendo a estos elementos haremos la siguiente clasificación.

Definición 2.2 *Consideremos el problema de PNL sin restricciones (2.1).*

(i) Se dice que (P) es acotado si su valor óptimo es finito ($v > -\infty$), esto es, si f está acotada inferiormente;

(ii) Se dice que (P) es resoluble si existe algún óptimo global.

La siguiente proposición puede resultar de utilidad a la hora de simplificar determinados problemas de optimización.

Proposición 2.1 *Sea (P) el problema (2.1) y sea $\left(\widetilde{P}\right)$ el nuevo problema de optimización dado por*

$$\left(\widetilde{P}\right) \quad Min\ \phi\left(f\left(x\right)\right),$$

donde $\phi : A \to \mathbb{R}$ es una función estrictamente creciente en A, siendo A un subconjunto de números reales que contiene a $\mathrm{Im} f$, la imagen de f. Se tienen las siguientes equivalencias:

(i) $\overline{x} \in \mathbb{R}^n$ *es óptimo local de* (P) *si, y solo si,* $\overline{x}$ *es óptimo local de* $\left(\widetilde{P}\right)$;

(ii) $\overline{x} \in \mathbb{R}^n$ *es óptimo global de* (P) *si, y solo si,* $\overline{x}$ *es óptimo global de* $\left(\widetilde{P}\right)$.

En lo que sigue diremos que dos problemas de PNL sin restricciones son *equivalentes* si, como en el caso de la proposición anterior, ambos problemas tienen los mismos conjuntos de óptimos locales y óptimos globales (aunque no el mismo valor óptimo)[1]. Veamos algunos ejemplos de problemas equivalentes:

Ejemplo 2.1 (Problemas equivalentes) Veamos que los siguientes problemas son equivalentes:

(P_1) Min $\sqrt{1 + x_1^2 + 4x_2^4}$, (P_2) Min $1 + x_1^2 + 4x_2^4$, (P_3) Min $\left(1 + x_1^2 + 4x_2^4\right)^2$,

(P_4) Min $\log\left(1 + x_1^2 + 4x_2^4\right)$, (P_5) Min $2^{1 + x_1^2 + 4x_2^4}$.

En concreto, veamos que todos son equivalente a (P_2). Denotemos por f_i a la función objetivo de (P_i), $i = 1, 2, ..., 5$. Nótese que

$$\text{Im } f_2 = [1, +\infty[.$$

Veamos que las funciones objetivo del resto de problemas resultan de componer f_2 con alguna función estrictamente creciente. En efecto,

$$f_1 = \phi_1 \circ f_2, \text{ con } \phi_1 : \mathbb{R}_+ \rightarrow \mathbb{R} \text{ dada por } \phi_1(t) = \sqrt{t}.$$

Obsérvese que ϕ_1 es estrictamente creciente en $\mathbb{R}_+ \supset \text{Im } f_2$. Por su parte,

$$f_3 = \phi_3 \circ f_2,$$

donde podemos considerar $\phi_3 : \mathbb{R}_+ \rightarrow \mathbb{R}$ definida por $\phi_3(t) = t^2$ y de este modo ϕ_3 es estrictamente creciente en $\mathbb{R}_+ \supset \text{Im } f_2$. Respecto del problema (P_4) se tiene:

$$f_4 = \phi_4 \circ f_2, \text{ con } \phi_4 :]0, +\infty[\rightarrow \mathbb{R} \text{ dada por } \phi_4(t) = \log t,$$

que también es estrictamente creciente en $]0, +\infty[$. Finalmente,

$$f_5 = \phi_5 \circ f_2, \text{ con } \phi_5 : \mathbb{R} \rightarrow \mathbb{R} \text{ dada por } \phi_5(t) = 2^t,$$

siendo ϕ_5 estrictamente creciente en $\mathbb{R}$.

---

[1]En este sentido el problema de maximizar $f(x)$ equivale al de minimizar $-f(x)$; por lo que desarrollaremos la teoría en términos de minimizar.

Los siguientes ejemplos muestran diferentes situaciones que pueden ocurrir en el contexto de la PNL sin restricciones. Por simplicidad, estos ejemplos están planteados en $\mathbb{R}$. En lo que sigue $\mathbb{N}$ y $\mathbb{Z}$ representan, respectivamente, al conjunto de números naturales $\{1, 2, ...\}$ y al de los enteros.

Ejemplo 2.2 (Un problema no acotado) Consideremos el problema, en $\mathbb{R}$,

$$(P)\ Min\ x^3,$$

esto es, $f(x) = x^3$, $x \in \mathbb{R}$. Si consideramos, por ejemplo, la sucesión $\{-r\}_{r \in \mathbb{N}}$, se tiene:

$$\lim_{r \to \infty} f(-r) = \lim_{r \to \infty} -r^3 = -\infty.$$

Por tanto, el conjunto de imágenes $\{f(x) : x \in \mathbb{R}\}$ no está acotado inferiormente, lo que equivale a $v = -\infty$.

Ejemplo 2.3 (Un problema acotado, pero no resoluble) Consideremos el problema, en $\mathbb{R}$,

$$(P)\ Min\ e^x.$$

Así, en este caso, el conjunto de imágenes $\{f(x) : x \in \mathbb{R}\} = \{e^x : x \in \mathbb{R}\}$ está acotado inferiormente por cero; de hecho, $e^x > 0$ para todo $x \in \mathbb{R}$. Además $v = 0$, puesto que si consideramos la sucesión $\{-r\}_{r \in \mathbb{N}}$ se tiene que

$$\lim_{r \to \infty} f(-r) = \lim_{r \to \infty} e^{-r} = 0.$$

En resumen, el conjunto $\{e^x : x \in \mathbb{R}\}$ está acotado inferiormente por 0 y existe alguna sucesión contenida en el conjunto con límite 0. Entonces,

$$v = \inf\{e^x : x \in \mathbb{R}\} = 0.$$

En consecuencia, (P) es acotado. Sin embargo, no es resoluble, pues no existe ningún $x \in \mathbb{R}$ tal que $e^x = 0$ (no se alcanza el ínfimo).

Ejemplo 2.4 (Un problema con un único óptimo global) Consideremos el problema, en $\mathbb{R}$,

$$(P)\ Min\ x^2.$$

El conjunto de imágenes $\{f(x) : x \in \mathbb{R}\} = \{x^2 : x \in \mathbb{R}\}$ es acotado inferiormente por 0, y además, $f(0) = 0$, luego $v = 0$ y $\bar{x} = 0$ es un óptimo global de (P). La unicidad es inmediata, pues $x^2 = 0$ si, y solo si, $x = 0$.

Ejemplo 2.5 (Un problema con infinitos óptimos globales) Consideremos el problema, en $\mathbb{R}$,

$$(P) \ Min \ sen \ x.$$

El conjunto de imágenes $\{f(x) : x \in \mathbb{R}\} = \{sen \ x : x \in \mathbb{R}\}$ es acotado inferiormente por -1, y además $f\left(\frac{3\pi}{2} + 2k\pi\right) = -1$ para todo $k \in \mathbb{Z}$. Por tanto, $v = -1$ y, para cualquier $k \in \mathbb{Z}$, $\frac{3\pi}{2} + 2k\pi$ es un óptimo global de (P).

Ejemplo 2.6 (Dos problemas con óptimos locales que no son globales) Consideremos los problemas, en $\mathbb{R}$,

$$(P_1) \ Min \ x \ sen \ x; \quad (P_2) \ Min \ \frac{x}{x^2+1} \ sen \ x.$$

Volveremos sobre estos problemas más adelante, cuando hayamos introducido las condiciones de optimalidad; en este momento, observemos que el valor óptimo de (P_1), denotado por v_1, es $-\infty$, dado que si consideramos, por ejemplo, la sucesión $\left\{\frac{3\pi}{2} + 2r\pi\right\}_{r \in \mathbb{N}}$, se tiene que

$$\lim_{r \to \infty} \left(\tfrac{3\pi}{2} + 2r\pi\right) sen \left(\tfrac{3\pi}{2} + 2r\pi\right) = \lim_{r \to \infty} \left(\tfrac{-3\pi}{2} - 2r\pi\right) = -\infty.$$

Luego (P_1) es no acotado. Por su parte, (P_2) es resoluble, lo que puede intuirse en la figura 2.1. Más adelante veremos que (P_1) y (P_2) tienen infinitos óptimos locales.

2.2. Condiciones de optimalidad

Consideremos de nuevo el problema de PNL sin restricciones:

$$(P) \ Min \ f(x),$$

siendo $f : \mathbb{R}^n \to \mathbb{R}$. En realidad los resultados de esta sección son válidos para funciones definidas en un abierto $A \subset \mathbb{R}^n$.

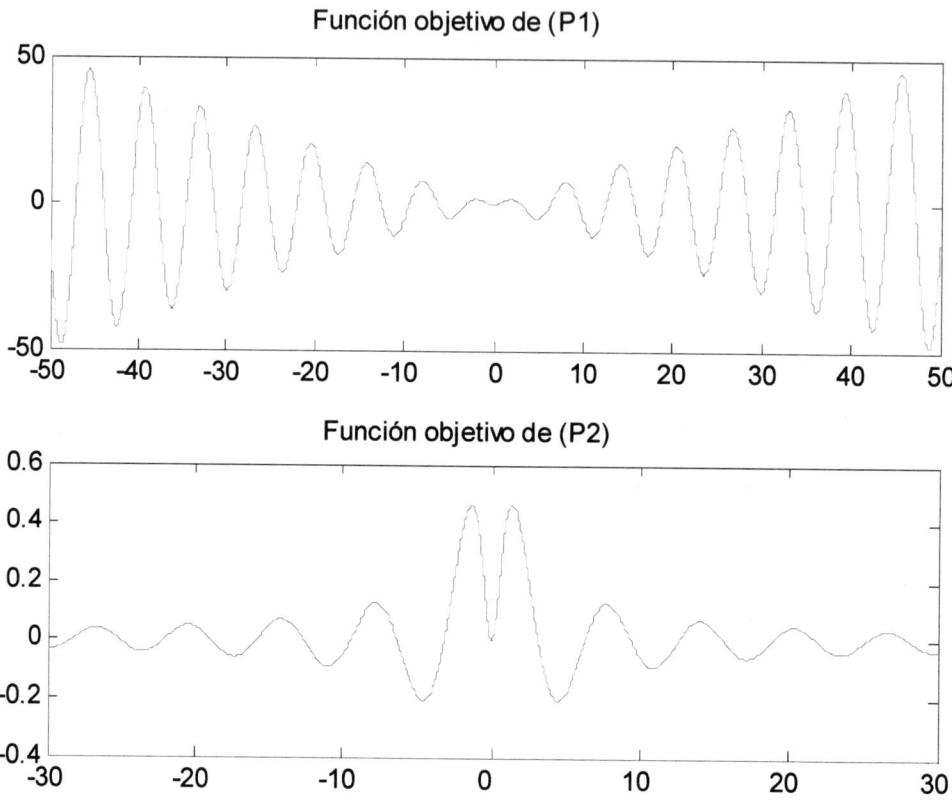

Figura 2.1: Ilustración de dos problemas con infinitos óptimos locales.

A continuación, se enuncian las condiciones de optimalidad relativas a un punto dado $\overline{x} \in \mathbb{R}^n$. Por motivos didácticos, la condición de primer orden (que involucra derivadas parciales) se enuncia bajo la hipótesis $f \in C^1(A)$ y las de segundo orden (que involucran a las derivadas parciales de segundo orden) bajo la hipótesis $f \in C^2(A)$, siendo A un abierto que contiene a $\overline{x}$ (estos resultados pueden obtenerse bajo hipótesis más débiles como puede consultarse en el texto de Bazaraa *et ál.* [4]).

Proposición 2.2 (Condición necesaria de optimalidad de primer orden) *Sea $\overline{x} \in A \subset \mathbb{R}^n$, con A abierto, y supongamos que $f \in C^1(A)$. Si $\overline{x}$ es un óptimo local de (P), entonces*

$$\nabla f(\overline{x}) = 0_n.$$

Un punto $\overline{x} \in \mathbb{R}^n$ que verifica la condición $\nabla f(\overline{x}) = 0_n$ se llama *punto crítico*.

Proposición 2.3 (Condiciones de optimalidad de segundo orden) *Sea $\overline{x} \in A \subset \mathbb{R}^n$, con A abierto, y supongamos que $f \in C^2(A)$. Se tiene:*

(i) (Condición necesaria) Si $\overline{x} \in \mathbb{R}^n$ es un óptimo local de (P), entonces (además de verificar $\nabla f(\overline{x}) = 0_n$) se tiene que $Hf(\overline{x})$ es definida positiva o semidefinida positiva.

(ii) (Condición suficiente) Si $\nabla f(\overline{x}) = 0_n$ y $Hf(\overline{x})$ es definida positiva, entonces $\overline{x}$ es un óptimo local de (P).

Esquema de casos posibles

$\nabla f(\overline{x}) \neq 0_n$	$\Rightarrow$	$\overline{x}$ no óptimo local
$\nabla f(\overline{x}) = 0_n$, $Hf(\overline{x})$ DP	$\Rightarrow$	$\overline{x}$ **óptimo local**
$\nabla f(\overline{x}) = 0_n$, $Hf(\overline{x})$ SDP	$\Rightarrow$	¿?
$\nabla f(\overline{x}) = 0_n$, $Hf(\overline{x}) \neq 0_{n \times n}$ no DP ni SDP	$\Rightarrow$	$\overline{x}$ no óptimo local

En el esquema, y de aquí en adelante, $0_{n \times n}$ representa a la matriz cuadrada de orden n con todos sus coeficientes nulos. Por otro lado, DP y SDP representan las abreviaturas de definida positiva y semidefinida positiva.

2.3. Ejercicios resueltos

En lo que sigue $\mathcal{C}$, $\mathcal{L}$ y $\mathcal{G}$ representarán, respectivamente los conjuntos de puntos críticos, óptimos locales y óptimos globales de nuestro problema (P). $\mathcal{C}$, $\mathcal{L}$ y $\mathcal{G}$ son tres subjuntos de $\mathbb{R}^n$ que verifican las relaciones:

$$\mathcal{G} \subset \mathcal{L},$$

lo cual es inmediato a partir de las correspondientes definiciones de óptimo local y óptimo global; además, si la función objetivo de (P), f, es de clase C^1 en algún abierto que contenga a $\mathcal{L}$, entonces

$$\mathcal{L} \subset \mathcal{C}.$$

Seguidamente presentamos diferentes ejercicios académicos con el fin de afianzar y adquirir destreza en el manejo de las condiciones de optimalidad resumidas en el esquema anterior.

Ejercicio 2.1 Resolver el siguiente problema de PNL sin restricciones, esto es, determinar los conjuntos de óptimos locales y óptimos globales, y su valor óptimo:

$$(P) \quad Min \ \operatorname{sen} x_1 \operatorname{sen} x_2.$$

Solución. En primer lugar determinamos el conjunto de puntos críticos. Para ello hemos de resolver el sistema

$$\nabla f(x) = \begin{pmatrix} \cos x_1 \operatorname{sen} x_2 \\ \operatorname{sen} x_1 \cos x_2 \end{pmatrix} = \begin{pmatrix} 0 \\ 0 \end{pmatrix}.$$

De la primera ecuación se deduce:

$$\cos x_1 = 0 \ (\Rightarrow x_1 = \frac{\pi}{2} + k\pi, \ k \in \mathbb{Z}) \ \text{ó} \ \operatorname{sen} x_2 = 0 \ (\Rightarrow x_2 = s\pi, \ s \in \mathbb{Z}).$$

Analicemos los dos casos por separado:

Caso 1: $x_1 = \frac{\pi}{2} + k\pi$, $k \in \mathbb{Z}$. Sustituyendo este valor en la segunda ecuación, se deduce $(\pm 1) \cos x_2 = 0$. Luego $\cos x_2 = 0$, lo que implica que $x_2 = \frac{\pi}{2} + r\pi, r \in \mathbb{Z}$.

Caso 2: $x_2 = s\pi$, $s \in \mathbb{Z}$. Sustituyendo en la segunda ecuación obtenemos $(\pm) \operatorname{sen} x_1 = 0$, luego $x_1 = t\pi, t \in \mathbb{Z}$.

En resumen el conjunto de puntos críticos es:

$$\mathcal{C} = \left\{ \begin{pmatrix} \frac{\pi}{2} + k\pi \\ \frac{\pi}{2} + r\pi \end{pmatrix} : k, r \in \mathbb{Z} \right\} \cup \left\{ \begin{pmatrix} s\pi \\ t\pi \end{pmatrix} : s, t \in \mathbb{Z} \right\}.$$

Estudiemos ahora la matriz hessiana evaluada en cada uno de estos puntos. Se tiene:

$$Hf(x) = \begin{pmatrix} -\operatorname{sen} x_1 \operatorname{sen} x_2 & \cos x_1 \cos x_2 \\ \cos x_1 \cos x_2 & -\operatorname{sen} x_1 \operatorname{sen} x_2 \end{pmatrix}.$$

Evaluemos $Hf(x)$ en cada uno de los casos:

$$Hf(\overline{x}) = \begin{cases} \begin{pmatrix} -1 & 0 \\ 0 & -1 \end{pmatrix}; & \text{si } \overline{x} = \begin{pmatrix} \frac{\pi}{2}+k\pi \\ \frac{\pi}{2}+r\pi \end{pmatrix} \text{ y } k \text{ y } r \text{ tienen la misma paridad,} \\[2ex] \begin{pmatrix} 1 & 0 \\ 0 & 1 \end{pmatrix}; & \text{si } \overline{x} = \begin{pmatrix} \frac{\pi}{2}+k\pi \\ \frac{\pi}{2}+r\pi \end{pmatrix} \text{ y } k \text{ y } r \text{ tienen distinta paridad,} \\[2ex] \begin{pmatrix} 0 & 1 \\ 1 & 0 \end{pmatrix}; & \text{si } \overline{x} = \begin{pmatrix} s\pi \\ t\pi \end{pmatrix} \text{ y } s \text{ y } t \text{ tienen la misma paridad,} \\[2ex] \begin{pmatrix} 0 & -1 \\ -1 & 0 \end{pmatrix}; & \text{si } \overline{x} = \begin{pmatrix} s\pi \\ t\pi \end{pmatrix} \text{ y } s \text{ y } t \text{ tienen distinta paridad.} \end{cases}$$

Aplicando la proposición 1.5 clasificamos la matriz $Hf(\overline{x})$, obteniendo que en el primer caso esta matriz es definida negativa, en el segundo es definida positiva y en los dos últimos indefinida. Por tanto, el conjunto de óptimos locales está dado por

$$\mathcal{L} = \left\{ \begin{pmatrix} \frac{\pi}{2} + k\pi \\ \frac{\pi}{2} + r\pi \end{pmatrix} : k, r \in \mathbb{Z} \text{ tienen distinta paridad} \right\},$$

(nótese que el resto de casos no cumplen la condición necesaria de segundo orden). Veamos, además que todos los óptimos locales son globales en este caso. En efecto, sean $k, r \in \mathbb{Z}$ con distinta paridad y consideremos $\overline{x} = \begin{pmatrix} \frac{\pi}{2}+k\pi \\ \frac{\pi}{2}+r\pi \end{pmatrix}$. Se tiene:

$$f(\overline{x}) = \operatorname{sen}\left(\frac{\pi}{2} + k\pi \right) \operatorname{sen}\left(\frac{\pi}{2} + r\pi \right) = -1 \leq \operatorname{sen} x_1 \operatorname{sen} x_2, \text{ para todo } \begin{pmatrix} x_1 \\ x_2 \end{pmatrix} \in \mathbb{R}^2,$$

donde la última desigualdad se deduce del hecho de que, para cualquier $\begin{pmatrix} x_1 \\ x_2 \end{pmatrix} \in \mathbb{R}^2$, $|\operatorname{sen} x_1 \operatorname{sen} x_2| = |\operatorname{sen} x_1| |\operatorname{sen} x_2| \leq 1$, y por tanto

$$-1 \leq \operatorname{sen} x_1 \operatorname{sen} x_2 \leq 1.$$

En consecuencia

$$\mathcal{G} = \mathcal{L} \text{ y el valor del problema es } v = -1.$$

Ejercicio 2.2 Resolver el siguiente problema de PNL sin restricciones:

$$(P) \quad Min \; x_1 \cos x_2.$$

Solución. Consideremos ahora la función objetivo $f(x) = x_1 \cos x_2$. Determinemos el conjunto de puntos críticos de (P):

$$\nabla f(x) = \begin{pmatrix} \cos x_2 \\ -x_1 \operatorname{sen} x_2 \end{pmatrix} = \begin{pmatrix} 0 \\ 0 \end{pmatrix} \Rightarrow \begin{cases} \cos x_2 = 0, \\ -x_1 \operatorname{sen} x_2 = 0. \end{cases}$$

De la primera ecuación se obtiene: $x_2 = \frac{\pi}{2} + k\pi$, $k \in \mathbb{Z}$. Sustituyendo este valor en la segunda ecuación, se tiene $-x_1 (\pm 1) = 0$. Luego el conjunto de puntos críticos es:

$$\mathcal{C} = \left\{ \begin{pmatrix} 0 \\ \frac{\pi}{2} + k\pi \end{pmatrix} : k \in \mathbb{Z} \right\}.$$

Analicemos las condiciones de segundo orden. Para cualquier $x \in \mathbb{R}^2$,

$$Hf(x) = \begin{pmatrix} 0 & -\operatorname{sen} x_2 \\ -\operatorname{sen} x_2 & -x_1 \cos x_2 \end{pmatrix}.$$

Sea $k \in \mathbb{Z}$ y $\overline{x} = \begin{pmatrix} 0 \\ \frac{\pi}{2} + k\pi \end{pmatrix}$; se tiene:

$$Hf(\overline{x}) = \begin{cases} \begin{pmatrix} 0 & -1 \\ -1 & 0 \end{pmatrix}, & \text{si } k \text{ es par}; \\ \begin{pmatrix} 0 & 1 \\ 1 & 0 \end{pmatrix}, & \text{si } k \text{ es impar}. \end{cases}$$

En cualquier caso $Hf(\overline{x})$ es indefinida (véase la proposición 1.5) y, por tanto, ninguno de los puntos críticos es óptimo local. Así pues, (P) no tiene óptimos locales y por tanto no tiene óptimos globales. El problema, de hecho, es no acotado dado que

$$\lim_{n \to \infty} f\left(\begin{pmatrix} n \\ \pi \end{pmatrix} \right) = \lim_{n \to \infty} n(-1) = -\infty.$$

En otras palabras:

$$\mathcal{L} = \mathcal{G} = \varnothing \text{ y } v = -\infty.$$

Ejercicio 2.3 Resolver el siguiente problema de PNL sin restricciones:

$$(P) \ Min \ \ x_1^2 \cos x_2.$$

Solución. Determinemos el conjunto de puntos críticos de (P):

$$\nabla f(x) = \begin{pmatrix} 2x_1 \cos x_2 \\ -x_1^2 \operatorname{sen} x_2 \end{pmatrix} = \begin{pmatrix} 0 \\ 0 \end{pmatrix} \Rightarrow \begin{cases} 2x_1 \cos x_2 = 0, \\ -x_1^2 \operatorname{sen} x_2 = 0. \end{cases}$$

De la primera ecuación se obtiene:

$$\begin{cases} Caso \ 1\text{: } x_1 = 0; \\ Caso \ 2\text{: } \cos x_2 = 0 \Rightarrow x_2 = \frac{\pi}{2} + k\pi, \ \ k \in \mathbb{Z}. \end{cases}$$

En el caso 1, sustituyendo el valor $x_1 = 0$ en la segunda ecuación, ésta se satisface independientemente de los valores de x_2 (pues se obtiene $0 = 0$). En el caso 2, sustituyendo $x_2 = \frac{\pi}{2} + k\pi$, $k \in \mathbb{Z}$, en la segunda ecuación se tiene $-x_1^2 (\pm 1) = 0$, luego $x_1 = 0$. En definitiva, el conjunto de puntos críticos es

$$\mathcal{C} = \left\{ \begin{pmatrix} 0 \\ x_2 \end{pmatrix} : x_2 \in \mathbb{R} \right\}.$$

Por otro lado $Hf(x) = \begin{pmatrix} 2\cos x_2 & -2x_1 \operatorname{sen} x_2 \\ -2x_1 \operatorname{sen} x_2 & -x_1^2 \cos x_2 \end{pmatrix}$ y evaluada en $\overline{x} = \begin{pmatrix} 0 \\ x_2 \end{pmatrix}$, con $x_2 \in \mathbb{R}$, se tiene:

$$Hf(\overline{x}) = \begin{pmatrix} 2\cos x_2 & 0 \\ 0 & 0 \end{pmatrix}.$$

A partir de la condición necesaria de segundo podemos asegurar que el conjunto:

$$\left\{ \begin{pmatrix} 0 \\ x_2 \end{pmatrix} : \cos x_2 < 0 \right\}$$

no contiene ningún óptimo local. Por otra parte, todos los puntos del conjunto

$$\left\{ \begin{pmatrix} 0 \\ x_2 \end{pmatrix} : \cos x_2 \geq 0 \right\}$$

verifican la condición necesaria de optimalidad pero no la suficiente, luego por el momento no puede asegurarse si son o no óptimos locales (véase el esquema resumen tras la proposición 2.3). Analizaremos si son óptimos o no directamente por la definición. Distinguiremos dos casos:

Caso 1: $\overline{x} = \begin{pmatrix} 0 \\ \overline{x}_2 \end{pmatrix}$ con $\cos \overline{x}_2 > 0$. Nótese que de la continuidad de la función coseno, sabemos que $\cos x_2 > 0$ para x_2 suficientemente próximo a $\overline{x}_2$ (se conserva el signo en un entorno de $\overline{x}_2$), pongamos que

$$\cos x_2 > 0, \text{ si } |x_2 - \overline{x}_2| < \varepsilon, \text{ para cierto } \varepsilon > 0.$$

Entonces

$$f(x) = x_1^2 \cos x_2 \geq 0, \text{ si } |x_2 - \overline{x}_2| < \varepsilon.$$

Puesto que

$$f(\overline{x}) = 0 \cos \overline{x}_2 = 0,$$

si consideramos como entorno de $\overline{x}$ el subconjunto $U = \mathbb{R} \times]\overline{x}_2 - \varepsilon, \overline{x}_2 + \varepsilon[$, se tiene:

$$f(\overline{x}) = 0 \leq f(x), \text{ para todo } x \in U,$$

en conclusión, en este caso, $\overline{x}$ es un óptimo local de (P).

Caso 2: $\overline{x} = \begin{pmatrix} 0 \\ \overline{x}_2 \end{pmatrix}$ con $\cos \overline{x}_2 = 0$, esto es, $\overline{x}_2 = \frac{\pi}{2} + k\pi$, $k \in \mathbb{Z}$. Veamos que $\overline{x}$ no es óptimo local. Distnguimos dos casos:

Caso 2.a: k par. En este caso, obsérvese que, para todo n,

$$\cos \left(\overline{x}_2 + \frac{1}{n} \right) = \cos \left(\frac{\pi}{2} + k\pi + \frac{1}{n} \right) < 0$$

Entonces, si consideramos la sucesión $\{x^n\}_{n \in \mathbb{N}} \subset \mathbb{R}^2$ dada por

$$x^n := \begin{pmatrix} \frac{1}{n} \\ \frac{\pi}{2} + k\pi + \frac{1}{n} \end{pmatrix}, \ n \in \mathbb{N},$$

se tiene:

$$\lim_{n \to \infty} x^n = \overline{x} \text{ y } f(x^n) = \left(\frac{1}{n} \right)^2 \cos \left(\frac{\pi}{2} + k\pi + \frac{1}{n} \right) < 0 = f(\overline{x}), \ n \in \mathbb{N}.$$

En estas condiciones $\overline{x}$ no puede ser óptimo local de (P).

Caso 2.b: k impar, en cuyo caso, $\cos \left(\overline{x}_2 - \frac{1}{n} \right) = \cos \left(\frac{\pi}{2} + k\pi - \frac{1}{n} \right) < 0$ para todo n. Entonces, dada $\{x^n\}_{n \in \mathbb{N}} \subset \mathbb{R}^2$ definida por

$$x^n := \begin{pmatrix} \frac{1}{n} \\ \frac{\pi}{2} + k\pi - \frac{1}{n} \end{pmatrix}, \ n \in \mathbb{N},$$

se tiene:

$$\lim_{n \to \infty} x^n = \overline{x} \text{ y } f(x^n) < 0 = f(\overline{x}), \ n \in \mathbb{N}.$$

Por tanto, $\overline{x}$ no es óptimo local de (P).

En resumen, el conjunto de óptimos locales coincide con

$$\mathcal{L} = \left\{ \begin{pmatrix} 0 \\ x_2 \end{pmatrix} : \cos x_2 > 0 \right\}.$$

Ninguno de los óptimos locales es global, pues de hecho el problema no es acotado. En efecto, si consideramos la sucesión $\{x^n\}_{n \in \mathbb{N}} \subset \mathbb{R}^2$ definida por

$$x^n := \begin{pmatrix} n \\ \pi \end{pmatrix}, \ n \in \mathbb{N},$$

se tiene:

$$\lim_{n \to \infty} f(x^n) = \lim_{n \to \infty} n^2 \cos \pi = \lim_{n \to \infty} \left(-n^2 \right) = -\infty.$$

Así,

$$v = -\infty \text{ y } \mathcal{G} = \varnothing.$$

Observación 2.1 *El ejercicio anterior maneja en afirmativo y en negativo la definición de óptimo local. La técnica empleada en dicho ejercicio es estándar: para probar que $\overline{x}$ es óptimo local, ha de encontrarse un entorno U de $\overline{x}$ (o al menos asegurar su existencia) tal que*

$$f(\overline{x}) \leq f(x), \ para \ todo \ x \in U.$$

En caso de que $\overline{x}$ no sea óptimo local, para demostrarlo, esto es, para probar que no existe ningún entorno en las condiciones anteriores, una posible estrategia (conveniente en la práctica) consiste en encontrar una sucesión $\{x^n\}_{n \in \mathbb{N}} \subset \mathbb{R}^2$ tal que

$$\lim_{n \to \infty} x^n = \overline{x} \text{ y } f(x^n) < f(\overline{x}), \ para \ todo \ n.$$

Ejercicio 2.4 Resolver el problema de PNL sin restricciones

$$(P) \ Min \ \left(x_1^2 + x_2^2 \right) e^{x_1^2 + x_2^2}.$$

Solución. Se tiene que

$$\nabla f\left(x\right) = \begin{pmatrix} 2x_1 e^{x_1^2 + x_2^2} + \left(x_1^2 + x_2^2\right) 2x_1 e^{x_1^2 + x_2^2} \\ 2x_2 e^{x_1^2 + x_2^2} + \left(x_1^2 + x_2^2\right) 2x_2 e^{x_1^2 + x_2^2} \end{pmatrix} = 2\left(1 + x_1^2 + x_2^2\right) e^{x_1^2 + x_2^2} \begin{pmatrix} x_1 \\ x_2 \end{pmatrix}.$$

Así, puesto que $2\left(1 + x_1^2 + x_2^2\right) e^{x_1^2 + x_2^2} \neq 0$ para todo x,

$$\nabla f\left(x\right) = \begin{pmatrix} 0 \\ 0 \end{pmatrix} \Rightarrow \begin{cases} x_1 = 0, \\ x_2 = 0. \end{cases}$$

En otras palabras

$$\mathcal{C} = \left\{ \begin{pmatrix} 0 \\ 0 \end{pmatrix} \right\}.$$

Nótese que en este caso, un camino más directo que el de analizar las condiciones de segundo orden es simplemente comprobar que $\overline{x} = \begin{pmatrix} 0 \\ 0 \end{pmatrix}$ es un óptimo global. En efecto,

$$f\left(\overline{x}\right) = 0 \leq \left(x_1^2 + x_2^2\right) e^{x_1^2 + x_2^2} \text{ para cualesquiera } x_1, x_2.$$

Así, en este caso, dado que $\overline{x} = \begin{pmatrix} 0 \\ 0 \end{pmatrix}$ es el único candidato a óptimo local y global (recuérdese que $\mathcal{G} \subset \mathcal{L} \subset \mathcal{C}$), se tiene:

$$\mathcal{C} = \mathcal{L} = \mathcal{G} = \left\{ \begin{pmatrix} 0 \\ 0 \end{pmatrix} \right\} \text{ y } v = 0.$$

Ejercicio 2.5 Resolver el problema de PNL sin restricciones

$$(P) \quad Min \ \left(x_1 + x_2\right) e^{x_1 + x_2}.$$

Solución. Se tiene que

$$\nabla f\left(x\right) = \begin{pmatrix} e^{x_1 + x_2} + \left(x_1 + x_2\right) e^{x_1 + x_2} \\ e^{x_1 + x_2} + \left(x_1 + x_2\right) e^{x_1 + x_2} \end{pmatrix} = e^{x_1 + x_2} \left(1 + x_1 + x_2\right) \begin{pmatrix} 1 \\ 1 \end{pmatrix}.$$

Luego el conjunto de puntos críticos coincide con

$$\mathcal{C} = \left\{ x \in \mathbb{R}^2 \mid 1 + x_1 + x_2 = 0 \right\}.$$

Analicemos las condiciones de segundo orden:

$$Hf\left(x\right) = \begin{pmatrix} e^{x_1 + x_2}\left(1 + x_1 + x_2\right) + e^{x_1 + x_2} & e^{x_1 + x_2}\left(1 + x_1 + x_2\right) + e^{x_1 + x_2} \\ e^{x_1 + x_2}\left(1 + x_1 + x_2\right) + e^{x_1 + x_2} & e^{x_1 + x_2}\left(1 + x_1 + x_2\right) + e^{x_1 + x_2} \end{pmatrix}$$

$$= \left(2 + x_1 + x_2\right) e^{x_1 + x_2} \begin{pmatrix} 1 & 1 \\ 1 & 1 \end{pmatrix}.$$

Si $\overline{x} \in \mathcal{C}$, esto es, $1 + \overline{x}_1 + \overline{x}_2 = 0$, se tiene:

$$Hf(\overline{x}) = e^{-1} \begin{pmatrix} 1 & 1 \\ 1 & 1 \end{pmatrix},$$

que es una matriz semidefinida positiva, luego se cumple la condición necesaria de segundo orden pero no la suficiente. Luego, hemos de acudir directamente a las definiciones para averiguar si cada uno de los puntos críticos es óptimo local. Consideremos $\overline{x} \in \mathcal{C}$; por un lado

$$f(\overline{x}) = -e^{-1},$$

y por otro, veamos que

$$f(x) \geq -e^{-1} \text{ para } x \text{ suficientemente próximo a } \overline{x}.$$

Sea $x \in \mathbb{R}^n$, y sea $\alpha := x_1 + x_2 - (\overline{x}_1 + \overline{x}_2)$. Se tiene que

$$f(x) = (x_1 + x_2) e^{x_1 + x_2} = (\overline{x}_1 + \overline{x}_2 + \alpha) e^{\overline{x}_1 + \overline{x}_2 + \alpha} = (-1 + \alpha) e^{-1 + \alpha}. \quad (2.2)$$

Veamos que

$$(-1 + \alpha) e^{-1 + \alpha} > f(\overline{x}) = -e^{-1}.$$

De hecho, veamos que la función $h : \mathbb{R} \to \mathbb{R}$, $h(\alpha) := (-1 + \alpha) e^{-1 + \alpha}$ tiene un mínimo global en $\overline{\alpha} = 0$. Calculemos las derivadas primera y segunda

$$\nabla h(\alpha) = h'(\alpha) = e^{-1 + \alpha} + (-1 + \alpha) e^{-1 + \alpha} = e^{-1 + \alpha} \alpha.$$
$$Hh(\alpha) = h''(\alpha) = e^{-1 + \alpha} \alpha + e^{-1 + \alpha} = e^{-1 + \alpha} (1 + \alpha).$$

Así, el único punto crítico de h es $\overline{\alpha} = 0$ y, además, $Hh(0) = e^{-1} > 0$, luego, sabemos que $\overline{\alpha} = 0$ es un mínimo local de h. Por ser h una función de $\mathbb{R}$ en $\mathbb{R}$, para ver que $\overline{\alpha} = 0$ es mínimo global, basta fijarse en las zonas de crecimiento y decrecimiento de h :

$$h'(\alpha) < 0 \text{ si } \alpha < 0, \text{ y } h'(\alpha) > 0 \text{ si } \alpha > 0,$$

luego h es decreciente en $]-\infty, 0[$ y creciente en $]0, +\infty[$. Por tanto, $\overline{\alpha} = 0$ es un mínimo global de h, lo que significa que

$$(-1 + \alpha) e^{-1 + \alpha} > f(\overline{x}) = -e^{-1}, \text{ para todo } \alpha. \quad (2.3)$$

A partir de (2.2) y (2.3), si fijamos arbitrariamente $x \in \mathbb{R}^2$, y denotamos por $\alpha := x_1 + x_2 - (\overline{x}_1 + \overline{x}_2)$ se tiene:

$$f(x) = (-1 + \alpha) e^{-1+\alpha} > -e^{-1} = f(\overline{x}),$$

lo que prueba que $\overline{x}$ es un óptimo global de (P). En consecuencia, todos los puntos críticos son óptimo globales, esto es,

$$\mathcal{G} = \mathcal{L} = \mathcal{C} = \left\{ x \in \mathbb{R}^2 \mid 1 + x_1 + x_2 = 0 \right\}.$$

Ejercicio 2.6 (Revisitado) Demostrar que el siguiente problema tiene infinitos óptimos locales:

$$(P) \quad Min \; x \operatorname{sen} x.$$

Solución. Sea $f(x) = x \operatorname{sen} x$. Se tiene:

$$f'(x) = \operatorname{sen} x + x \cos x = 0.$$

En este caso, no podemos despejar explícitamente x de la ecuación anterior, pero sí podemos garantizar la existencia de infinitas soluciones de la ecuación a partir del Teorema de Bolzano. En concreto consideremos, para cada $k \in \mathbb{Z}$, el intervalo $\left] \frac{\pi}{2} + k\pi, \frac{\pi}{2} + (k+1)\pi \right[$ y nótese que

$$f'\left(\frac{\pi}{2} + k\pi\right) f'\left(\frac{\pi}{2} + (k+1)\pi\right) = \operatorname{sen}\left(\frac{\pi}{2} + k\pi\right) \operatorname{sen}\left(\frac{\pi}{2} + (k+1)\pi\right) = -1,$$

pues k y $k+1$ tienen distinta paridad. Así, f' cambia de signo en los extremos del intervalo $\left] \frac{\pi}{2} + k\pi, \frac{\pi}{2} + (k+1)\pi \right[$ y, entonces, el Teorema de Bolzano asegura la existencia de

$$x^k \in \left] \frac{\pi}{2} + k\pi, \frac{\pi}{2} + (k+1)\pi \right[\quad \text{tal que } f'\left(x^k\right) = 0, \; \text{para todo } k \in \mathbb{Z}.$$

Por otro lado,

$$f''(x) = \cos x + \cos x + x\left(-\operatorname{sen} x\right) = 2\cos x - x \operatorname{sen} x,$$

luego

$$f''\left(x^k\right) = 2\cos x^k - x^k \operatorname{sen} x^k = 2\cos x^k + \left(x^k\right)^2 \cos x^k,$$

donde se ha aplicado el hecho de que $f'\left(x^k\right) = \operatorname{sen} x^k + x^k \cos x^k = 0$. Así pues,

$$f''\left(x^k\right) = \cos x^k \left(2 + \left(x^k\right)^2\right) > 0$$

si k es impar. Luego, para todo $k \in \mathbb{Z}$ impar, x^k es un óptimo local, esto es,

$$\left\{x^k : k \in \mathbb{Z} \text{ impar}\right\} \subset \mathcal{L}.$$

Luego existen infinitos óptimo locales, aunque ninguno es global, como se probó en el ejemplo 2.6.

Observación 2.2 *En PNL frecuentemente no podrán resolverse las ecuaciones que proporcionan los candidatos a óptimos locales de forma exacta. En estos casos, hacemos hincapié en los hechos siguientes: como aplicación del Teorema de Bolzano puede garantizarse la existencia de soluciones y los algoritmos de PNL proporcionarán aproximaciones de dichas soluciones (por ejemplo, en el programa MATLAB encontramos implementados algunos de estos algoritmos de PNL).*

Ejercicio 2.7 Demostrar que el siguiente problema tiene infinitos óptimos locales:

$$(P) \ Min \ \frac{x}{x^2 + 1} \operatorname{sen} x.$$

Solución. Se tiene:

$$f'(x) = \frac{x^2 + 1 - 2x^2}{\left(x^2 + 1\right)^2} \operatorname{sen} x + \frac{x}{x^2 + 1} \cos x = \frac{1}{x^2 + 1}\left(\frac{1 - x^2}{x^2 + 1} \operatorname{sen} x + x \cos x\right).$$

Para cada $k \in \mathbb{N}$ impar se tiene:

$$f'(k\pi) = \frac{k\pi \cos (k\pi)}{(k\pi)^2 + 1} = \frac{-k\pi}{(k\pi)^2 + 1} < 0,$$

$$f'((k+1)\pi) = \frac{(k+1)\pi \cos ((k+1)\pi)}{((k+1)\pi)^2 + 1} = \frac{(k+1)\pi}{((k+1)\pi)^2 + 1} > 0.$$

Esto es, cuando k es impar, para algún $\varepsilon > 0$, f es decreciente en el intervalo $]k\pi, k\pi + \varepsilon[$ y creciente en $](k+1)\pi - \varepsilon, (k+1)\pi[$. En esta situación ha de existir un mínimo local de f en el intervalo $]k\pi, (k+1)\pi[$, para cada k impar, lo que prueba que existen infinitos óptimos locales.

2.4. Los casos convexo y cuadrático

En esta sección se analizan dos casos particulares de problemas de PNL sin restricciones: problemas con función objetivo convexa y problemas con función objetivo cuadrática. El primer caso tiene interés fundamentalmente por el buen comportamiento de estos problemas con respecto a la optimalidad global, y el segundo, por su simplicidad en el cálculo.

Teorema 2.1 (Problemas convexos) *Sea* $\overline{x} \in \mathbb{R}^n$, *consideremos el problema*

$$(P) \ Min \ f(x)$$

con $f : \mathbb{R}^n \to \mathbb{R}$ *convexa. Se tiene:*

(i) Si $\overline{x}$ *es un óptimo local de* (P), *entonces* $\overline{x}$ *es un óptimo global de* (P);

(ii) Supongamos que $f \in C^1(\mathbb{R}^n)$. *Si* $\nabla f(\overline{x}) = 0_n$, *entonces* $\overline{x}$ *es un óptimo global de* (P).

Ejercicio 2.8 Resolver el problema $(P) \ Min \ e^{(x_1-1)^2+(x_2-3)^2}$.

Solución. se tiene:

$$\nabla f(x) = e^{(x_1-1)^2+(x_2-3)^2} \begin{pmatrix} 2(x_1-1) \\ 2(x_2-3) \end{pmatrix} = \begin{pmatrix} 0 \\ 0 \end{pmatrix} \Leftrightarrow x_1 = 1, \ x_2 = 3.$$

Así, $\overline{x} = \begin{pmatrix} 1 \\ 3 \end{pmatrix}$ es el único punto crítico de (P). Puede comprobarse fácilmente que f es convexa a partir de la proposición 1.9(iii). Para ello, basta expresar $f = \phi \circ g$ con $\phi(t) = e^t$ que es convexa y creciente y $g(x) = (x_1-1)^2+(x_2-3)^2$ que es convexa.

Finalmente, como aplicación del apartado (ii) del teorema anterior se deduce que $\overline{x} = \begin{pmatrix} 1 \\ 3 \end{pmatrix}$ es el único óptimo local, siendo de hecho óptimo global.

Ejercicio 2.9 Demostrar que el problema $(P) \ Min \ x_1^2+x_2^2+e^{x_1+x_2}$ es resoluble (existe algún óptimo global).

Solución. Se tiene que

$$\nabla f(x) = \begin{pmatrix} 2x_1 + e^{x_1+x_2} \\ 2x_2 + e^{x_1+x_2} \end{pmatrix} = \begin{pmatrix} 0 \\ 0 \end{pmatrix} \Rightarrow 2x_1 = 2x_2 = -e^{x_1+x_2}.$$

Dado que ha de ser $x_1 = x_2$, nuestro problema se traduce en encontrar una solución de la ecuación:

$$2x_1 + e^{2x_1} = 0.$$

Sin embargo, en esta ecuación no nos es posible despejar explícitamente x_1. Así pues, probaremos la existencia de solución sin llegar a determinarla explícitamente. En efecto, sea $h(x_1) = 2x_1 + e^{2x_1}$. Nótese que $h(0) = e^0 = 1$, y $h(-1) = -2 + \frac{1}{e^2} < 0$. En virtud del teorema de Bolzano, podemos asegurar la existencia de $\overline{x}_1 \in \,]-1, 0[$ tal que

$$h(\overline{x}_1) = 2\overline{x}_1 + e^{2\overline{x}_1} = 0.$$

Entonces

$$\nabla f(\overline{x}) = 0, \text{ siendo } \overline{x} = \begin{pmatrix} \overline{x}_1 \\ \overline{x}_1 \end{pmatrix} \in \,]-1, 0[\times \,]-1, 0[.$$

Además, $\overline{x}$ es el único punto crítico, pues $\overline{x}_1$ es la única raíz de la ecuación '$h(x_1) = 0$'. En efecto, $h'(x_1) = 2 + 2e^{2x_1} > 0$ para todo $x_1 \in \mathbb{R}$, y por tanto h es estrictamente creciente en $\mathbb{R}$, por lo que no puede anularse en más de un punto. Por otro lado, se comprueba fácilmente que f es convexa pues es suma de convexas ($f = g + h$ con $g(x) = x_1^2 + x_2^2$ y $h(x) = e^{x_1+x_2}$), véase la proposición 1.9. Así pues, $\overline{x}$ es el único óptimo global de (P).

Teorema 2.2 (Problemas cuadráticos) *Consideremos el problema*

$$(P) \quad Min \ f(x)$$

con $f : \mathbb{R}^n \to \mathbb{R}$ cuadrática expresada de la forma

$$f(x) := \frac{1}{2}x'Qx + c'x + b,$$

siendo Q una matriz simétrica de orden n, $c \in \mathbb{R}^n$, $b \in \mathbb{R}$. Pueden presentarse los siguiente casos:

   (i) Si el sistema $\nabla f(x) = Qx + c = 0_n$ es compatible y $Q \ (= Hf(x)$ para todo x) es definida o semidefinida positiva, entonces, (P) es resoluble y además los conjuntos de puntos críticos, de óptimos locales y de óptimos globales coinciden, esto es,

$$\mathcal{C} = \mathcal{L} = \mathcal{G} = \{x \in \mathbb{R}^n \mid Qx + c = 0_n\}.$$

(ii) Si el sistema $\nabla f(x) = Qx + c = 0_n$ *es compatible y* Q, *supuesta no nula, es definida o semidefinida negativa, el problema* (P) *es no acotado, esto es,* $v = -\infty$. *(El conjunto de puntos críticos coincide con el de máximos locales y máximos globales).*

(iii) Si el sistema $\nabla f(x) = Qx + c = 0_n$ *es compatible y* Q *es indefinida, el problema* (P) *es no acotado. En este caso, los puntos críticos son puntos de silla;*

(iv) Si el sistema $\nabla f(x) = Qx + c = 0_n$ *es incompatible (no existen puntos críticos), entonces* (P) *es no acotado.*

Observación 2.3 *Nótese que, como consecuencia directa de la proposición 1.8 (ii), la función objetivo del teorema anterior* $(f(x) := \frac{1}{2}x'Qx + c'x + b,\ x \in \mathbb{R}^n)$ *es convexa si, y solo si,* Q *es definida o semidefinida positiva.*

Ejercicio 2.10 Resolver los siguientes problemas cuadráticos:

(i) $(P)\ Min\ x_1^2 + 2x_1x_2 + 4x_2^2 + x_1 + x_2$;

(ii) $(P)\ Min\ x_1^2 + 2x_1x_2 + x_2^2 + x_1 + x_2 + 4$;

(iii) $(P)\ Min\ x_1^2 + 2x_1x_2 + x_2^2 + x_1 - x_2 + 4$;

(iv) $(P)\ Min\ x_1^2 + 2x_1x_2 - 4x_2^2 + x_1 + x_2 + 4$;

(v) $(P)\ Min\ -x_1^2 + 2x_1x_2 - 4x_2^2 + x_1 + x_2 + 4$;

(vi) $(P)\ Min\ -x_1^2 + 2x_1x_2 - x_2^2 + x_1 - x_2 + 4$.

Solución. (i) Adaptemos la función objetivo $f(x) = x_1^2 + 2x_1x_2 + 4x_2^2 + x_1 + x_2$ al formato

$$f(x) := \frac{1}{2}x'Qx + c'x + b,$$

tomando

$$Q = \begin{pmatrix} 2 & 2 \\ 2 & 8 \end{pmatrix}, \quad c = \begin{pmatrix} 1 \\ 1 \end{pmatrix}, \quad b = 0.$$

Nótese que Q es definida positiva. Ahora hemos de resolver el sistema

$$Qx + c = 0, \text{ esto es, } \begin{pmatrix} 2 & 2 \\ 2 & 8 \end{pmatrix}\begin{pmatrix} x_1 \\ x_2 \end{pmatrix} + \begin{pmatrix} 1 \\ 1 \end{pmatrix} = \begin{pmatrix} 0 \\ 0 \end{pmatrix}.$$

El sistema tiene solución única $\bar{x} = \begin{pmatrix} -\frac{1}{2} \\ 0 \end{pmatrix}$. Por tanto, aplicando el apartado (i) del teorema anterior tenemos

$$\mathcal{C} = \mathcal{L} = \mathcal{G} = \left\{ \begin{pmatrix} -\frac{1}{2} \\ 0 \end{pmatrix} \right\}.$$

El valor óptimo es

$$v = f(\bar{x}) = \frac{1}{2}\bar{x}'Q\bar{x} + c'\bar{x} + b = -0.25.$$

(ii) Para $f(x) = x_1^2 + 2x_1 x_2 + x_2^2 + x_1 + x_2 + 4$, se tiene:

$$Q = \begin{pmatrix} 2 & 2 \\ 2 & 2 \end{pmatrix}, \quad c = \begin{pmatrix} 1 \\ 1 \end{pmatrix}, \quad b = 4.$$

Ahora Q es semidefinida positiva. Los puntos críticos son las soluciones del sistema $Qx + c = 0$, esto es,

$$\begin{pmatrix} 2 & 2 \\ 2 & 2 \end{pmatrix} \begin{pmatrix} x_1 \\ x_2 \end{pmatrix} + \begin{pmatrix} 1 \\ 1 \end{pmatrix} = \begin{pmatrix} 0 \\ 0 \end{pmatrix}.$$

Se trata de un sistema compatible indeterminado, esto es, con infinitas soluciones. Concretamente, en virtud del teorema anterior,

$$\mathcal{C} = \mathcal{L} = \mathcal{G} = \left\{ x \in \mathbb{R}^2 \mid 2x_1 + 2x_2 + 1 = 0 \right\}.$$

El valor óptimo
$$v = f(\bar{x}) = 3.75,$$

siendo $\bar{x}$ cualquier óptimo global (por ejemplo, puede tomarse $\bar{x} = \begin{pmatrix} -1/2 \\ 0 \end{pmatrix}$ para calcular v).

(iii) Para $f(x) = x_1^2 + 2x_1 x_2 + x_2^2 + x_1 - x_2 + 4$, se tiene:

$$Q = \begin{pmatrix} 2 & 2 \\ 2 & 2 \end{pmatrix}, \quad c = \begin{pmatrix} 1 \\ -1 \end{pmatrix}, \quad b = 4.$$

En este caso el sistema $Qx + c = 0$ dado por

$$\begin{pmatrix} 2 & 2 \\ 2 & 2 \end{pmatrix} \begin{pmatrix} x_1 \\ x_2 \end{pmatrix} + \begin{pmatrix} 1 \\ -1 \end{pmatrix} = \begin{pmatrix} 0 \\ 0 \end{pmatrix},$$

es incompatible (no tiene solución). Así pues,

$$v = -\infty.$$

(iv) Para $f(x) = x_1^2 + 2x_1x_2 - 4x_2^2 + x_1 + x_2 + 4$ se tiene:

$$Q = \begin{pmatrix} 2 & 2 \\ 2 & -8 \end{pmatrix}, \quad c = \begin{pmatrix} 1 \\ 1 \end{pmatrix}, \quad b = 4.$$

Q es indefinida, así que

$$v = -\infty.$$

(En este caso existirían puntos críticos, pero ninguno es óptimo local, y por supuesto, ninguno global).

(v) Para $f(x) = -x_1^2 + 2x_1x_2 - 4x_2^2 + x_1 + x_2 + 4$ se tiene:

$$Q = \begin{pmatrix} -2 & 2 \\ 2 & -8 \end{pmatrix}, \quad c = \begin{pmatrix} 1 \\ 1 \end{pmatrix}, \quad b = 4.$$

La matriz Q es definida negativa, por tanto

$$v = -\infty.$$

(En este caso existirá un único punto crítico que será un máximo global).

(vi) Sea $f(x) = -x_1^2 + 2x_1x_2 - x_2^2 + x_1 - x_2 + 4$. Se tiene:

$$Q = \begin{pmatrix} -2 & 2 \\ 2 & -2 \end{pmatrix}, \quad c = \begin{pmatrix} 1 \\ -1 \end{pmatrix}, \quad b = 4.$$

La matriz Q es semidefinida negativa, por tanto

$$v = -\infty.$$

(Puede comprobarse que existen infinitos puntos críticos, y en este caso, todos serían máximos globales).

Capítulo 3

Optimización con restricciones

A lo largo de este capítulo consideramos el problema de PNL con restricciones dado por:

$$(P) \ Min \ f(x)$$
$$s.a \quad g_i(x) \leq 0, \quad i = 1, 2, ..., m, \tag{3.1}$$

donde $x \in \mathbb{R}^n$ representa a la *variable de decisión*, $f : \mathbb{R}^n \to \mathbb{R}$ es la *función objetivo* de (P), y $g_i : \mathbb{R}^n \to \mathbb{R}$, con $i = 1, 2, ..., m$, son las funciones que determinan las *restricciones* de (P). A medida que se vayan requiriendo, iremos incorporando ciertas hipótesis de continuidad y diferenciabilidad a estas funciones. Por simplicidad, los enunciados de los diferentes resultados teóricos se darán para el problema (3.1) cuyo sistema de restricciones contiene únicamente desigualdades. Este tratamiento no supone pérdida de generalidad, pues cualquier igualdad del tipo '$h(x) = 0$', con $h : \mathbb{R}^n \to \mathbb{R}$, se puede desdoblar en las desigualdades '$-h(x) \leq 0$, $h(x) \leq 0$'.

Como antecedente de la teoría desarrollada en este capítulo, a continuación recordamos las condiciones de Lagrange, que habitualmente se incluyen en la materia de cálculo en varias variables. Cuando se considera el problema de PNL con restricciones de igualdad:

$$(P_0) \ Min \ f(x)$$
$$s.a \quad g_i(x) = 0, \ i = 1, 2, ..., m, \tag{3.2}$$

si $\overline{x}$ es un óptimo local de (P_0), siendo f diferenciable en $\overline{x}$, g_i de clase C^1 en un entorno de $\overline{x}$, para todo $i = 1, 2, ..., m$, y suponiendo que $\{\nabla g_i(\overline{x}) : i = 1, 2, ..., m\}$ forma un sistema linealmente independiente, se tiene que

$$\nabla f(\overline{x}) + \sum_{i=1}^{m} \lambda_i \nabla g_i(\overline{x}) = 0_n, \tag{3.3}$$

para ciertos escalares $\lambda_1, \lambda_2, ..., \lambda_m \in \mathbb{R}$. Los escalares $\lambda_1, \lambda_2, ..., \lambda_m$ se denominan multiplicadores de Lagrange y, de hecho, el sistema de ecuaciones (3.3) determina el así llamado *método de los multiplicadores de Lagrange*, presentado en su día como una herramienta clave para encontrar el estado de equilibrio estable de un sistema mecánico. Como se comenta en la introducción, este resultado fue publicado por Lagrange en 1788, en su libro *Mécanique Analytique*.

3.1. Notación y definiciones

A continuación, introducimos los conceptos básicos relacionados con la resolución de nuestro problema de PNL con restricciones.

Definición 3.1 *Dado el problema* (P) *de PNL con restricciones introducido en (3.1), se definen los siguientes elementos:*

(i) El conjunto factible *de* (P), *denotado por F, es el conjunto de soluciones del sistema de restricciones de* (P), *esto es,*

$$F := \{x \in \mathbb{R}^n \mid g_i(x) \leq 0, \ i = 1, ..., m\};$$

(ii) El valor óptimo *de* (P), *denotado por v, está dado por*

$$v := \inf\{f(x) : x \in F\};$$

(adoptamos el convenio de que $v = +\infty$ cuando $F = \emptyset$).

(iii) Un punto $\overline{x} \in F$ es óptimo local *de* (P) *si existe un entorno de $\overline{x}$, $U \subset \mathbb{R}^n$, tal que*

$$f(\overline{x}) \leq f(x) \ \text{para todo } x \in U \cap F;$$

(iv) Un punto $\overline{x} \in F$ es óptimo global *de* (P) *si*

$$f(\overline{x}) \leq f(x) \ \text{para todo } x \in F;$$

en otras palabras, si el valor óptimo se alcanza en el punto factible $\overline{x}$ (i.e., $v = f(\overline{x})$).

Observación 3.1 *En los ejercicios prácticos, cuando se trate de demostrar que un punto $\overline{x} \in F$ no es óptimo local, lo haremos mediante la caracterización secuencial de esta propiedad. Concretamente, el que $\overline{x} \in F$ no sea óptimo local de (P) equivale a la existencia de una sucesión $\{x^n\} \subset F$ tal que*

$$\lim x^n = \overline{x} \quad y \quad f(x^n) < f(\overline{x}), \; n = 1, 2, \dots.$$

Como en los capítulos anteriores, $\mathcal{L}$ y $\mathcal{G}$ representan los conjuntos de óptimos locales y óptimos globales de (P). Obviamente se tiene la relación

$$\mathcal{G} \subset \mathcal{L} \subset F.$$

En este contexto, por resolver (P) entenderemos determinar estos elementos destacados: su valor óptimo, el conjunto de óptimos locales y óptimos globales. Por su parte, la clasificación de problemas de PNL con restricciones queda de la siguiente manera.

Definición 3.2 *Sea (P) un problema de PNL con restricciones.*
    (i) Se dice que (P) es consistente *si existe algún punto factible ($F \neq \varnothing$);*
    (ii) Se dice que (P) es acotado *si su valor óptimo es finito ($-\infty < v < +\infty$);*
    (iii) Se dice que (P) es resoluble *si existe algún óptimo global ($\mathcal{G} \neq \varnothing$).*

Seguidamente presentamos la contrapartida de la proposición 2.1 en el ámbito de la optimización con restricciones.

Proposición 3.1 *Sea (P) el problema (3.1) y sea $\left(\widetilde{P}\right)$ el nuevo problema de optimización dado por*

$$
\begin{aligned}
(\widetilde{P}) \quad & Min \; \phi(f(x)) \\
& s.a \;\; \phi_i(g_i(x)) \leq \phi_i(0), \quad i = 1, 2, \dots, m,
\end{aligned}
$$

donde $\phi : A \to \mathbb{R}$ es una función estrictamente creciente en A, con $\operatorname{Im} f \subset A \subset \mathbb{R}$; y donde, para cada $i = 1, 2, \dots, m$, $\phi_i : A_i \to \mathbb{R}$ es una función estrictamente creciente en A_i, con $(\operatorname{Im} g_i \cup \{0\}) \subset A_i \subset \mathbb{R}$. Se tienen las siguientes equivalencias:

(i) $\overline{x} \in \mathbb{R}^n$ *es punto factible de* (P) *si, y solo si,* $\overline{x}$ *es punto factible de* $\left(\widetilde{P}\right)$;

(ii) $\overline{x} \in \mathbb{R}^n$ *es óptimo local de* (P) *si, y solo si,* $\overline{x}$ *es óptimo local de* $\left(\widetilde{P}\right)$;

(iii) $\overline{x} \in \mathbb{R}^n$ *es óptimo global de* (P) *si, y solo si,* $\overline{x}$ *es óptimo global de* $\left(\widetilde{P}\right)$.

Observación 3.2 *Se puede establecer un resultado análogo al de la proposición anterior para problemas cuyos sistemas de restricciones tengan términos independientes arbitrarios, esto es, para problemas cuyos sistemas de restricciones asociados sean de la forma*

$$\{g_i\left(x\right) \leq b_i\,, \ i = 1, ..., m\}\,,$$

con $b_i \in \mathbb{R}$ *para todo* i. *En este caso, las funciones* ϕ_i *de la proposición anterior han de ser estrictamente crecientes en* A_i, *con* $(\operatorname{Im} g_i \cup \{b_i\}) \subset A_i \subset \mathbb{R}$.

En lo que sigue cuando dos problemas tengan los mismos conjuntos factibles, los mismos óptimos locales y óptimos globales (como es el caso de (P) y $\left(\widetilde{P}\right)$ en la proposición anterior), diremos que son *problemas equivalentes*.

Ejemplo 3.1 Veamos que los siguientes problemas son equivalentes:

(P) Min $\left(x_1^2 + 1\right)\left(|x_2| + 1\right)^3$ $\left(\widetilde{P}\right)$ Min $\log\left(x_1^2 + 1\right) + 3\log\left(|x_2| + 1\right)$

    $s.a$ $\sqrt{x_1^2 + x_2^2} \leq 3,$ y $s.a$ $x_1^2 + x_2^2 \leq 9,$

       $\log|x_1| + \log|x_2| \leq 0,$ $|x_1 x_2| \leq 1.$

En efecto, si f representa a la función objetivo de (P), la función objetivo de $\left(\widetilde{P}\right)$ coincide con la composición $\phi \circ f$, donde $\phi :]0, +\infty[\rightarrow \mathbb{R}$, con $\phi\left(t\right) = \log t$. Nótese que $]0, +\infty[\supset \operatorname{Im} f = [1, +\infty[$. Respecto de las restricciones, si g_1 y g_2 denotan a las funciones que figuran en las restricciones de (P), esto es,

$$g_1\left(x\right) = \sqrt{x_1^2 + x_2^2} \quad \text{y} \quad g_2\left(x\right) = \log|x_1| + \log|x_2|,$$

las restricciones de $\left(\widetilde{P}\right)$ vienen determinadas por $\phi_1 \circ g_1$ y $\phi_2 \circ g_2$ donde

$$\phi_1 : \mathbb{R}_+ \rightarrow \mathbb{R}, \ \text{con} \ \phi_1\left(t\right) = t^2, \ \text{y} \ \phi_2 : \mathbb{R} \rightarrow \mathbb{R}, \ \text{con} \ \phi_2\left(t\right) = e^t.$$

Nótese que ϕ_1 es estrictamente creciente en $\mathbb{R}_+ \supset \operatorname{Im} g_1 \cup \{3\} = \mathbb{R}_+$, y ϕ_2 es estrictamente creciente en $\mathbb{R}$.

3.2. Las condiciones de Karush, Kuhn y Tucker

Desde la aparición de las condiciones de Karush, Kuhn y Tucker en 1951 (véase la introducción para detalles adicionales), la teoría y los métodos de la programación no lineal han experimentado un notable desarrollo. Bajo ciertas hipótesis sobre las restricciones de un problema, las condiciones de Karush, Kuhn y Tucker (KKT, para abreviar) proporcionan todos los candidatos a óptimos locales del mismo. Las condiciones de KKT se formulan en términos de un sistema de igualdades (véase la definición 3.3) que en ocasiones es fácilmente resoluble de forma exacta, en cuyo caso constituyen un método directo de resolución de problemas de optimización. Diversas aplicaciones en esta línea pueden encontrarse, por ejemplo, en Barbolla *et ál.* [2], Bertsekas [5] y Luenberger [16]. A continuación, se introducen formalmente las condiciones de KKT.

En lo que sigue cada vez que aparezca el gradiente de una función asumiremos implícitamente que éste existe. Así, por ejemplo, en la siguiente definición asumimos implícitamente que existen los gradientes $\nabla f(\overline{x})$ y $\nabla g_i(\overline{x})$, $i = 1, ..., m$.

Definición 3.3 *Consideremos el problema (P) de PNL con restricciones introducido en (3.1). Se dice que $\overline{x} \in F$ es un punto de Karush, Kuhn y Tucker (KKT, para abreviar) de (P) si existen escalares $\lambda_i \geq 0$, con $i = 1, 2, ..., m$, tales que*

$$-\nabla f(\overline{x}) = \sum_{i=1}^{m} \lambda_i \nabla g_i(\overline{x}), \tag{3.4}$$

$$\lambda_i g_i(\overline{x}) = 0, \quad i = 1, ..., m.$$

En ocasiones, nos referiremos a las condiciones anteriores (3.4) como *condiciones de KKT* y, en particular, a las igualdades del segundo bloque ('$\lambda_i g_i(\overline{x}) = 0, i = 1, ..., m$') como *condiciones de complementariedad*.

La definición de punto de KKT puede escribirse, alternativamente, haciendo uso del llamado *conjunto de índices activos* $I(\overline{x})$, que se define como

$$I(\overline{x}) = \{i \in \{1, ..., m\} \mid g_i(\overline{x}) = 0\}.$$

Así pues, el enunciado alternativo de la definición de punto de KKT quedaría: $\bar{x} \in F$ es un punto de KKT si existen escalares $\lambda_i \geq 0$, $i \in I(\bar{x})$, tales que

$$-\nabla f(\bar{x}) = \sum_{i \in I(\bar{x})} \lambda_i \nabla g_i(\bar{x}).$$

Entendemos que $\sum_{i \in I(\bar{x})} \lambda_i \nabla g_i(\bar{x}) = 0$ si $I(\bar{x}) = \emptyset$.

Nótese que para determinar el conjunto de puntos de KKT han de distinguirse diferentes casos, dependiendo de las diferentes elecciones de conjuntos de índices activos. Atendiendo a la definición 3.3 también puede observarse que la resolución del sistema de ecuaciones (3.4), concretamente el sistema de ecuaciones $\{\lambda_i g_i(\bar{x}) = 0, i = 1, ..., m\}$, conduce al análisis de diferentes casos (por ejemplo, $g_1(x) = 0$ ó $g_1(x) \neq 0$, etc). En última instancia, la resolución práctica de las ecuaciones (3.4) conduce al mismo procedimiento de distinguir los posibles conjuntos de índices activos.

Ejemplo 3.2 Determinar el conjunto de puntos de KKT del problema:

$$(P) \quad Min \quad (x_1 - 1)(x_2 - 1)$$
$$s.a \quad x_1 + x_2 \leq 1,$$
$$x_1, x_2 \geq 0.$$

Como se ha comentado anteriormente, distinguiremos diferentes casos. Puesto que (P) tiene tres restricciones $(g_1(x) = x_1 + x_2 - 1 \leq 0$, $g_2(x) = -x_1 \leq 0$, $g_3(x) = -x_2 \leq 0)$ analizaremos un total de 2^3 combinaciones.

Caso I: $I(x) = \emptyset$. En este caso, se trata de determinar el conjunto de puntos críticos del problema sin restricciones que sean factibles para (P). En concreto,

$$\nabla f(x) = \begin{pmatrix} x_2 - 1 \\ x_1 - 1 \end{pmatrix} = \begin{pmatrix} 0 \\ 0 \end{pmatrix} \Rightarrow x_1 = x_2 = 1.$$

Puesto que $\bar{x} = \begin{pmatrix} 1 \\ 1 \end{pmatrix} \notin F$, este caso no proporciona ningún punto factible.

Caso II: $I(x) = \{1\}$. Buscamos soluciones del sistema:

$$\begin{cases} -\nabla f(x) = -\begin{pmatrix} x_2 - 1 \\ x_1 - 1 \end{pmatrix} = \lambda_1 \begin{pmatrix} 1 \\ 1 \end{pmatrix}, \\ x_1 + x_2 = 1 \text{ (pues } I(x) = \{1\}), \\ \lambda_1 \geq 0, \ x \in F. \end{cases}$$

Del primer bloque se deduce $1 - x_2 = \lambda_1 = 1 - x_1$, lo que implica $x_1 = x_2$. Sustituyendo en el segundo bloque, obtenemos $x_1 = x_2 = \frac{1}{2}$, y por tanto $\lambda_1 = 1 - \frac{1}{2} = \frac{1}{2} \geq 0$. Puesto que $\overline{x} = \begin{pmatrix} 1/2 \\ 1/2 \end{pmatrix} \in F$, se trata de un punto de KKT.

Caso III: $I(x) = \{2\}$. Buscamos soluciones del sistema:

$$\begin{cases} -\nabla f(x) = -\begin{pmatrix} x_2 - 1 \\ x_1 - 1 \end{pmatrix} = \lambda_2 \begin{pmatrix} -1 \\ 0 \end{pmatrix}, \\ -x_1 = 0 \text{ (pues } I(x) = \{2\}), \\ \lambda_2 \geq 0, \ x \in F. \end{cases}$$

Del primer bloque se deduce $1 - x_2 = -\lambda_2$ y $x_1 = 1$, lo que contradice la igualdad $x_1 = 0$. Así pues, este caso no proporciona ninguna solución.

Caso IV: $I(x) = \{3\}$. Buscamos soluciones del sistema:

$$\begin{cases} -\nabla f(x) = -\begin{pmatrix} x_2 - 1 \\ x_1 - 1 \end{pmatrix} = \lambda_3 \begin{pmatrix} 0 \\ -1 \end{pmatrix}, \\ -x_2 = 0 \text{ (pues } I(x) = \{3\}), \\ \lambda_3 \geq 0, \ x \in F. \end{cases}$$

Del primer bloque se deduce $1 = x_2$ y $1 - x_1 = \lambda_3$, por lo que se encuentra una contradicción con $x_2 = 0$.

Caso V: $I(x) = \{1, 2\}$. Buscamos soluciones del sistema:

$$\begin{cases} -\nabla f(x) = -\begin{pmatrix} x_2 - 1 \\ x_1 - 1 \end{pmatrix} = \lambda_1 \begin{pmatrix} 1 \\ 1 \end{pmatrix} + \lambda_2 \begin{pmatrix} -1 \\ 0 \end{pmatrix}, \\ x_1 + x_2 = 1, \\ -x_1 = 0, \\ \lambda_1 \geq 0, \ \lambda_2 \geq 0, \ x \in F. \end{cases}$$

Se deduce inmediatamente que $\overline{x} = \begin{pmatrix} 0 \\ 1 \end{pmatrix}$. Sustituyendo en el primer bloque, se tiene $0 = \lambda_1 - \lambda_2$ y $1 = \lambda_1$, lo que implica $\lambda_2 = 1$. Puesto que, $\overline{x} \in F$, se trata de un punto de KKT.

Caso VI: $I(x) = \{1, 3\}$. Buscamos soluciones del sistema:

$$\begin{cases} -\nabla f(x) = -\begin{pmatrix} x_2 - 1 \\ x_1 - 1 \end{pmatrix} = \lambda_1 \begin{pmatrix} 1 \\ 1 \end{pmatrix} + \lambda_3 \begin{pmatrix} 0 \\ -1 \end{pmatrix}, \\ x_1 + x_2 = 1, \\ -x_2 = 0, \\ \lambda_1 \geq 0, \ \lambda_3 \geq 0, \ x \in F. \end{cases}$$

En este caso se deduce $\overline{x} = \begin{pmatrix} 1 \\ 0 \end{pmatrix}$. Como antes, sustituyendo en el primer bloque, se tiene $1 = \lambda_1$ y $0 = \lambda_1 - \lambda_3$. Así pues, $\lambda_3 = 1$. De nuevo, puesto que $\overline{x} \in F$, se trata de un punto de KKT.

Caso VII: $I(x) = \{2, 3\}$. Buscamos soluciones del sistema:

$$\begin{cases} -\nabla f(x) = -\begin{pmatrix} x_2 - 1 \\ x_1 - 1 \end{pmatrix} = \lambda_2 \begin{pmatrix} -1 \\ 0 \end{pmatrix} + \lambda_3 \begin{pmatrix} 0 \\ -1 \end{pmatrix}, \\ -x_1 = 0, \\ -x_2 = 0, \\ \lambda_2 \geq 0, \ \lambda_3 \geq 0, \ x \in F. \end{cases}$$

Inmediatamente se deduce $\overline{x} = \begin{pmatrix} 0 \\ 0 \end{pmatrix}$ y sustituyendo en el primer bloque, se tiene $1 = -\lambda_2$ y $1 = -\lambda_3$, lo que contradice la no negatividad de los multiplicadores.

Caso VIII: $I(x) = \{1, 2, 3\}$. Este caso no proporciona ninguna solución, pues entre sus ecuaciones encontramos $x_1 + x_2 = 1$, junto con $-x_1 = 0$ y $-x_2 = 0$, lo que obviamente constituye una contradicción.

En resumen, tenemos los siguientes puntos de KKT:

$$\overline{x} = \begin{pmatrix} 1/2 \\ 1/2 \end{pmatrix}, \text{ con } \lambda_1 = \frac{1}{2},$$

$$\overline{x} = \begin{pmatrix} 0 \\ 1 \end{pmatrix}, \text{ con } \lambda_1 = 1 \text{ y } \lambda_2 = 1, \text{ y}$$

$$\overline{x} = \begin{pmatrix} 1 \\ 0 \end{pmatrix}, \text{ con } \lambda_1 = 1 \text{ y } \lambda_3 = 1.$$

Más adelante analizaremos la optimalidad local y global de cada uno de estos puntos.

3.2.1. Hipótesis de cualificación de restricciones

Bajo ciertas hipótesis, referidas en la literatura como hipótesis de cualificación de restricciones (que abreviaremos por CQ, del inglés *constraint qualification*), las condiciones de KKT proporcionan todos los "candidatos" a óptimos locales. Formalmente, la siguiente implicación es cierta cuando se verifica alguna CQ: "si $\overline{x}$ es un óptimo local del problema (3.1), entonces $\overline{x}$ es punto de KKT del mismo". Existen en la literatura numerosas hipótesis de cualificación de restricciones, como puede consultarse en el artículo de Peterson [20]. En este libro recogemos tres de estas hipótesis:

- LCQ (del inglés, *Linear Constraint Qualification*) se verifica en $\overline{x} \in F$ si las g_i, con $i \in I(\overline{x})$, son lineales;

- LICQ (*Linear Indepence Constraint Qualification*) se verifica en $\overline{x} \in F$ si el sistema de vectores $\{\nabla g_i(\overline{x}), i \in I(\overline{x})\}$ es linealmente independiente;

- SCQ (*Slater Constraint Qualification*) se verifica en $\overline{x} \in F$ si las g_i, con $i \in I(\overline{x})$, son convexas y existe $\widehat{x} \in \mathbb{R}^n$ tal que $g_i(\widehat{x}) < 0$, $i \in I(\overline{x})$; en este caso se dice que $\widehat{x}$ es un *punto de Slater* (solución estricta) del sistema $\{g_i(x) \leq 0, i \in I(\overline{x})\}$.

El siguiente ejemplo publicado en 1951 por Kuhn y Tucker proporciona un modelo de optimización con un óptimo global en el que no se verifica ninguna de las tres cualificaciones anteriores.

Ejemplo 3.3 (Kuhn y Tucker, 1951) Consideremos el problema de PNL, en $\mathbb{R}^2$, dado por:

$$(P) \quad Min \; x_1$$
$$s.a \quad x_2 - x_1^3 \; \leq 0,$$
$$-x_2 \; \leq 0.$$

Puede comprobarse fácilmente que $\overline{x} = \binom{0}{0}$ es óptimo local; de hecho es óptimo global, pues todo punto factible verifica $x_1^3 \geq x_2 \geq 0$, y entonces

$$f(x) = x_1 \geq 0 = f(\overline{x}) \text{ para todo } x \in F.$$

Por otro lado, $I(\overline{x}) = \{1, 2\}$. Obviamente no se cumple LCQ (la primera restricción es no lineal). Tampoco se cumple LICQ pues

$$\nabla g_1(\overline{x}) = \binom{0}{1} \text{ y } \nabla g_2(\overline{x}) = \binom{0}{-1},$$

que forman un sistema linealmente dependiente. Finalmente, tampoco se verifica SCQ, pues la primera restricción no es convexa.

3.2.2. Condición de optimalidad de primer orden

El siguiente teorema recoge el enunciado que venimos anunciando y que constituye un resultado fundamental en programación no lineal.

Teorema 3.1 (Las condiciones de KKT) *Consideremos el problema* (P) *de PNL con restricciones introducido en (3.1). Sea* $\overline{x} \in F$ *y supongamos que las funciones* f *y* g_i*, con* $i \in I(\overline{x})$*, son diferenciables en* $\overline{x}$*, y que las* g_i*,con* $i \notin I(\overline{x})$*, son continuas en* $\overline{x}$*. Supongamos, además, que se cumple al menos una de las condiciones LCQ, LICQ o SCQ en* $\overline{x}$*. Si* $\overline{x}$ *es un óptimo local de* (P)*, entonces* $\overline{x}$ *es un punto de KKT.*

Los siguientes ejemplos ponen de manifiesto que las hipótesis de cualificaciones de restricciones no son superfluas en el teorema anterior.

Ejemplo 3.4 (Ejemplo 3.3 revisitado) Recuérdese que $\overline{x} = \begin{pmatrix} 0 \\ 0 \end{pmatrix}$ es un óptimo global, y por tanto local, del problema de optimización presentado en el ejemplo 3.3. En este punto, ya se comprobó que no se verifica ninguna de las tres cualificaciones de restricciones anteriores. De hecho, $\overline{x}$ es un óptimo local que no es punto de KKT (véase la figura 3.1). En efecto,

$$\nabla f(\overline{x}) = \begin{pmatrix} 1 \\ 0 \end{pmatrix}, \text{ mientras que } \nabla g_1(\overline{x}) = \begin{pmatrix} 0 \\ 1 \end{pmatrix} \text{ y } \nabla g_2(\overline{x}) = \begin{pmatrix} 0 \\ -1 \end{pmatrix},$$

luego $-\nabla f(\overline{x})$ no es combinación lineal de $\nabla g_1(\overline{x})$ y $\nabla g_2(\overline{x})$.

Ejemplo 3.5 Consideremos el problema de PNL, en $\mathbb{R}^2$, dado por:

$$(P) \quad Min \ x_2$$
$$s.a \quad x_1^2 + x_2^2 \leq 1,$$
$$(x_1 - 2)^2 + x_2^2 \leq 1.$$

Puede comprobarse fácilmente que F se reduce a un punto, en concreto $F = \{\begin{pmatrix} 1 \\ 0 \end{pmatrix}\}$ (véase la figura 3.2). En este punto, $\overline{x} = \begin{pmatrix} 1 \\ 0 \end{pmatrix}$, el conjunto de índices activos es $I(\overline{x}) = \{1, 2\}$. No se verifica LCQ (restricciones no lineales). Tampoco se verifica LICQ pues $\nabla g_1(\overline{x}) = \begin{pmatrix} 2 \\ 0 \end{pmatrix}$ y $\nabla g_2(\overline{x}) = \begin{pmatrix} -2 \\ 0 \end{pmatrix}$. Las funciones g_1 y g_2 son convexas; sin embargo, no existe ningún punto de Slater; esto es, no existe

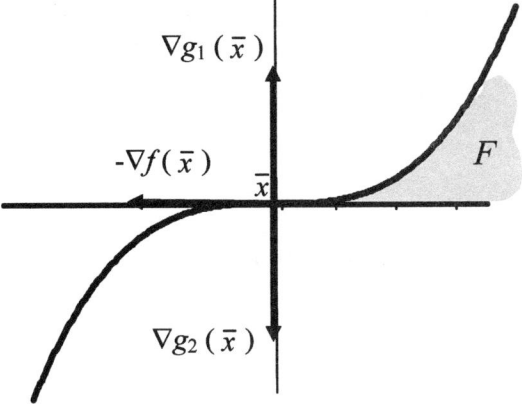

Figura 3.1: Ilustración del ejemplo 3.4.

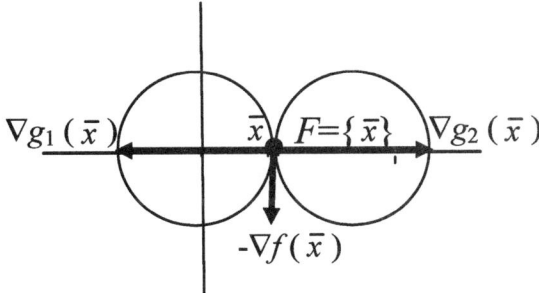

Figura 3.2: Ilustración del ejemplo 3.5.

ningún $\widehat{x} \in \mathbb{R}^n$ tal que $g_i(\widehat{x}) < 0$, $i = 1, 2$. Por tanto, no se verifica SCQ. Por ser $\overline{x} = \binom{1}{0}$ el único punto factible, trivialmente es un óptimo global de (P), y por tanto óptimo local. Sin embargo, no es un punto de KKT de (P), pues $-\nabla f(\overline{x}) = \binom{0}{-1}$ no es una combinación lineal de $\nabla g_1(\overline{x}) = \binom{2}{0}$ y $\nabla g_2(\overline{x}) = \binom{-2}{0}$.

3.3. Condiciones de optimalidad de segundo orden

El siguiente ejemplo muestra que las condiciones de KKT no son suficientes para garantizar la optimalidad local del punto considerado.

Ejemplo 3.6 (Las condiciones de KKT no son suficientes) Consideremos el problema

$$(P) \quad Min \quad x_1^2 - x_2^2 + x_1$$
$$s.a \quad x_1^2 + x_2^2 \leq 1,$$
$$x_1 \geq 0, x_2 \geq 0.$$

Veamos que $\overline{x} = \begin{pmatrix} 0 \\ 0 \end{pmatrix}$ es un punto de KKT y, sin embargo, no es un óptimo local. Se tiene que $I(\overline{x}) = \{2, 3\}$, así las condiciones de KKT quedan:

$$\begin{cases} -\nabla f(\overline{x}) = -\begin{pmatrix} 1 \\ 0 \end{pmatrix} = \lambda_2 \begin{pmatrix} -1 \\ 0 \end{pmatrix} + \lambda_3 \begin{pmatrix} 0 \\ -1 \end{pmatrix}, \\ \lambda_2, \lambda_3 \geq 0. \end{cases}$$

Obviamente $\lambda_2 = 1$ y $\lambda_3 = 0$ proporcionan una solución del sistema anterior. Por tanto, $\overline{x}$ es un punto de KKT. Veamos que $\overline{x}$ no es un óptimo local de (P). Consideremos la sucesión

$$x^n = \begin{pmatrix} 0 \\ \frac{1}{n} \end{pmatrix}, \quad n = 1, 2, \dots.$$

Nótese que

$$\{x^n\} \subset F \text{ y } f(x^n) = -\frac{1}{n^2} < 0 = f(\overline{x}).$$

A partir de la observación 3.1, concluimos que $\overline{x}$ no es óptimo local.

Con el fin de profundizar un poco más en el análisis de la optimalidad, enunciamos dos nuevos resultados que involucran derivadas parciales de segundo orden. Consideremos la función de Lagrange, $L : \mathbb{R}^n \times \mathbb{R}_+^m \to \mathbb{R}$, asociada al problema (P) introducido en (3.1):

$$(P) \quad Min \quad f(x)$$
$$s.a \quad g_i(x) \leq 0, \quad i = 1, 2, \dots, m,$$

que viene dada por

$$L(x, \lambda) = f(x) + \lambda' g(x)$$

donde g representa a la función vectorial que tiene a las g_i como sus funciones coordenadas. Asimismo denotaremos por $\nabla_x L(x, \lambda)$ al gradiente, respecto de x, de L; esto es,

$$\nabla_x L(x, \lambda) := \nabla f(x) + \sum_{i=1}^{m} \lambda_i \nabla g_i(x).$$

Así pues, las condiciones de KKT para el problema (3.1) pueden alternativamente expresarse como[1]

$$\begin{cases} \nabla_x L\left(x,\lambda\right) = 0_n, \\ \lambda_i g_i\left(x\right) = 0, \ i = 1,2,...,m, \quad \text{(Condiciones de KKT)} \\ \lambda_i \geq 0, \ g_i\left(x\right) \leq 0_m. \end{cases}$$

Al vector $\lambda \geq 0_m$ formado por los escalares que intervienen en las condiciones de KKT se le llama *vector de multiplicadores de KKT*.

En lo que sigue denotaremos por $H_x L\left(x,\lambda\right)$ a la matriz hessiana, respecto de x, de L; esto es:

$$H_x L\left(x,\lambda\right) := Hf\left(x\right) + \sum_{i=1}^{m} \lambda_i Hg_i\left(x\right),$$

donde $Hf\left(x\right)$, $Hg_i\left(x\right)$, $i = 1,...,m$, denotan a las matrices hessianas de las correspondientes funciones. En los siguientes enunciados, dado un subconjunto $A \subset \mathbb{R}^n$, $A^\perp$ representa al subespacio vectorial ortogonal a A; esto es:

$$A^\perp = \left\{ v \in \mathbb{R}^n : v'a = 0, \text{ para todo } a \in A \right\}.$$

Teorema 3.2 (Condición necesaria de segundo orden) *Sea $\overline{x}$ un óptimo local del problema (P), introducido en (3.1). Supongamos que f, g_i, $i \in I\left(\overline{x}\right)$, son de clase C^2 en un entorno de $\overline{x}$, que g_i, $i \notin I\left(\overline{x}\right)$ son funciones continuas en $\overline{x}$, y que $\left\{\nabla g_i\left(\overline{x}\right), \ i \in I\left(\overline{x}\right)\right\}$ forma un sistema linealmente independiente[2]. Entonces se verifican los siguientes enunciados:*

(i) Existen un único , $\overline{\lambda} \geq 0_m$ verificando

$$\nabla_x L\left(\overline{x},\overline{\lambda}\right) = 0_n, \ y \ \overline{\lambda}' g\left(\overline{x}\right) = 0;$$

(ii) Además, la restricción de $H_x L\left(\overline{x},\overline{\lambda}\right)$ (en rigor la restricción de la forma cuadrática asociada) al subespacio

$$M\left(\overline{x}\right) := \left\{\nabla g_i\left(\overline{x}\right) : i \in I\left(\overline{x}\right)\right\}^\perp$$

---

[1] Las condiciones de complementariedad también podrían expresarse en una única ecuación $\sum_{i=1}^{m} \lambda_i g_i\left(x\right) = 0$ lo que equivale a $\lambda' g\left(x\right) = 0$. Este hecho es consecuencia de que todos los sumandos $\lambda_i g_i\left(x\right)$ son negativos o nulos.

[2] Recordemos que esta hipótesis constituye la cualificación de restricciones que abreviábamos por LICQ. En esta situación, se dice que $\overline{x}$ es un *punto regular* de (P).

es definida o semidefinida positiva; esto es, para todo $d \in M(\overline{x})$, se tiene que $d'H_x L(\overline{x}, \overline{\lambda}) d \geq 0$.

Observación 3.3 *En el caso en el que $M(\overline{x}) = \{0_n\}$ la condición (ii) del teorema anterior se satisface trivialmente.*

En el siguiente enunciado distinguiremos entre dos clases de restricciones activas asociadas a un punto de KKT $\overline{x}$, y al vector $\overline{\lambda}$ que recoge los multiplicadores de KKT. Siguiendo la terminología de Fletcher [9], llamaremos *restricciones fuertemente activas* (o también, *no degeneradas*) a las asociadas al conjunto de índices

$$I^+(\overline{x}, \overline{\lambda}) := \{i \in I(\overline{x}) \mid \overline{\lambda}_i > 0\},$$

mientras que el resto de restricciones de desigualdad activas son denominadas *restricciones débilmente activas*. En términos informales, esta distinción viene motivada por el hecho de que esta última clase de restricciones activas no desempeñan ningún papel en las condiciones de KKT (estas condiciones se verifican, aun eliminando del planteamiento dichas restricciones).

Teorema 3.3 (Condición suficiente de segundo orden) *Sea $\overline{x} \in F$ un punto de KKT del problema (P) introducido en (3.1) y sea $\overline{\lambda} \geq 0_m$ un vector de multiplicadores asociados a $\overline{x}$ (esto es, $(\overline{x}, \overline{\lambda})$ verifica las condiciones de KKT). Supongamos que f, g_i, $i \in I(\overline{x})$, son de clase C^2 en un entorno de $\overline{x}$, y que g_i, $i \notin I(\overline{x})$ son funciones continuas en $\overline{x}$. Si, además, se verifica que la restricción de $H_x L(\overline{x}, \overline{\lambda})$ al subespacio*

$$M^+(\overline{x}, \overline{\lambda}) := \{\nabla g_i(\overline{x}) : i \in I^+(\overline{x}, \overline{\lambda})\}^{\perp}$$

es definida positiva (esto es, $d'H_x L(\overline{x}, \overline{\lambda}) d > 0$ para todo $d \in M^+(\overline{x}, \overline{\lambda}) \setminus \{0_n\}$), entonces $\overline{x}$ es un óptimo local de (P).

Observación 3.4 *Si $M^+(\overline{x}, \overline{\lambda}) = \{0_n\}$, se verifica trivialmente la condición suficiente de optimalidad enunciada en el teorema anterior, pues $M^+(\overline{x}, \overline{\lambda}) \setminus \{0_n\} = \emptyset$ y entonces la implicación lógica*

$$d \in M^+(\overline{x}, \overline{\lambda}) \setminus \{0_n\} \Rightarrow d'H_x L(\overline{x}, \overline{\lambda}) d > 0,$$

es verdadera (un ejemplo de esta situación aparece en el caso II del ejemplo 3.9).

El siguiente ejemplo pone de manifiesto que las condiciones necesarias del teorema 3.2 no son suficientes para garantizar la optimalidad local.

Ejemplo 3.7 (La condición necesaria no es suficiente) Consideremos el problema, en $\mathbb{R}^3$,

$$(P) \quad Min \quad x_1^2 - x_2^2 + x_3$$
$$s.a \quad x_2, x_3 \geq 0.$$

Veamos que:

a) $\overline{x} = (0, 0, 0)'$ es un punto de KKT de (P);

b) Si $\overline{\lambda}$ un vector de multiplicadores asociado a $\overline{x}$, la matriz $H_x L\left(\overline{x}, \overline{\lambda}\right)$ es definida positiva sobre $M\left(\overline{x}\right)$.

c) ¿Se cumple la condición necesaria de optimalidad segundo orden? ¿Y la suficiente?

d) ¿Es $\overline{x}$ un óptimo local del problema?

Solución.

a) Se tiene que $I\left(\overline{x}\right) = \{1, 2\}$ y las condiciones de KKT en $\overline{x}$ se escriben como:

$$\begin{cases} -\nabla f\left(\overline{x}\right) = -(0, 0, 1)' = \lambda_1 (0, -1, 0)' + \lambda_2 (0, 0, -1)', \\ x_2 = x_3 = 0, \\ \lambda_1, \lambda_2 \geq 0. \end{cases}$$

La única solución del sistema anterior es $\overline{\lambda}_1 = 0, \overline{\lambda}_2 = 1$. Ambos escalares son no negativos y, por tanto, $\overline{x} = (0, 0, 0)'$ es un punto de KKT con vector de multiplicadores asociado $\overline{\lambda} = (0, 1)'$.

b) En este caso

$$H_x L\left(\overline{x}, \overline{\lambda}\right) = \begin{pmatrix} 2 & 0 & 0 \\ 0 & -2 & 0 \\ 0 & 0 & 0 \end{pmatrix}.$$

Por otro lado, dado que $g_1(x) = -x_2$ y $g_2(x) = -x_3$, se tiene:

$$M\left(\overline{x}\right) = \{\nabla g_i\left(\overline{x}\right) : i \in I\left(\overline{x}\right)\}^{\perp} = \{(0, -1, 0)', (0, 0, -1)'\}^{\perp}$$
$$= \{v \in \mathbb{R}^3 \mid (v_1, v_2, v_3)(0, -1, 0)' = 0, \ (v_1, v_2, v_3)(0, 0, -1)' = 0\}$$
$$= \{v \in \mathbb{R}^3 \mid -v_2 = 0, \ -v_3 = 0\}.$$

Así pues, $\{(1,0,0)'\}$ es una base de $M\left(\overline{x}\right)$ y la matriz asociada a la restricción de $H_x L\left(\overline{x},\overline{\lambda}\right)$ a $M\left(\overline{x}\right)$, expresada en dicha base, quedaría:

$$\begin{pmatrix} 1 & 0 & 0 \end{pmatrix} \begin{pmatrix} 2 & 0 & 0 \\ 0 & -2 & 0 \\ 0 & 0 & 0 \end{pmatrix} \begin{pmatrix} 1 \\ 0 \\ 0 \end{pmatrix} = (2),$$

que obviamente es definida positiva.

c) Se cumple la condición necesaria de segundo orden (véase el teorema 3.2), sin embargo, veamos que no se cumple la suficiente. Para ello, hemos de analizar la restricción de $H_x L\left(\overline{x},\overline{\lambda}\right)$ a $M^+\left(\overline{x},\overline{\lambda}\right)$ (tal y como se indica en el teorema 3.3). Puesto que $I^+\left(\overline{x},\overline{\lambda}\right) = \{2\}$ (pues $\overline{\lambda}_2$ es el único multiplicador de KKT no nulo), se tiene:

$$\begin{aligned} M^+\left(\overline{x},\overline{\lambda}\right) &= \left\{\nabla g_i\left(\overline{x}\right) : i \in I^+\left(\overline{x},\overline{\lambda}\right)\right\}^\perp = \left\{(0,0,-1)'\right\}^\perp \\ &= \left\{v \in \mathbb{R}^3 \mid (v_1, v_2, v_3)(0,0,-1)' = 0\right\} \\ &= \left\{v \in \mathbb{R}^3 \mid -v_3 = 0\right\}. \end{aligned}$$

Así pues, $\{(1,0,0)', (0,1,0)'\}$ forma una base de $M^+\left(\overline{x},\overline{\lambda}\right)$ y la matriz asociada a la restricción de $H_x L\left(\overline{x},\overline{\lambda}\right)$ a $M^+\left(\overline{x},\overline{\lambda}\right)$, en dicha base, es

$$\begin{pmatrix} 1 & 0 & 0 \\ 0 & 1 & 0 \end{pmatrix} \begin{pmatrix} 2 & 0 & 0 \\ 0 & -2 & 0 \\ 0 & 0 & 0 \end{pmatrix} \begin{pmatrix} 1 & 0 \\ 0 & 1 \\ 0 & 0 \end{pmatrix} = \begin{pmatrix} 2 & 0 \\ 0 & -2 \end{pmatrix}.$$

Dicha restricción es indefinida, y por tanto no se satisface la condición suficiente de segundo orden.

d) Como consecuencia del estudio realizado en los apartados previos, no podemos concluir si $\overline{x}$ es o no óptimo local, pues se cumplen las condiciones necesarias de primer y segundo orden pero no la suficiente. Nótese, además, que en este ejemplo se cumple LICQ en todos los puntos factibles pues, para cualquier x, $\{\nabla g_1\left(x\right), \nabla g_2\left(x\right)\} = \{(0,-1,0)', (0,0,-1)'\}$ forman un sistema de vectores linealmente independiente.

En esta situación, analizaremos la optimalidad de $\overline{x}$ a partir de la definición. Concretamente, haremos uso de la observación 3.1. Consideremos la sucesión

$\{x^n\}$ dada por

$$x^n := \left(0, \frac{1}{n}, 0\right)', \ n = 1, 2, \dots.$$

Se tiene que

$$x^n \in F \text{ y } f(x^n) = \frac{-1}{n^2} < 0 = f(\overline{x}), \text{ para todo } n.$$

En esta situación, $\overline{x}$ no es un óptimo local de (P).

Ejemplo 3.8 (La condición suficiente no es necesaria) Consideremos el problema, en $\mathbb{R}^2$,

$$(P) \ Min \quad (x_1 - x_2)^2 - x_1 + x_2$$
$$s.a \qquad x_1 - x_2 \leq 0.$$

Se pide:

a) Comprobar que $\overline{x} = \left(\frac{1}{2}, \frac{1}{2}\right)'$ es un punto de KKT.

b) ¿Se cumple en $\overline{x}$ la condición suficiente de segundo orden?

c) Comprobar que $\overline{x}$ es un óptimo global de (P).

Solución. a) En efecto, $I(\overline{x}) = \{1\}$ y se cumplen las condiciones de KKT:

$$-\nabla f(\overline{x}) = -\begin{pmatrix} -1 \\ 1 \end{pmatrix} = \lambda_1 \begin{pmatrix} 1 \\ -1 \end{pmatrix},$$

con $\overline{\lambda}_1 = 1$.

b) Veamos que no se cumple la condición suficiente de segundo orden:

$$H_x L(\overline{x}, \overline{\lambda}) = \begin{pmatrix} 2 & -2 \\ -2 & 2 \end{pmatrix},$$

y, por otro lado

$$M^+(\overline{x}, \overline{\lambda}) = \left\{\nabla g_i(\overline{x}) : i \in I^+(\overline{x}, \overline{\lambda})\right\}^{\perp} = \left\{(1, -1)'\right\}^{\perp}$$
$$= \left\{v \in \mathbb{R}^2 \mid v_1 - v_2 = 0\right\}.$$

Consideramos una base de $M^+(\overline{x}, \overline{\lambda})$, $\{(1, 1)'\}$, y la matriz asociada a la restricción de $H_x L(\overline{x}, \overline{\lambda})$ a dicho subespacio, en dicha base, es

$$\begin{pmatrix} 1 & 1 \end{pmatrix} \begin{pmatrix} 2 & -2 \\ -2 & 2 \end{pmatrix} \begin{pmatrix} 1 \\ 1 \end{pmatrix} = \begin{pmatrix} 0 & 0 \end{pmatrix} \begin{pmatrix} 1 \\ 1 \end{pmatrix} = (0).$$

Puesto que dicha matriz no es definida positiva, no se cumple la condición suficiente de segundo orden.

c) En este apartado se muestra que $\overline{x}$ es óptimo global de (P) a pesar de no cumplir la condición suficiente de optimalidad, por lo que decimos que dicha condición suficiente de optimalidad local no es necesaria. Trataremos este apartado directamente mediante la definición; esto es, veamos que

$$f(x) \geq 0 \ (= f(\overline{x})) \text{ para todo } x \in F.$$

En efecto, si $x \in F$, se verifica $x_1 - x_2 \leq 0$. Bajo esta hipótesis, esto es, si $x \in F$, se tiene:

$$f(x) = (x_1 - x_2)^2 - x_1 + x_2 \geq 0 - x_1 + x_2 \geq 0,$$

como queríamos probar.

Ejemplo 3.9 (Ejemplo 3.2 revisitado) Determinar el conjunto de óptimos locales del problema:

$$(P) \ \ Min \ \ (x_1 - 1)(x_2 - 1)$$
$$s.a \ \ \ \ x_1 + x_2 \leq 1,$$
$$x_1, x_2 \geq 0.$$

Solución. Dado que todas las restricciones son lineales, se cumple LCQ en todos los puntos de F. En este caso, todo óptimo local de (P) es un punto de KKT. Así pues, las condiciones de KKT proporcionan todos los "candidatos" a óptimos locales ("candidatos" en el sentido de puntos no descartables por el momento). Los puntos de KKT son (véase el ejemplo 3.2):

$$\overline{x} = \begin{pmatrix} 1/2 \\ 1/2 \end{pmatrix}, \text{ con } \overline{\lambda}_1 = \frac{1}{2} \text{ y consideramos } \overline{\lambda}_2 = \overline{\lambda}_3 = 0,$$

$$\overline{x} = \begin{pmatrix} 0 \\ 1 \end{pmatrix}, \text{ con } \overline{\lambda}_1 = 1, \ \overline{\lambda}_2 = 1 \text{ y consideramos } \overline{\lambda}_3 = 0,$$

$$\overline{x} = \begin{pmatrix} 1 \\ 0 \end{pmatrix}, \text{ con } \overline{\lambda}_1 = 1, \ \overline{\lambda}_3 = 1 \text{ y consideramos } \overline{\lambda}_2 = 0.$$

Nótese que, con el fin de definir el vector completo de multiplicadores de KKT, basta considerar $\overline{\lambda}_i = 0$ si $i \notin I(\overline{x})$.

Analicemos ahora las condiciones de segundo orden en cada uno de los puntos de KKT.

Caso I: $I(\overline{x}) = \{1\}$, $\overline{x} = \left(\frac{1}{2}, \frac{1}{2}\right)'$, con $\overline{\lambda} = \left(\frac{1}{2}, 0, 0\right)'$. Se tiene que

$$H_x L(\overline{x}, \overline{\lambda}) = \begin{pmatrix} 0 & 1 \\ 1 & 0 \end{pmatrix},$$

y los subespacios $M(\overline{x})$ y $M^+(\overline{x}, \overline{\lambda})$ coinciden, pues $I^+(\overline{x}, \overline{\lambda}) = \{1\} = I(\overline{x})$.

$$\begin{aligned}
M(\overline{x}) = M^+(\overline{x}, \overline{\lambda}) &= \{(1,1)'\}^\perp \\
&= \{v \in \mathbb{R}^2 \mid (v_1, v_2)(1,1)' = 0\} \\
&= \{v \in \mathbb{R}^2 \mid v_1 + v_2 = 0\}.
\end{aligned}$$

Consideremos $\{(-1,1)'\}$ como base de $M(\overline{x})\ (= M^+(\overline{x}, \overline{\lambda}))$. La matriz asociada a la restricción de $H_x L(\overline{x}, \overline{\lambda})$ al subespacio $M(\overline{x})$, en dicha base, es

$$\begin{pmatrix} -1 & 1 \end{pmatrix} \begin{pmatrix} 0 & 1 \\ 1 & 0 \end{pmatrix} \begin{pmatrix} -1 \\ 1 \end{pmatrix} = \begin{pmatrix} 1 & -1 \end{pmatrix} \begin{pmatrix} -1 \\ 1 \end{pmatrix} = (-2),$$

que es definida negativa.

Así pues, no cumple la condición necesaria de segundo orden, y por tanto $\overline{x}$ no es óptimo local de (P). Nótese, además, que en dicho punto se cumple LICQ, pues $\{\nabla g_1(\overline{x})\}$ es linealmente independiente. Recuérdese que esta hipótesis también figura en el teorema 3.2.

Caso II: $I(\overline{x}) = \{1, 2\}$, $\overline{x} = (0,1)'$ con $\overline{\lambda} = (1,1,0)'$. Se tiene que

$$H_x L(\overline{x}, \overline{\lambda}) = \begin{pmatrix} 0 & 1 \\ 1 & 0 \end{pmatrix},$$

y los subespacios $M(\overline{x})$ y $M^+(\overline{x}, \overline{\lambda})$ se reducen al origen. En efecto,

$$\begin{aligned}
M(\overline{x}) = M^+(\overline{x}, \overline{\lambda}) &= \{(1,1)', (-1,0)'\}^\perp \\
&= \{v \in \mathbb{R}^2 \mid v_1 + v_2 = 0, \ -v_1 = 0\} = \{0_2\}.
\end{aligned}$$

En este caso, se cumple trivialmente la condición suficiente de optimalidad (véase la observación 3.4), y por tanto $\overline{x} = (0,1)'$ es un óptimo local.

Caso III: $I(\overline{x}) = \{1, 3\}$, $\overline{x} = (1,0)'$ con $\overline{\lambda} = (1,0,1)'$. Se tiene que

$$H_x L(\overline{x}, \overline{\lambda}) = \begin{pmatrix} 0 & 1 \\ 1 & 0 \end{pmatrix},$$

y, como antes, los subespacios $M\left(\overline{x}\right)$ y $M^{+}\left(\overline{x},\overline{\lambda}\right)$ se reducen al origen. Así pues, se cumple trivialmente la condición suficiente de optimalidad, y por tanto $\overline{x} = (1,0)'$ es un óptimo local.

En resumen, el conjunto de óptimos locales está dado por

$$\mathcal{L} = \{(0,1)', (1,0)'\}.$$

3.4. Interpretación de los multiplicadores de KKT

Imaginemos que deseamos construir una caja de cartón como la de la figura:

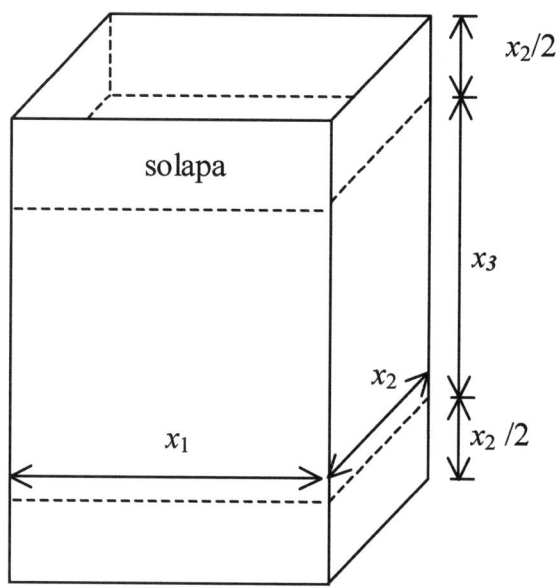

Supongamos que el beneficio que reporta para nosotros la construcción de dicha caja es proporcional a su volumen una vez cerrada, de forma que nos interesa minimizar $f\left(x_1, x_2, x_3\right) = -x_1 x_2 x_3$ (lo que equivale a maximizar el volumen). Supongamos asimismo que tenemos restringida la cantidad de material (área total), estando sujetos a la restricción

$$g\left(x_1, x_2, x_3\right) = 2\left(x_1 + x_2\right)\left(x_2 + x_3\right) - c_0 \leq 0,$$

siendo c_0 una constante positiva, y por supuesto $x_1 \geq 0$, $x_2 \geq 0$ y $x_3 \geq 0$.

Dada la naturaleza del problema, en un óptimo local tendrán que ser positivos x_1, x_2 y x_3 (pues si alguno de ellos fuese cero el volumen de la caja sería nulo, y evidentemente no tendríamos un óptimo local). Esto significa que, con el fin de buscar puntos de KKT que pudieran ser óptimos locales, podremos considerar $x_1 \geq 0$, $x_2 \geq 0$ y $x_3 \geq 0$ como restricciones inactivas.

Así, considerando la restricción de material como la única activa, encontramos que el único punto de KKT es $\overline{x} = \left(\frac{2}{3} \sqrt{\frac{c_0}{2}}, \frac{1}{3} \sqrt{\frac{c_0}{2}}, \frac{2}{3} \sqrt{\frac{c_0}{2}} \right)'$, teniéndose además que $\nabla g\left(\overline{x} \right) = \sqrt{2c_0}\left(1, 2, 1 \right)' \neq 0_3$. El multiplicador de KKT asociado es $\overline{\lambda}_1 = \frac{1}{9}\sqrt{\frac{c_0}{2}}$. Poniendo $\overline{\lambda} = \left(\overline{\lambda}_1, 0, 0, 0 \right)'$, se tiene que la restricción de $H_x L\left(\overline{x}, \overline{\lambda} \right)$ al subespacio $\left\{ v \in \mathbb{R}^3 \mid v_1 + 2v_2 + v_3 = 0 \right\}$ es definida positiva, por lo que en virtud de la condición suficiente de segundo orden, el problema considerado presenta en $\overline{x}$ un óptimo local (puede comprobarse a partir de la definición que, de hecho, se trata de un óptimo global), teniéndose $f\left(\overline{x} \right) = \frac{-\sqrt{2}}{27} c_0^{3/2}$ (esto es un volumen máximo de $\frac{\sqrt{2}}{27} c_0^{3/2}$).

Llegados a este punto nos planteamos la siguiente pregunta: ¿Cuánto mejoraría nuestro objetivo si pudiésemos disponer de una pequeña cantidad adicional, $c - c_0$, de área total? En otras palabras, si tuviésemos la posibilidad de aumentar un poco el área total de la caja, ¿hasta qué precio por unidad de área (expresado en las mismas unidades que el objetivo) estaríamos dispuestos a pagar por esa pequeña cantidad adicional de área? La respuesta es sencilla: dicho precio es λ, puesto que el "beneficio cambiado de signo" es $B\left(c_0 \right) = f\left(\overline{x} \right) = \frac{-\sqrt{2}}{27} c_0^{3/2}$, y se tiene:

$$B'\left(c_0 \right) = \frac{-\sqrt{2}}{27} \frac{3}{2} c_0^{1/2} = \frac{-1}{9} \sqrt{\frac{c_0}{2}} = -\lambda.$$

Veremos a continuación que, bajo hipótesis adecuadas, este resultado se verifica en general: λ_i puede interpretarse como el "precio" (en las unidades de la función objetivo) que estaríamos dispuestos a pagar por unidad de incremento del miembro derecho de la i-ésima restricción (para incrementos pequeños), pues esa unidad produciría una mejora (disminución) del objetivo de, aproximadamente, λ_i unidades.

Teorema 3.4 (Interpretación de los multiplicadores de KKT) *Sea $\overline{x}$ un punto de KKT del problema (P) introducido en (3.1), y sea $\overline{\lambda} \geq 0_m$ un vector de multiplicadores asociado a $\overline{x}$. Supongamos que f, g_i, $i \in I\left(\overline{x} \right)$ son de clase C^2 en un entorno de $\overline{x}$, que g_i, $i \notin I\left(\overline{x} \right)$ son funciones continuas en $\overline{x}$. Supongamos, además, que se verifican las siguientes condiciones:*

(h1) $\{\nabla g_i(\overline{x}), \ i \in I(\overline{x})\}$ *forma un sistema linealmente independiente (LICQ);*

(h2) $I(\overline{x}) = I^+(\overline{x}, \overline{\lambda})$ *(lo que implica que $M(\overline{x}) = M^+(\overline{x}, \overline{\lambda})$);*

(h3) $H_x L(\overline{x}, \overline{\lambda})$ *es definida positiva sobre el subespacio $M^+(\overline{x}, \overline{\lambda})$ (condición suficiente de segundo orden).*

Entonces existe un entorno $V \subset \mathbb{R}^n$ de $\overline{x}$, y un entorno $W \subset \mathbb{R}^m$ de 0_m, tales que para todo $\beta \in W$ el problema parametrizado

$$(P(\beta)) \quad Min \ f(x)$$
$$s.a \ g(x) \leq \beta,$$

presenta en V un único óptimo local, que además es estricto, $x(\beta)$; en particular $x(0_m) = \overline{x}$. Además $\overline{x}(\cdot)$ es de clase C^1 en V, y

$$\nabla_\beta f(x(\beta))|_{\beta = 0_m} = -\overline{\lambda}.$$

3.5. Optimalidad global

Los resultados presentados en las secciones anteriores presentan condiciones necesarias y una condición suficiente relativas a la propiedad de optimalidad local. Esta sección recoge determinados resultados que, en ocasiones, pueden resultar de utilidad a la hora de verificar la optimalidad global.

3.5.1. Aplicación del Teorema de Weierstrass

Recordemos el siguiente resultado clásico del análisis matemático.

Teorema 3.5 (Teorema de Weierstrass) *Sea $A \subset \mathbb{R}^n$ un subconjunto compacto no vacío, y sea $f : A \to \mathbb{R}$ continua. Entonces, existen x^1, $x^2 \in A$ tales que:*

$$f(x^1) \leq f(x) \ \text{para todo } x \in A \ (existe \ mínimo \ global), \ y$$
$$f(x^2) \geq f(x) \ \text{para todo } x \in A \ (existe \ máximo \ global).$$

Observación 3.5 *En los ejemplos y ejercicios de este libro las funciones g_i serán continuas, lo que garantiza que nuestro conjunto factible F es siempre cerrado (véase el ejemplo 1.3). Así pues, para poder aplicar el teorema anterior* nos quedará por verificar si F es acotado (recuérdese que en $\mathbb{R}^n$ un subconjunto es compacto si, y solo si, es cerrado y acotado).

Observación 3.6 ($F \neq \emptyset$ **compacto junto con CQ en todo** F) *El enunciado del Teorema de Weierstrass es especialmente útil en la resolución de ejercicios cuando, además de ser F compacto y no vacío, en todos los puntos factibles se verifica alguna cualificación de restricciones. En este caso se tienen las siguientes condiciones (recordemos que $\mathcal{L}$ representa el conjunto de óptimos locales, $\mathcal{G}$ el de óptimos globales):*

$$\mathcal{G} \neq \emptyset \text{ (Teorema de Weierstrass)},$$
$$\mathcal{G} \subset \mathcal{L} \subset \mathcal{P}_{KKT},$$

donde $\mathcal{P}_{KKT}$ denota al conjunto de puntos de KKT. Nótese que la hipótesis de cualificación de restricciones en todos los puntos factibles garantiza la veracidad del último contenido.

En este caso, una vez determinados los óptimos locales o los puntos de KKT, basta comparar sus imágenes para decidir cuales son óptimos globales.

Esta es la situación del ejemplo 3.2: se cumple LCQ en todos los puntos factibles. Además, F es acotado, pues

$$\left.\begin{array}{r} x_1 + x_2 \leq 1 \\ x_1, x_2 \geq 0 \end{array}\right\} \Rightarrow 0 \leq x_1 \leq 1, \quad 0 \leq x_2 \leq 1.$$

En este caso

$$\mathcal{P}_{KKT} = \left\{ \left(\frac{1}{2}, \frac{1}{2}\right)', (1,0)', (0,1)' \right\}.$$

Puesto que $f\left(\frac{1}{2}, \frac{1}{2}\right) = \frac{1}{4}$ y $f(1,0) = f(0,1) = 0$, se tiene que el conjunto de óptimos globales es

$$\mathcal{G} = \left\{ (1,0)', (0,1)' \right\}.$$

En este caso particular ya habíamos determinado el conjunto de óptimos locales ($\mathcal{L} = \{(1,0)', (0,1)'\}$) en el ejemplo 3.9, así pues, bastaba comparar las imágenes de dichos óptimos locales.

3.5.2.   El caso convexo

Consideremos el problema de PNL con restricciones (3.1),

$$(P) \ Min \ f(x)$$
$$s.a \quad g_i(x) \leq 0, \quad i = 1, 2, ..., m,$$

y supongamos que todas las funciones del modelo, f y g_i, $i = 1, 2, ..., m$, son convexas en $\mathbb{R}^n$. En este caso estamos ante un problema de *programación convexa*. Nótese que en este caso F, supuesto no vacío, es un conjunto convexo, pues puede escribirse con intersección de convexos. En efecto,

$$F = \bigcap_{i=1}^m \{ x \in \mathbb{R}^n \mid g_i(x) \leq 0 \},$$

y cada uno de los conjuntos de nivel inferior, $\{ x \in \mathbb{R}^n \mid g_i(x) \leq 0 \}$, es convexo como se demostró en el ejercicio 1.5.

Los problemas de programación convexa constituyen un caso particular de problemas de PNL de especial interés, fundamentalmente por su buen comportamiento en relación con la optimalidad global. Concretamente, se tiene el siguiente resultado:

Teorema 3.6 (Optimalidad global en el caso convexo) *Consideremos el problema* (P) *de PNL con restricciones (3.1), y supongamos* f *y* g_i, $i = 1, 2, ..., m$, *son convexas en* $\mathbb{R}^n$. *Se verifican los siguientes enunciados:*

(i) Si $\overline{x}$ *es óptimo local de* (P), *entonces* $\overline{x}$ *es óptimo global de* (P); *en otros términos:*

$$\mathcal{G} = \mathcal{L}.$$

(ii) Si asumimos que f *y las* g_i, *con* $i \in I(\overline{x})$, *son diferenciables en* $\overline{x}$ *y* $\overline{x}$ *es punto de KKT de* (P), *entonces* $\overline{x}$ *es óptimo global de* (P).

Observación 3.7 *Nótese que, bajo la diferenciabilidad de* f *y las* g_i, $i = 1, .., m$ *en todos los puntos factibles, del apartado (ii) del teorema anterior se deduce que*

$$\mathcal{P}_{KKT} \subset \mathcal{G}.$$

Por otro lado, como sabemos, para garantizar el otro contenido (y por tanto la igualdad entre $\mathcal{P}_{KKT}$ y $\mathcal{G}$) necesitamos alguna cualificación de restricciones, como es el caso del siguiente ejemplo.

Ejemplo 3.10 Determinar el conjunto de puntos de KKT, óptimos locales y óptimos globales del siguiente problema, en $\mathbb{R}^2$:

$$(P) \ Min \quad x_2^2 - x_1$$
$$s.a \quad x_1^2 + x_2^2 \leq 1,$$
$$x_1^2 + 4x_2^2 \leq 1.$$

En primer lugar, obsérvese que se cumple SCQ en todos los puntos factibles, pues $g_1(x) = x_1^2 + x_2^2 - 1$ y $g_2(x) = x_1^2 + 4x_2^2 - 1$ son convexas y, por ejemplo, $\left(\frac{1}{4}, \frac{1}{4}\right)'$ es un punto de Slater (solución estricta) del sistema $\{g_1(x) \leq 0, g_2(x) \leq 0\}$.

Puesto que la función objetivo $f(x) = x_2^2 - x_1$ es también convexa, estamos ante un problema de programación convexa en el que se verifica alguna CQ en todo punto factible. En este caso

$$\mathcal{P}_{KKT} = \mathcal{L} = \mathcal{G},$$

como consecuencia de la siguiente cadena de contenidos (debajo de las inclusiones primera y última se indican la hipótesis bajo las cuales son ciertas):

$$\mathcal{P}_{KKT} \underset{(P) \text{ convexo}}{\subset} \mathcal{G} \subset \mathcal{L} \underset{\text{CQ en todo } F}{\subset} \mathcal{P}_{KKT}.$$

En definitiva, la resolución del problema actual se reduce al cálculo de los puntos de KKT:

Caso I: $I(x) = \emptyset$. El sistema

$$-\nabla f(x) = -\begin{pmatrix} -1 \\ 2x_2 \end{pmatrix} = \begin{pmatrix} 0 \\ 0 \end{pmatrix}$$

no tiene solución (ocurre la contradicción '1 = 0').

Caso II: $I(x) = \{1\}$; esto es $x_1^2 + x_2^2 = 1$, $x_1^2 + 4x_2^2 < 1$. Buscamos las soluciones del sistema

$$\begin{cases} -\begin{pmatrix} -1 \\ 2x_2 \end{pmatrix} = \lambda_1 \begin{pmatrix} 2x_1 \\ 2x_2 \end{pmatrix}, \\ x_1^2 + x_2^2 = 1, \\ \lambda_1 \geq 0, \ x \in F. \end{cases}$$

Del primer bloque de igualdades tenemos $1 = 2\lambda_1 x_1$ y $-2x_2 = 2\lambda_1 x_2$. De aquí, se deduce que $\lambda_1 = -1$ si $x_2 \neq 0$, lo que contradice la no negatividad de λ_1. Por otro lado, si $x_2 = 0$, entonces de la igualdad $x_1^2 + x_2^2 = 1$ concluimos que $x_1 = 1$ (la otra posibilidad $x_1 = -1$, conduce a $\lambda_1 = -\frac{1}{2}$, por lo que no es solución de nuestro sistema). En rigor, el punto $\overline{x} = (1,0)'$ no pertenece a este caso, pues verifica las dos restricciones con igualdad; esto es, $I(\overline{x}) = \{1,2\}$, por lo que será analizado más adelante.

Caso III: $I(x) = \{2\}$; esto es $x_1^2 + x_2^2 < 1$, $x_1^2 + 4x_2^2 = 1$. Buscamos las soluciones del sistema

$$\begin{cases} -\begin{pmatrix} -1 \\ 2x_2 \end{pmatrix} = \lambda_2 \begin{pmatrix} 2x_1 \\ 8x_2 \end{pmatrix}, \\ x_1^2 + 4x_2^2 = 1, \\ \lambda_2 \geq 0, \ x \in F. \end{cases}$$

De primer bloque de igualdades tenemos $1 = 2\lambda_2 x_1$ y $-2x_2 = 8\lambda_2 x_2$. De aquí, se deduce que $\lambda_2 = -\frac{1}{4}$ si $x_2 \neq 0$, lo que contradice la no negatividad de λ_2. Por otro lado, si $x_2 = 0$, entonces de la igualdad $x_1^2 + 4x_2^2 = 1$ concluimos que $x_1 = 1$ (la otra posibilidad $x_1 = -1$, conduce a $\lambda_2 = -\frac{1}{2}$, por lo que no es solución de nuestro sistema). Como en el caso anterior, el punto $\overline{x} = (1,0)'$ no pertenece al caso actual, se analizará a continuación.

Caso IV: $I(x) = \{1,2\}$; esto es $x_1^2 + x_2^2 = 1$, $x_1^2 + 4x_2^2 = 1$. Buscamos soluciones del sistema

$$\begin{cases} -\begin{pmatrix} -1 \\ 2x_2 \end{pmatrix} = \lambda_1 \begin{pmatrix} 2x_1 \\ 2x_2 \end{pmatrix} + \lambda_2 \begin{pmatrix} 2x_1 \\ 8x_2 \end{pmatrix}, \\ x_1^2 + x_2^2 = 1, \ x_1^2 + 4x_2^2 = 1, \\ \lambda_1, \lambda_2 \geq 0. \end{cases}$$

Las únicas soluciones del sistema $\{x_1^2 + x_2^2 = 1, \ x_1^2 + 4x_2^2 = 1\}$ son $(1,0)'$ y $(-1,0)'$. En el primer caso, tendremos

$$\begin{pmatrix} 1 \\ 0 \end{pmatrix} = \lambda_1 \begin{pmatrix} 2 \\ 0 \end{pmatrix} + \lambda_2 \begin{pmatrix} 2 \\ 0 \end{pmatrix},$$

esto es, $2\lambda_1 + 2\lambda_2 = 1$. Así pues $\overline{x} = (1,0)'$ es un punto de KKT asociado a cualquier vector de multiplicadores $\overline{\lambda}$ tal que

$$\overline{\lambda} \in \{\lambda \in \mathbb{R}^2 \mid 2\lambda_1 + 2\lambda_2 = 1, \ \lambda_1, \ \lambda_2 \geq 0\} \ (\neq \emptyset).$$

En el segundo caso, si $\overline{x} = (-1, 0)'$, se tiene:

$$\begin{pmatrix} 1 \\ 0 \end{pmatrix} = \lambda_1 \begin{pmatrix} -2 \\ 0 \end{pmatrix} + \lambda_2 \begin{pmatrix} -2 \\ 0 \end{pmatrix},$$

esto es, $-2\lambda_1 - 2\lambda_2 = 1$. Puesto que no existe ningún λ que verifique simultáneamente las condiciones $-2\lambda_1 - 2\lambda_2 = 1$, λ_1 y $\lambda_2 \geq 0$, $\overline{x} = (-1, 0)'$ no es punto de KKT.

Finalmente, concluimos que

$$\mathcal{P}_{KKT} = \mathcal{L} = \mathcal{G} = \left\{ (1, 0)' \right\}.$$

3.5.3. El caso cuadrático

Un problema de *programación cuadrática* (PC para abreviar) es aquel cuya función objetivo es cuadrática y las restricciones son lineales. Formalmente puede escribirse de la forma:

$$(PC) \quad Min \quad \tfrac{1}{2}x'Qx + c'x + b \tag{3.5}$$
$$s.a \qquad Ax \leq B,$$

donde $x \in \mathbb{R}^n$ es la variable de decisión, Q es una matriz simétrica de orden n, $c \in \mathbb{R}^n$, $b \in \mathbb{R}$, A es una matriz de orden $m \times n$ $(m \in \mathbb{N})$, y $B \in \mathbb{R}^m$.

La programación cuadrática también constituye un caso particular de interés dentro de la PNL. De hecho, pueden consultarse en la literatura algoritmos específicos de resolución de problemas cuadráticos (véase, por ejemplo, [4] y [5]). Entre sus propiedades destacamos el hecho de que

$$\mathcal{L} \subset \mathcal{P}_{KKT},$$

por tener las restricciones lineales (se cumple LCQ). Además, la determinación del conjunto de puntos de KKT se reduce a la resolución de diferentes sistemas de ecuaciones lineales. Por ejemplo, para el subconjunto de índices activos $I(x) = \{i_1, .., i_p\} \subset \{1, ..., m\}$ las condiciones de KKT conducen al sistema:

$$\begin{cases} -(Qx + c) = \sum_{j=1}^{p} \lambda_{i_j} a_{i_j}, \\ \left(a'_{i_j} x - B_{i_j} \right) = 0, \; j = 1, ..., p, \end{cases}$$

donde a_{i_j} representa la i_j-ésima fila de A.

Otro resultado destacado de la programación cuadrática viene recogido en el siguiente teorema que puede encontrarse en [10]. En él se emplea la terminología (de problema consistente, acotado y resoluble) dada en la definición 3.2.

Teorema 3.7 (Frank y Wolfe, 1956) *Consideremos el problema (PC) de programación cuadrática dado en (3.5). Si (PC) es consistente, esto es, si existen soluciones factibles, entonces (PC) es resoluble si, y solo si, (PC) es acotado.*

Observación 3.8 *El resultado anterior puede aplicarse obviamente a problemas de programación cuadrática sin restricciones, que pueden ser vistos como problemas con restricciones donde el conjunto factible $F = \mathbb{R}^n$ (por ejemplo, basta tomar A y b con todos sus coeficientes nulos).*

La siguiente proposición presenta un caso especialmente sencillo, el de la programación cuadrática convexa. Nótese que, si f es la función objetivo de (PC), entonces

$$Hf(x) = Q, \text{ para todo } x \in \mathbb{R}^n.$$

Así pues, en el caso en el que Q es definida o semidefinida positiva, f es convexa (véase la proposición 1.8). Puesto que las restricciones también son convexas (por ser lineales), bajo estas condiciones se tiene que

$$\mathcal{P}_{KKT} \subset \mathcal{L},$$

como consecuencia del teorema 3.6(ii). Estos comentarios conducen al siguiente resultado:

Proposición 3.2 (Problemas cuadráticos convexos) *Consideremos el problema (PC) de programación cuadrática introducido en (3.5) y supongamos que Q es definida o semidefinida positiva. Entonces, se tiene que*

$$\mathcal{G} = \mathcal{L} = \mathcal{P}_{KKT}.$$

(Además, $\mathcal{G} \neq \emptyset$ si, y solo si, el valor óptimo de (PC) es finito, en virtud del teorema 3.7).

Ejemplo 3.11 Resolver el siguiente problema de optimización en $\mathbb{R}^3$, esto es, determinar los conjuntos de puntos de KKT, óptimos locales y óptimos globales.

$$(PC) \quad Min \quad x_1^2 + 2x_1x_2 + x_2^2 + x_3^2 + x_1 + x_2$$
$$s.a \qquad x_1 + x_2 + x_3 \leq 1,$$
$$x_1 - x_2 - x_3 \leq 1.$$

Adaptamos nuestro problema al formato (3.5) considerando

$$Q = \begin{pmatrix} 2 & 2 & 0 \\ 2 & 2 & 0 \\ 0 & 0 & 2 \end{pmatrix}, c = \begin{pmatrix} 1 \\ 1 \\ 0 \end{pmatrix}, \ b = 0, \ A = \begin{pmatrix} 1 & 1 & 1 \\ 1 & -1 & -1 \end{pmatrix}, \ B = \begin{pmatrix} 1 \\ 1 \end{pmatrix}.$$

A continuación, determinamos el conjunto de puntos de KKT, distinguiendo los diferentes casos de conjuntos de índices activos.

Caso I: $I(x) = \emptyset$; esto es $x_1 + x_2 + x_3 < 1$, $x_1 - x_2 - x_3 < 1$. En este caso hemos de resolver el sistema

$$-\nabla f(x) = -(Qx + c) = 0,$$

cuyo conjunto de soluciones es $S := \{x \in \mathbb{R}^3 \mid 2x_1 + 2x_2 = -1, x_3 = 0\}$. Veamos cuáles de estos puntos son factibles. Si $2x_1 + 2x_2 = -1$ y $x_3 = 0$, entonces $x_1 + x_2 + x_3 = -\frac{1}{2} \leq 1$, luego la primera restricción se satisface en todos los puntos de S. Respecto de la segunda, si $x \in S$, se tiene:

$$x_1 - x_2 - x_3 = x_1 - \left(\frac{-1 - 2x_1}{2}\right) = 2x_1 + \frac{1}{2} \leq 1 \Leftrightarrow x_1 \leq \frac{1}{4}.$$

En resumen, en este caso, el conjunto de puntos de KKT está dado por

$$\left\{x \in \mathbb{R}^3 \mid 2x_1 + 2x_2 = -1, x_3 = 0, x_1 < \frac{1}{4}\right\}.$$

Nótese que se ha considerado el menor estricto en '$x_1 < \frac{1}{4}$' para garantizar que $I(x) = \emptyset$.

Caso II: $I(x) = \{1\}$; esto es, $x_1 + x_2 + x_3 = 1$, $x_1 - x_2 - x_3 \leq 1$. En este caso, las condiciones de KKT se escriben como:

$$\left\{ \begin{array}{c} -\begin{pmatrix} 2x_1 + 2x_2 + 1 \\ 2x_1 + 2x_2 + 1 \\ 2x_3 \end{pmatrix} = \lambda_1 \begin{pmatrix} 1 \\ 1 \\ 1 \end{pmatrix}, \\ x_1 + x_2 + x_3 = 1, \\ \lambda_1 \geq 0, \ x \in F. \end{array} \right.$$

Del primer bloque de igualdades deducimos $-2x_3 = \lambda_1$ y $2x_1 + 2x_2 + 1 = 2x_3$. Por otro lado

$$\left. \begin{array}{c} x_1 + x_2 + x_3 = 1 \\ 2x_1 + 2x_2 + 1 = 2x_3 \end{array} \right\} \Rightarrow x_3 = \frac{3}{4} \Rightarrow \lambda_1 = -\frac{3}{2},$$

lo que contradice la no negatividad de λ_1. Así pues, este caso no produce ningún punto de KKT.

Caso III: $I(x) = \{2\}$; esto es, $x_1 + x_2 + x_3 < 1$, $x_1 - x_2 - x_3 = 1$. Las condiciones de KKT se escriben como sigue:

$$\left\{ \begin{array}{c} -\begin{pmatrix} 2x_1 + 2x_2 + 1 \\ 2x_1 + 2x_2 + 1 \\ 2x_3 \end{pmatrix} = \lambda_2 \begin{pmatrix} 1 \\ -1 \\ -1 \end{pmatrix}, \\ x_1 - x_2 - x_3 = 1, \\ \lambda_2 \geq 0, \ x \in F. \end{array} \right.$$

Del primer bloque de igualdades deducimos $-(2x_1 + 2x_2 + 1) = \lambda_2 = -\lambda_2$, y por tanto $\lambda_2 = 0$. Así pues,

$$\left. \begin{array}{c} 2x_1 + 2x_2 + 1 = 0 \\ 2x_3 = 0 \\ x_1 - x_2 - x_3 = 1 \end{array} \right\} \Rightarrow x = \left(\frac{1}{4}, -\frac{3}{4}, 0 \right)' \in F.$$

En consecuencia, el punto $\overline{x} = \left(\frac{1}{4}, -\frac{3}{4}, 0 \right)'$ es punto de KKT con $\overline{\lambda}_2 = 0$.

Caso IV: $I(x) = \{1, 2\}$. En este caso hemos de resolver el sistema

$$\left\{ \begin{array}{c} -\begin{pmatrix} 2x_1 + 2x_2 + 1 \\ 2x_1 + 2x_2 + 1 \\ 2x_3 \end{pmatrix} = \lambda_1 \begin{pmatrix} 1 \\ 1 \\ 1 \end{pmatrix} + \lambda_2 \begin{pmatrix} 1 \\ -1 \\ -1 \end{pmatrix}, \\ x_1 + x_2 + x_3 = 1, \ x_1 - x_2 - x_3 = 1, \\ \lambda_1, \lambda_2 \geq 0, \ x \in F. \end{array} \right.$$

Del primer bloque de ecuaciones se deduce, $-(2x_1 + 2x_2 + 1) = \lambda_1 + \lambda_2 = \lambda_1 - \lambda_2 = -2x_3$. Así pues $\lambda_2 = 0$ y junto con el segundo bloque obtenemos el sistema de 3 ecuaciones y 3 incógnitas siguiente:

$$\left.\begin{array}{r} 2x_1 + 2x_2 + 1 = 2x_3 \\ x_1 + x_2 + x_3 = 1 \\ x_1 - x_2 - x_3 = 1 \end{array}\right\} \Rightarrow x_1 = 1, \ x_2 = -\frac{3}{4}, \ x_3 = \frac{3}{4}.$$

A continuación, sustituyendo en el primer bloque de igualdades obtenemos $\lambda_1 = -\frac{3}{2}$ lo que contradice la no negatividad de los escalares. Por tanto, este caso, tampoco produce ningún nuevo punto de KKT.

En resumen, se tiene que

$$\mathcal{G} = \mathcal{L} = \mathcal{P}_{KKT} = \left\{ x \in \mathbb{R}^3 \mid 2x_1 + 2x_2 = -1, x_3 = 0, x_1 \leq \frac{1}{4} \right\},$$

puesto que Q es semidefinida positiva (sus valores propios son 4, 0 y 2).

3.6. Esquema de resultados y ejercicios resueltos

Seguidamente, por motivos didácticos, presentamos los siguientes esquemas donde se resume la información más relevante de este capítulo. En cada momento se asumirá que se verifican las hipótesis de diferenciabilidad necesarias: por ejemplo, cuando se haga referencia a la condición "x es punto de KKT" asumiremos implícitamente que f y las g_i, con $i \in I(x)$ son diferenciables en x y cuando se haga referencia a condiciones de segundo orden, asumiremos que dichas funciones son de clase C^2 en un entorno del punto considerado.

Caso: (P) un problema de PNL general. El siguiente esquema resume la información contenida en los teoremas 3.1, 3.2 y 3.3.

$$\overline{x} \text{ óptimo local de } (P) \begin{cases} \underset{CQ}{\Rightarrow} \overline{x} \text{ punto de KKT de } (P) \\ \underset{LICQ}{\Rightarrow} H_x L\left(\overline{x}, \overline{\lambda}\right) \text{ DP o SDP sobre } M\left(\overline{x}\right) \\ \Leftarrow \overline{x} \text{ punto de KKT de } (P) \text{ y } H_x L\left(\overline{x}, \overline{\lambda}\right) \text{ DP} \\ \quad \text{sobre } M^+\left(\overline{x}, \overline{\lambda}\right) \end{cases}$$

Recuérdese que DP y SDP son abreviaturas de definida postiva y semidefinida positiva.

En términos de contenidos, obviando las condiciones de segundo orden, tendríamos

$$\mathcal{G} \subset \mathcal{L} \subset \mathcal{P}_{KKT} \cup \mathcal{N},$$

donde $\mathcal{N}$ denota al conjunto de puntos factibles donde no se cumple LCQ, ni LICQ, ni SCQ. En otros términos, los candidatos a óptimos locales, en sentido de puntos no descartables *a priori*, apoyándonos en el teorema 3.1, serían tanto los puntos de KKT como los que no verifican ninguna de las hipótesis LCQ, LICQ o SCQ.

Caso: (P) un problema de PNL general con $F \neq \emptyset$ compacto. En este caso, se añade la propiedad de que $\mathcal{G} \neq \emptyset$ (Teorema de Weierstrass):

$$\begin{cases} \text{En general: } \emptyset \neq \mathcal{G} \subset \mathcal{L} \subset \mathcal{P}_{KKT} \cup \mathcal{N}, \\ \text{Bajo CQ en todo punto factible: } \emptyset \neq \mathcal{G} \subset \mathcal{L} \subset \mathcal{P}_{KKT} \end{cases}$$

Caso: (P) un problema de programación convexa. A continuación, se resume la información del teorema 3.6:

$$\begin{cases} \text{En general: } \mathcal{G} = \mathcal{L} \subset \mathcal{P}_{KKT} \cup \mathcal{N} \text{ y } \mathcal{P}_{KKT} \subset \mathcal{G}, \\ \text{Bajo CQ en todo punto factible: } \mathcal{G} = \mathcal{L} = \mathcal{P}_{KKT}. \end{cases}$$

Caso: (P) un problema de programación cuadrática. Se tiene:

$$\begin{cases} \text{En general: } \mathcal{G} \subset \mathcal{L} \subset \mathcal{P}_{KKT}, \\ \text{Si } Q \text{ es DP o SDP: } \mathcal{G} = \mathcal{L} = \mathcal{P}_{KKT}. \end{cases}$$

Ejercicio 3.1 Consideremos el problema de PNL, en $\mathbb{R}^2$, dado por:

$$\begin{aligned} (P) \quad &Min \; x_2 \\ s.a \quad & -x_1^2 - x_2^2 + 1 \leq 0, \\ & (x_1 - 1)^2 + x_2^2 - 1 \leq 0, \\ & -2\left(x_1 - \tfrac{1}{2}\right)^3 + x_2^2 - \tfrac{3}{4} \leq 0. \end{aligned}$$

Analizando las diferentes elecciones de conjuntos de índices activos, obtenemos las siguientes situaciones (obsérvese que, puesto que tenemos tres restricciones, tendremos que contemplar $2^3 = 8$ casos).

Caso I: $I(x) = \emptyset$. Ningún punto verifica $\nabla f(x) = 0_2$.

Caso II: $I(x) = \{1\}$. Si x es tal que $I(x) = \{1\}$, ha de ser $x \neq 0_2$ (pues $x_1^2 + x_2^2 = 1$) y, por tanto, se verifica LICQ en dicho punto, puesto que $\{\nabla g_1(x)\} =$

$\left\{ \begin{pmatrix} -2x_1 \\ -2x_2 \end{pmatrix} \right\}$ es linealmente independiente si $x \neq 0_2$. Así pues, planteamos el sistema $\begin{pmatrix} 0 \\ -1 \end{pmatrix} = \lambda_1 \begin{pmatrix} -2x_1 \\ -2x_2 \end{pmatrix}$. La única solución con $\lambda_1 \geq 0$ es $(x_1, x_2, \lambda_1)' = \left(0, 1, \frac{1}{2}\right)'$, que proporciona un punto no factible. Así pues, no tenemos ningún candidato.

Caso III: $I(x) = \{2\}$. En este caso se verifica la cualificación de restricciones de Slater (g_2 es convexa, y por ejemplo $g_2(1,0) = -1 < 0$). Planteando las condiciones de KKT, encontramos una solución $(x_1, x_2, \lambda_2)' = \left(1, -1, \frac{1}{2}\right)'$, que no corresponde a este caso puesto que la tercera restricción también es activa.

Caso IV: $I(x) = \{3\}$. Se verifica la cualificación de restricciones de independencia lineal, pues la única solución de $\nabla g_3(x) = 0_2$ es $x = \left(\frac{1}{2}, 0\right)'$, que no es un punto factible. Del sistema $-\nabla f(x) = \lambda_3 \nabla g_3(x)$, obtenemos las únicas soluciones $(x_1, x_2, \lambda_3)' = \left(\frac{1}{2}, \frac{\sqrt{3}}{2}, -\frac{1}{\sqrt{3}}\right)'$, y $(x_1, x_2, \lambda_3)' = \left(\frac{1}{2}, \frac{-\sqrt{3}}{2}, \frac{1}{\sqrt{3}}\right)'$; el primero no es punto de KKT pues $\lambda_3 < 0$. El segundo hace activas también a las dos primeras, así que no corresponde a este caso.

Situaciones análogas presentan los casos *V*: $I(x) = \{1, 2\}$ y *VI*: $I(x) = \{1, 3\}$.

Caso VII: $I(x) = \{2, 3\}$. Se verifica LICQ, y las condiciones de KKT proporcionan como único candidato (realmente correspondiente a este caso) a $(x_1, x_2, \lambda_2, \lambda_3)' = \left(1, -1, \frac{1}{2}, 0\right)'$.

Caso VIII: Finalmente, en el caso $I(x) = \{1, 2, 3\}$ no se verifican SCQ, ni LICQ, y por supuesto no se verifica LCQ. Así pues, no pueden emplearse ninguno de los resultados sobre condiciones necesarias de optimalidad (teoremas 3.1 y 3.2) para descartar nuevos puntos. En este sentido, automáticamente, todos los puntos que pertenezcan a este caso son candidatos a óptimos locales. Concretamente, tendríamos dos nuevos candidatos: $\left(\frac{1}{2}, \frac{-\sqrt{3}}{2}\right)'$ y $\left(\frac{1}{2}, \frac{+\sqrt{3}}{2}\right)'$.

En resumen, disponemos de tres candidatos a óptimos locales; esto es, con la notación de esta sección:

$$\mathcal{G} \subset \mathcal{L} \subset \mathcal{P}_{KKT} \cup \mathcal{N} = \left\{ (1, -1)', \left(\frac{1}{2}, \frac{-\sqrt{3}}{2}\right)', \left(\frac{1}{2}, \frac{+\sqrt{3}}{2}\right)' \right\}$$

En la figura 3.3, en la que hemos representado el conjunto factible de (P), puede apreciarse intuitivamente que $\left(\frac{1}{2}, \frac{-\sqrt{3}}{2}\right)'$ y $\left(\frac{1}{2}, \frac{+\sqrt{3}}{2}\right)'$ no son en realidad óptimos locales (recuérdese que se está minimizando x_2). Formalmente, para comprobar

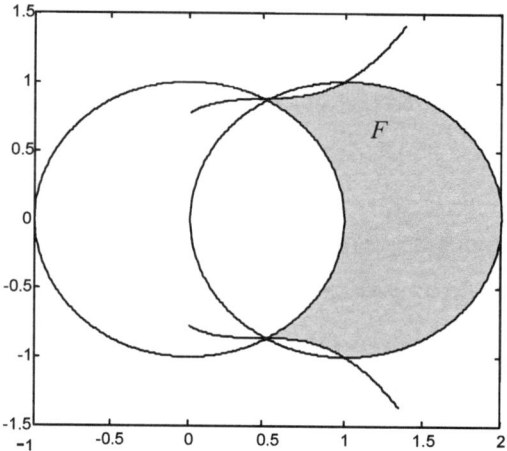

Figura 3.3: Ilustración del ejercicio 3.1.

que $x^1 := \left(\frac{1}{2}, \frac{-\sqrt{3}}{2}\right)'$ no es óptimo local tomemos, por ejemplo, la sucesión

$$x^r := \left(\frac{1}{2} + \frac{1}{r}, -\sqrt{\frac{3}{4} + \frac{1}{r^3}}\right)', \ r = 2, 3...,$$

que converge a x^1 y verifica:

$$x^r \in F \text{ y } f\left(x^r\right) < f\left(x^1\right), \text{ para todo } r \geq 2.$$

Por otro lado, para comprobar que $x^2 := \left(\frac{1}{2}, \frac{+\sqrt{3}}{2}\right)'$ tampoco es óptimo local, basta considerar la sucesión

$$y^r := \left(\frac{1}{2} + \frac{1}{r}, \sqrt{1 - \left(\frac{1}{2} + \frac{1}{r}\right)^2}\right)', \ r = 2, 3....$$

Puede comprobarse fácilmente que $y^r \in F$ y $f\left(y^r\right) < f\left(x^2\right)$, para todo $r \geq 2$.

El punto $x = (1, -1)'$, será un óptimo local de (P), y de hecho global. En este caso particular no hace falta realizar ningún cálculo adicional, pues F es un compacto (se deja al lector la comprobación de este hecho). En esta situación, el Teorema de Weierstrass asegura que debe existir un óptimo global de (P), esto es, $\mathcal{G} \neq \emptyset$. Puesto que $\overline{x} = (1, -1)'$ es el único candidato, éste ha de ser un óptimo global de (P).

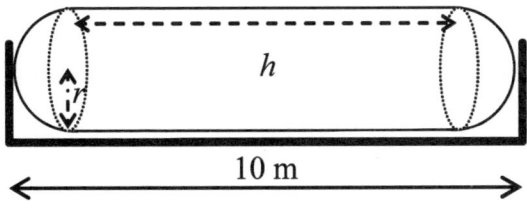

Figura 3.4: Ilustración del ejercicio 3.2.

Ejercicio 3.2 (***F* compacto y todos sus puntos verifican SCQ**) Se desea construir un depósito con forma cilíndrica acabado en dos semiesferas (véase la figura 3.4) con el fin de albergar la mayor cantidad posible de combustible. Como se muestra en la figura, el depósito se transportará sobre un remolque de 10 m de longitud, por lo que la longitud de este depósito no debe exceder los 10 m. Además, por motivos de estabilidad en el transporte, las dimensiones del depósito, r y h, han de verificar $r^2 + h \leq 16$. Se pide:

a) Plantear un modelo de optimización (P) en términos de minimizar, cuya solución nos proporcione las medidas del depósito de mayor volumen posible.

b) Determinar un óptimo global de (P). ¿Se trata de un problema convexo?

c) ¿Qué ocurriría si se pudiera disponer de un ligero incremento en la longitud del remolque?

Solución. a) El objetivo del problema claramente consiste en maximizar el volumen, el cual viene dado por la suma del volumen de una esfera de radio r, y un cilindro de radio r y altura h; esto es,

$$\left(\widetilde{P}\right) \quad Max \; \tfrac{4}{3}\pi r^3 + \pi r^2 h$$
$$s.a \quad r^2 + h \leq 16;$$
$$2r + h \leq 10;$$
$$r, h \geq 0.$$

Escrito en términos de minimizar nos lleva al modelo

$$(P) \quad Min \; -\tfrac{4}{3}\pi r^3 - \pi r^2 h$$
$$s.a \quad r^2 + h \leq 16;$$
$$2r + h \leq 10;$$
$$r, h \geq 0.$$

b) El problema no es convexo. En efecto, veamos que la función objetivo $f(r, h) = -\frac{4}{3}\pi r^3 - \pi r^2 h$ no es convexa. Para ello determinamos la matriz hessiana:

$$\nabla f(r, h) = \begin{pmatrix} -4\pi r^2 - 2\pi rh \\ -\pi r^2 \end{pmatrix}, \; Hf(r, h) = \begin{pmatrix} -8\pi r - 2\pi h & -2\pi r \\ -2\pi r & 0 \end{pmatrix}.$$

Por ejemplo,

$$Hf(1, 1) = \begin{pmatrix} -10\pi & -2\pi \\ -2\pi & 0 \end{pmatrix}$$

es indefinida, luego f no es convexa (en virtud de la proposición 1.8).

Nótese que el conjunto factible es acotado pues, por ejemplo, de las restricciones 1, 3 y 4 obtenemos:

$$\left.\begin{array}{c} r^2 + h \leq 16 \\ r, h \geq 0 \end{array}\right\} \Rightarrow 0 \leq h \leq 16, \; r^2 \leq 16, r \geq 0 \Rightarrow 0 \leq h \leq 16, \; 0 \leq r \leq 4.$$

Por ser además cerrado, F es compacto. Además, se cumple SCQ en todos los puntos factibles, pues todas las restricciones son convexas y existe un punto de Slater para el sistema completo, por ejemplo, $(r, h)' = (1, 1)'$. En estas condiciones podemos asegurar la veracidad de la siguiente cadena de inclusiones

$$\emptyset \neq \mathcal{G} \subset \mathcal{L} \subset \mathcal{P}_{KKT}.$$

Por tanto, el conjunto de puntos de KKT proporciona todos los candidatos a óptimos locales y globales.

Con el fin de agilizar la resolución de este problema, veamos en primer lugar que no es necesario analizar todas las combinaciones de índices activos (en este caso habría un total de 2^4 combinaciones) puesto que *a priori* podemos descartar aquellas combinaciones que contienen al índice 3 (entendemos que $g_1(r, h) = r^2 + h - 16$, $g_2(r, h) = 2r + h - 10$, $g_3(r, h) = -r$, $g_4(r, h) = -h$). Formalmente, si $3 \in I(r, h)$, entonces $r = 0$ y el punto $(0, h)'$ no es óptimo global de (P) para ningún valor de h pues $f(0, h) = 0 > f(1, 1)$, siendo $(1, 1)' \in F$. Seguidamente determinamos los puntos de KKT distinguiendo los 8 casos restantes.

Caso I: $I(x) = \emptyset$. En este caso hemos de resolver el sistema

$$\nabla f(r, h) = \begin{pmatrix} -4\pi r^2 - 2\pi rh \\ -\pi r^2 \end{pmatrix} = \begin{pmatrix} 0 \\ 0 \end{pmatrix}.$$

De aquí se deduce $r = 0$ y como hemos comprobado anteriormente, un punto de la forma $(0, h)$ no puede ser óptimo global.

Caso II: $I(x) = \{1\}$. Resolvemos el sistema

$$-\begin{pmatrix} -4\pi r^2 - 2\pi rh \\ -\pi r^2 \end{pmatrix} = \lambda_1 \begin{pmatrix} 2r \\ 1 \end{pmatrix} \Rightarrow \begin{cases} 2\pi r (2r + h) = 2r\lambda_1, \\ \pi r^2 = \lambda_1. \end{cases}$$

Puesto que ha de ser $r \neq 0$, se tiene $\pi (2r + h) = \lambda_1$ y $\pi r^2 = \lambda_1$. Además, en el caso actual ha de cumplirse $r^2 + h = 16$. Así pues, queda el sistema

$$\left.\begin{array}{c} 2r + h = r^2 \\ r^2 + h = 16 \end{array}\right\} \Rightarrow r = \frac{1}{2}\left(1 \pm \sqrt{33}\right).$$

Si nos quedamos con la raíz positiva $r = \frac{1}{2}\left(1 + \sqrt{33}\right) \cong 3.3723$, entonces $h = 16 - r^2 = 16 - \frac{1}{4}\left(1 + \sqrt{33}\right)^2 \cong 4.6277$. Este punto no es factible pues no verifica la segunda restricción.

Caso III: $I(x) = \{2\}$. Resolvemos el sistema

$$-\begin{pmatrix} -4\pi r^2 - 2\pi rh \\ -\pi r^2 \end{pmatrix} = \lambda_2 \begin{pmatrix} 2 \\ 1 \end{pmatrix} \Rightarrow \begin{cases} 2\pi r (2r + h) = 2\lambda_2, \\ \pi r^2 = \lambda_2. \end{cases}$$

De donde se deduce $2\pi r (2r + h) = 2\pi r^2$. Puesto que ha de ser $r \neq 0$, se tiene $(2r + h) = r$ luego $r + h = 0$. Si $r \neq 0$, entonces $h < 0$, lo cual no puede ser.

Caso IV: $I(x) = \{4\}$. En este caso hemos de resolver el sistema

$$-\begin{pmatrix} -4\pi r^2 - 2\pi rh \\ -\pi r^2 \end{pmatrix} = \lambda_4 \begin{pmatrix} 0 \\ -1 \end{pmatrix}.$$

Puesto que estamos suponiendo que $h = 0$, se tiene de la primera ecuación $r = 0$ y como se ha comentado anteriormente $(0, 0)'$ no es óptimo global del problema (de hecho no lo es ningún punto de la forma $(0, h)'$).

Caso V: $I(x) = \{1, 2\}$. Resolvemos el sistema

$$-\begin{pmatrix} -4\pi r^2 - 2\pi rh \\ -\pi r^2 \end{pmatrix} = \lambda_1 \begin{pmatrix} 2r \\ 1 \end{pmatrix} + \lambda_2 \begin{pmatrix} 2 \\ 1 \end{pmatrix}, \tag{3.6}$$

junto con $r^2 + h = 16$ y $2r + h = 10$. La única solución de coordenadas no negativas es $r = \sqrt{7} + 1, h = 8 - 2\sqrt{7}$. Sustituyendo estos valores en (3.6) obtenemos los escalares $\lambda_1 = 8\pi + \frac{2}{7}\pi\sqrt{7}$, $\lambda_2 = \frac{12}{7}\pi\sqrt{7}$ ambos no negativos.

Caso VI: $I(x) = \{1,4\}$. Hemos de resolver el sistema

$$-\begin{pmatrix} -4\pi r^2 - 2\pi rh \\ -\pi r^2 \end{pmatrix} = \lambda_1 \begin{pmatrix} 2r \\ 1 \end{pmatrix} + \lambda_4 \begin{pmatrix} 0 \\ -1 \end{pmatrix} \Rightarrow \begin{cases} 2\pi r(2r+h) = 2r\lambda_1, \\ \pi r^2 = \lambda_1 - \lambda_4. \end{cases}$$

Además, han de cumplirse $r^2 + h - 16$ y $h = 0$, lo que conduce a $(r,h)' = (4,0)'$ puesto que ha de ser $r \geq 0$. Entonces $\lambda_1 = 8\pi$ y $\lambda_4 = 8\pi - 16\pi < 0$. Luego $(4,0)'$ no es punto de KKT.

Caso VII: $I(x) = \{2,4\}$. Obtenemos el sistema

$$-\begin{pmatrix} -4\pi r^2 - 2\pi rh \\ -\pi r^2 \end{pmatrix} = \lambda_2 \begin{pmatrix} 2 \\ 1 \end{pmatrix} + \lambda_4 \begin{pmatrix} 0 \\ -1 \end{pmatrix}.$$

Además, $2r + h - 10 = 0$ y $h = 0$, lo que nos lleva a $(r,h)' = (5,0)'$ que no es factible pues no verifica la primera restricción.

Caso VIII: $I(x) = \{1,2,4\}$. Este caso no admite ninguna solución pues no existe ningún punto verificando simultáneamente $r^2 + h - 16 = 0$, $2r + h - 1 = 0$ y $h = 0$.

En resumen, tenemos como único candidato a óptimo global al punto

$$(r,h)' = \left(\sqrt{7} + 1, 8 - 2\sqrt{7} \right)'.$$

Formalmente $\mathcal{G} \subset \left\{ (\sqrt{7} + 1, 8 - 2\sqrt{7})' \right\}$. Puesto que ha de ser $\mathcal{G} \neq \emptyset$ en virtud del teorema de Weierstrass, finalmente concluimos que

$$\mathcal{G} = \left\{ (\sqrt{7} + 1, 8 - 2\sqrt{7})' \right\}.$$

c) Responderemos a este apartado aplicando el teorema 3.4. Para ello, hemos de verificar que se satisfacen las hipótesis del teorema. En primer lugar, si denotamos por $\overline{x} = (\sqrt{7} + 1, 8 - 2\sqrt{7})'$ y $\overline{\lambda} = (8\pi + \frac{2}{7}\pi\sqrt{7}, \frac{12}{7}\pi\sqrt{7})'$, nótese que $I(\overline{x}) = I^+(\overline{x}, \overline{\lambda}) = \{1,2\}$. Nótese, además, que se cumple LICQ y que $M^+(\overline{x}, \overline{\lambda}) = \{0_2\}$, luego se cumple trivialmente la condición suficiente de segundo orden.

Respecto de la pregunta de este apartado podemos responder en términos informales diciendo que un ligero incremento en el remolque (miembro derecho de la restricción 2), pongamos un incremento de $\varepsilon > 0$, modifica el objetivo de (P) en $-\overline{\lambda}_2 \varepsilon = -\frac{12}{7}\pi\sqrt{7}\varepsilon$. En términos del problema original de maximizar el volumen, podríamos decir que el volumen aumenta en $\frac{12}{7}\pi\sqrt{7}\varepsilon$.

Ejercicio 3.3 (*F* **compacto y todos sus puntos verifican SCQ**) Se pretende canalizar el cauce de un río mediante un canal cuya sección transversal tendrá forma de trapecio, cuya base menor, b, medirá 1 m. Si denotamos por B y h (medidas en metros) a la base mayor y a la altura del trapecio, respectivamente, por razones de resistencia h^2 no debe superar a la semisuma de las bases y, por otro lado, $b + B + h \leq 6$. Con el fin de determinar las dimensiones que maximizan el área del trapecio, resolveremos las siguientes cuestiones:

a) Plantear el modelo de optimización (P) correspondiente, en términos de 'minimizar'. ¿Se trata de un problema convexo?

b) Determinar el conjunto de óptimos globales.

Solución. a) El planteamiento será

$$\left(\widetilde{P}\right) \quad Max \ \tfrac{1}{2}(B+1)h$$
$$s.a \quad h^2 \leq \tfrac{1}{2}(B+1);$$
$$1 + B + h \leq 6;$$
$$B, h \geq 0.$$

En términos de minimizar con restricciones de '$\leq$' escribimos el modelo equivalente

$$(P) \quad Min \ -\tfrac{1}{2}(B+1)h$$
$$s.a \quad -\tfrac{1}{2}(B+1) + h^2 \leq 0;$$
$$-5 + B + h \leq 0;$$
$$-B, -h \leq 0.$$

El problema no es convexo pues, aunque las restricciones son convexas, la función objetivo no lo es. En efecto, si $f(B, h) = -\tfrac{1}{2}(B+1)h$, se tiene:

$$\nabla f(B, h) = \begin{pmatrix} -\tfrac{1}{2}h \\ -\tfrac{1}{2}B - \tfrac{1}{2} \end{pmatrix} \quad y \quad Hf(B, h) = \begin{pmatrix} 0 & -\tfrac{1}{2} \\ -\tfrac{1}{2} & 0 \end{pmatrix}.$$

Nótese que $Hf(B, h)$ es indefinida para cualquier (B, h).

b) Puede comprobarse fácilmente que F es compacto y no vacío, y se verifica SCQ en todos los puntos factibles (por ejemplo, el punto $\left(1, \tfrac{1}{2}\right)'$ es un punto de Slater). Por tanto

$$\emptyset \neq \mathcal{G} \subset \mathcal{L} \subset \mathcal{P}_{KKT}.$$

Luego las condiciones de KKT proporcionan todos los candidatos a óptimos globales. Por otro lado, por un argumento análogo al del ejercicio anterior, puede comprobarse que en un óptimo global no pueden ser activas ninguna de las restricciones 3 y 4. Así pues, hemos de analizar cuatro combinaciones.

Caso I: $I(x) = \emptyset$. En este caso, ha de ser

$$\nabla f(B, h) = \begin{pmatrix} -\frac{1}{2}h \\ -\frac{1}{2}B - \frac{1}{2} \end{pmatrix} = \begin{pmatrix} 0 \\ 0 \end{pmatrix},$$

lo que conduce a $h = 0$, y no nos lleva a ningún óptimo global.

Caso II: $I(x) = \{1\}$. Resolvemos el sistema

$$-\begin{pmatrix} -\frac{1}{2}h \\ -\frac{1}{2}B - \frac{1}{2} \end{pmatrix} = \lambda_1 \begin{pmatrix} -\frac{1}{2} \\ 2h \end{pmatrix}.$$

La primera ecuación nos lleva a $\lambda_1 = -h$, lo que implica $h = 0$ (pues $\lambda_1 \geq 0$, $-h \leq 0$). En estas condiciones la primera restricción no puede ser activa.

Caso III: $I(x) = \{2\}$. Resolvemos el sistema

$$-\begin{pmatrix} -\frac{1}{2}h \\ -\frac{1}{2}B - \frac{1}{2} \end{pmatrix} = \lambda_2 \begin{pmatrix} 1 \\ 1 \end{pmatrix} \Rightarrow h = B + 1.$$

Además, ha de ser $-5 + B + h = 0$ que nos lleva a $B = 2$, $h = 3$, que no satisface la primera restricción.

Caso IV: $I(x) = \{1, 2\}$. Las condiciones de KKT quedan

$$\begin{cases} -\begin{pmatrix} -\frac{1}{2}h \\ -\frac{1}{2}B - \frac{1}{2} \end{pmatrix} = \lambda_1 \begin{pmatrix} -\frac{1}{2} \\ 2h \end{pmatrix} + \lambda_2 \begin{pmatrix} 1 \\ 1 \end{pmatrix}; \\ -\frac{1}{2}(B + 1) + h^2 = 0, \quad -5 + B + h = 0. \end{cases}$$

El segundo bloque de ecuaciones (las dos últimas) tiene como única solución con coordenadas no negativas $B = \frac{7}{2}$, $h = \frac{3}{2}$. Calculemos ahora los multiplicadores de KKT. Sustituyendo B y h en el primer bloque de desigualdades para obtener valores para λ_1 y λ_2:

$$\left. \begin{array}{c} \frac{3}{4} = -\frac{1}{2}\lambda_1 + \lambda_2 \\ \frac{9}{4} = 3\lambda_1 + \lambda_2 \end{array} \right\} \Rightarrow \lambda_1 = \frac{3}{7}, \lambda_2 = \frac{27}{28}.$$

Ejercicio 3.4 (*F* **no acotado,** (*P*) **no convexo**) Se desean determinar las dimensiones óptimas (x, y, z medidas en metros) de una caja, en el sentido de maximizar su volumen, suponiendo que existe una limitación del material disponible de 6 m^2. En concreto se pide:

a) Plantear el problema de optimización que resuelve esta cuestión; ¿se trata de un problema convexo?

b) Comprobar que F no es acotado.

c) Determinar el conjunto de puntos de KKT del problema analizando la verificación de LCQ, LICQ o SCQ.

d) Determinar el conjunto de optimos locales.

e) Determinar el conjunto de óptimos globales.

Solución. a) El planteamiento del problema quedaría:

$$\left(\widetilde{P}\right) \ Max \quad xyz$$
$$s.a \quad xy + xz + yz \leq 3,$$
$$x, y, z \geq 0.$$

En términos de minimizar lo escribios como sigue

$$(P) \ Min \quad -xyz$$
$$s.a \quad xy + xz + yz \leq 3,$$
$$-x, -y, -z \leq 0.$$

El problema no es convexo pues ni la función objetivo ni la primera restricción lo son. Respecto de la función objetivo $f(x, y, z) = -xyz$ se tiene:

$$\nabla f(x, y, z) = \begin{pmatrix} -yz \\ -xz \\ -xy \end{pmatrix}, \ Hf(x, y, z) = \begin{pmatrix} 0 & -z & -y \\ -z & 0 & -x \\ -y & -x & 0 \end{pmatrix},$$

y, por ejemplo, $Hf(1, 1, 1)$ es indefinida.

b) F no es acotado, pues, por ejemplo, la sucesión no acotada $\left\{\left(n, \frac{1}{n}, \frac{1}{n}\right)'\right\}$ está contenida en F $\left(n\frac{1}{n} + n\frac{1}{n} + \frac{1}{n^2} \leq 3,\right.$ para todo $n \in \mathbb{N}$).

c) Puesto que se nos pide el conjunto de puntos de KKT, analizaremos todas las posibilidades.

Caso I: $I(x) = \emptyset$; esto es, suponemos que $xy + xz + yz < 3$, $x, y, z > 0$. Entendemos que se cumple trivialmente, por ejemplo, LCQ. Este caso no proporciona ninguna solución.

Caso II: $I(x) = \{1\}$; esto es, suponemos que $xy + xz + yz = 3$, $x, y, z > 0$. En los puntos de este caso se cumple LICQ, pues $(y + z, x + z, x + y)' \neq 0_3$.

Para determinar los puntos de KKT, resolvemos el sistema

$$\begin{pmatrix} yz \\ xz \\ xy \end{pmatrix} = \lambda_1 \begin{pmatrix} y+z \\ x+z \\ x+y \end{pmatrix} \Rightarrow \lambda_1 = \frac{yz}{y+z} = \frac{xz}{x+z} = \frac{xy}{x+y}.$$

Puesto que $x, y, z > 0$, se obtiene

$$x = y = z.$$

Teniendo en cuenta además que $xy + xz + yz = 3$, la única solución es

$$x = y = z = 1, \text{ con } \lambda_1 = \frac{1}{2},$$

que es un punto de KKT.

Casos III,IV y *V*: $I(x) = \{2\}$, $I(x) = \{3\}$, e $I(x) = \{4\}$. Estos casos no proporcionan ninguna solución. Por ejemplo, si $I(x) = \{2\}$, estamos bajo las hipótesis $x = 0$, $y > 0$, $z > 0$. En este caso,

$$\begin{pmatrix} yz \\ xz \\ xy \end{pmatrix} = \lambda_2 \begin{pmatrix} -1 \\ 0 \\ 0 \end{pmatrix}.$$

La primera ecuación conduce a la contradicción $0 < yz = -\lambda_2 \leq 0$. De forma análoga se analizan los dos casos restantes.

Casos VI, VII y *VIII*: $I(x) = \{1,2\}$, $I(x) = \{1,3\}$ e $I(x) = \{1,4\}$. Puede comprobarse fácilmente que en todos los casos se cumple LICQ. Veamos que no se obtiene ningún punto de KKT. Analicemos, por ejemplo, el caso $I(x) = \{1,2\}$ (los demás son análogos por la simetría del problema). Suponemos $xy + xz + yz = 3$, $x = 0$, $y > 0$, $z > 0$. Las condiciones de KKT conducen a

$$\begin{pmatrix} yz \\ xz \\ xy \end{pmatrix} = \lambda_1 \begin{pmatrix} y+z \\ x+z \\ x+y \end{pmatrix} + \lambda_2 \begin{pmatrix} -1 \\ 0 \\ 0 \end{pmatrix} \Rightarrow yz = \lambda_1(y+z) - \lambda_2, \ 0 = \lambda_1 z = \lambda_1 y,$$

lo que implica $\lambda_1 = 0$, que conduce a la contradicción $0 < yz = -\lambda_2 \leq 0$.

Casos IX, X y *XI*: $I(x) = \{2,3\}$, $I(x) = \{2,4\}$, e $I(x) = \{3,4\}$. En todos los casos se cumple LCQ. Además, estos casos proporcionan, respectivamente, los conjuntos de soluciones $\{(0,0,z)' \mid z > 0\}$, $\{(0,y,0)' \mid y > 0\}$ y $\{(x,0,0)' \mid x > 0\}$, con multiplicadores nulos en todos ellos.

Caso XII: $I(x) = \{2,3,4\}$. Puede comprobarse fácilmente que $\overline{x} = (0,0,0)'$ es punto de KKT con $\lambda_2 = \lambda_3 = \lambda_4 = 0$ (y consideramos también $\lambda_1 = 0$) y que se verifica LICQ (o LCQ).

El resto de casos (hasta XVI) dan lugar, inmediatamente, a contradicciones. Por ejemplo, el caso $I(x) = \{1,2,3\}$ conduce a la contradicción $0 = 3$ (pues $xy + xz + yz = 3$, $x = 0, y = 0$).

En resumen, en todos los puntos de F se cumple alguna cualificación de restricciones y el conjunto de puntos de KKT es

$$\mathcal{P}_{KKT} = \{(1,1,1)'\} \cup \{(0,0,z)' \mid z > 0\} \cup \{(0,y,0)' \mid y > 0\}$$
$$\cup \{(x,0,0)' \mid x > 0\} \cup \{(0,0,0)'\}.$$

d) Analizaremos las condiciones de segundo orden en cada uno de puntos de KKT. Distinguiremos los casos correspondientes:

Caso d.1) $\overline{x} = (1,1,1)'$, con vector de multiplicadores de KKT $\overline{\lambda} = (1/2,0,0,0)'$ se tiene $I(\overline{x}) = \{1\} = I^+(\overline{x}, \overline{\lambda})$ y, por tanto,

$$M(\overline{x}) = M^+(\overline{x}, \overline{\lambda}) = \{(2,2,2)'\}^\perp$$
$$= \{v \in \mathbb{R}^3 \mid 2v_1 + 2v_2 + 2v_3 = 0\}.$$

Por otro lado,

$$H_x L(\overline{x}, \overline{\lambda}) = \begin{pmatrix} 0 & -1 & -1 \\ -1 & 0 & -1 \\ -1 & -1 & 0 \end{pmatrix} + \frac{1}{2}\begin{pmatrix} 0 & 1 & 1 \\ 1 & 0 & 1 \\ 1 & 1 & 0 \end{pmatrix} = \begin{pmatrix} 0 & -\frac{1}{2} & -\frac{1}{2} \\ -\frac{1}{2} & 0 & -\frac{1}{2} \\ -\frac{1}{2} & -\frac{1}{2} & 0 \end{pmatrix}.$$

Consideramos una base de $M(\overline{x})$, por ejemplo $\{(-1,0,1)', (0,-1,1)'\}$, y analizamos la matriz asociada a las restricciones de $H_x L(\overline{x}, \overline{\lambda})$ sobre $M(\overline{x})$:

$$\begin{pmatrix} -1 & 0 & 1 \\ 0 & -1 & 1 \end{pmatrix}\begin{pmatrix} 0 & -\frac{1}{2} & -\frac{1}{2} \\ -\frac{1}{2} & 0 & -\frac{1}{2} \\ -\frac{1}{2} & -\frac{1}{2} & 0 \end{pmatrix}\begin{pmatrix} -1 & 0 \\ 0 & -1 \\ 1 & 1 \end{pmatrix} = \begin{pmatrix} 1 & \frac{1}{2} \\ \frac{1}{2} & 1 \end{pmatrix},$$

que es definida positiva. Por tanto, $\overline{x} = (1,1,1)'$ es óptimo local de (P).

Caso d.2) En el caso $\overline{x} = (0,0,z)'$ con $z > 0$, $\overline{\lambda} = (0,0,0,0)'$, se tiene $I(\overline{x}) = \{2,3\}$, $I^+(\overline{x}, \overline{\lambda}) = \emptyset$ y, por tanto,

$$M(\overline{x}) = \{(-1,0,0)', (0,-1,0)'\}^\perp = \{v \in \mathbb{R}^3 \mid v_1 = 0, v_2 = 0\}.$$

Por otro lado, en este caso trivial en el que $I^+ \left(\overline{x}, \overline{\lambda}\right) = \emptyset$ se define

$$M^+ \left(\overline{x}, \overline{\lambda}\right) = \mathbb{R}^3.$$

Además, se tiene:

$$H_x L \left(\overline{x}, \overline{\lambda}\right) = \begin{pmatrix} 0 & -z & 0 \\ -z & 0 & 0 \\ 0 & 0 & 0 \end{pmatrix}.$$

Para la comprobación de la condición necesaria de segundo orden, seleccionamos una base de $M \left(\overline{x}\right)$, por ejemplo $(0, 0, 1)'$, y calculamos

$$(0, 0, 1) \begin{pmatrix} 0 & -z & 0 \\ -z & 0 & 0 \\ 0 & 0 & 0 \end{pmatrix} \begin{pmatrix} 0 \\ 0 \\ 1 \end{pmatrix} = (0).$$

Por tratarse de matriz nula, verifica la condición necesaria, por lo que $\overline{x} = (0, 0, z)'$ sigue siendo candidato a óptimo local. Veamos si cumple la suficiente. La restricción de $H_x L \left(\overline{x}, \overline{\lambda}\right)$ sobre $M^+ \left(\overline{x}, \overline{\lambda}\right) = \mathbb{R}^3$ da lugar a la misma matriz, que es indefinida; luego no podemos aplicar el teorema 3.3 para deducir la optimalidad local del punto actual.

En esta situación, hemos de acudir directamente a la definición de óptimo local. Veamos que $\overline{x} = (0, 0, z)'$, con $z > 0$ no es óptimo local. En efecto, consideremos la sucesión $\left\{ \left(\frac{1}{n}, \frac{1}{n}, z\right)' \right\}_{n \in \mathbb{N}}$ y nótese que $\left(\frac{1}{n}, \frac{1}{n}, z\right)' \in F$ para n suficientemente grande, puesto que

$$xy + xz + yz = \frac{1}{n^2} + \frac{z}{n} + \frac{z}{n} \leq 3, \text{ para } n \text{ suficientemente grande } (n \geq n_0).$$

Por otro lado,

$$f \left(\frac{1}{n}, \frac{1}{n}, z\right) = -\frac{1}{n^2} z < 0 = f (0, 0, z), \text{ para todo } n.$$

Esto prueba que $\overline{x} = (0, 0, z)'$, con $z > 0$ no es óptimo local (recuérdese la observación 3.1).

Los *casos d.3)* y *d.4)* correspondientes a $\overline{x} = (0, y, 0)'$ con $y > 0$ y $\overline{x} = (x, 0, 0)'$, con $x > 0$, respectivamente, se resuelven con argumentos análogos al anterior. Ninguno de los casos proporciona un óptimo local.

Caso d.5) $\bar{x} = (0,0,0)'$. Este punto no es óptimo local, como puede comprobarse a partir de la definición. En efecto,

$$\left\{ \left(\frac{1}{n}, \frac{1}{n}, \frac{1}{n} \right)' \right\}_{n \in \mathbb{N}} \subset F,$$

pues $xy + xz + yz = \frac{3}{n^2} \leq 3$, $x, y, z \geq 0$ y, por otro lado

$$f\left(\frac{1}{n}, \frac{1}{n}, \frac{1}{n} \right) = \frac{-1}{n^3} < 0 = f(0,0,0).$$

En resumen, el conjunto de óptimos locales de (P), equivalentemente de $\left(\widetilde{P} \right)$, es

$$\mathcal{L} = \left\{ (1,1,1)' \right\}.$$

e) Veamos que $(1,1,1)$ es un óptimo global de $\left(\widetilde{P} \right)$, lo que equivale a que sea óptimo global de (P). Para ello, acudiremos directamente a la definición.

Denotemos por $t := xy$, $r := xz$, $s = yz$. Nótese que

$$trs = xyxzyz = (xyz)^2.$$

Así pues, el objetivo de $\left(\widetilde{P} \right)$ puede escribirse como (teniendo en cuenta que todas las variables toman valores no negativos):

$$xyz = \sqrt{trs}.$$

En términos de las nuevas variables, el problema $\left(\widetilde{P} \right)$ se traduce en:

$$\left(\widetilde{\widetilde{P}} \right) \quad Max \quad \sqrt{trs}$$
$$s.a \quad t + r + s \leq 3,$$
$$t, r, s \geq 0.$$

Además $\left(\widetilde{\widetilde{P}} \right)$ es equivalente (en el sentido de que tiene los mismos óptimos locales y globales) al problema

$$\left(\widehat{P} \right) \quad Max \quad trs$$
$$s.a \quad t + r + s \leq 3,$$
$$t, r, s \geq 0.$$

El nuevo problema $\left(\widehat{P}\right)$ tiene conjunto factible acotado (en particular $t, r, s \in [0, 3]$), y fácilmente se comprueba que $(t, r, s)' = (1, 1, 1)'$ es un óptimo global (el único punto de KKT con conjunto de índices activos $\{1\}$).

Por tanto, $(t, r, s)' = (1, 1, 1)'$ es el óptimo global de $\left(\widetilde{P}\right)$. En particular, el óptimo global de nuestro problema (P) ha de verificar

$$t = xy = 1, \ r = xz = 1, \ s = yz = 1,$$

de donde se deduce $x = y = z = 1$ (nótese que $x = \frac{1}{y}$, $x = \frac{1}{z}$ e igualando se llega a $y = z$; utilizando entonces $yz = 1$ se llega a $y = z = 1 \Rightarrow x = 1$). En resumen, el óptimo global de $\left(\widetilde{P}\right)$ se alcanza en $(x, y, z)' = (1, 1, 1)'$.

Observación 3.9 *Para el análisis de la optimalidad local, en ocasiones las condiciones necesaria y suficiente de segundo orden en el punto considerado $\overline{x}$, no ayudan ni a descartar $\overline{x}$ como óptimo local ni a confirmar que se trata de un óptimo local. En este caso, como ocurre en los casos d.2) a d.5) del apartado d) del ejercicio anterior, tendremos que acudir directamente a la definición.*

Parte II

Prácticas de optimización con MATLAB

Capítulo 4

Prácticas de optimización sin restricciones

El objetivo de este capítulo es doble. Por un lado, pretende desarrollar la intuición (en 2 y 3 dimensiones) acerca de las diferentes situaciones que pueden presentarse en relación con un problema de optimización. Con este fin, la sección 4.1 nos introduce en los primeros cálculos con el programa MATLAB orientados principalmente a la elaboración de gráficas en 2 y 3 dimensiones, previamente se introducen las nociones básicas de cálculo matricial necesarias.

Por otro lado, un objetivo fundamental consiste en adquirir destreza en la resolución de problemas de optimización sin restricciones. A ello están dedicadas las secciones 4.2 y 4.3. La sección 4.2 presenta diferentes funciones básicas de matemática simbólica, concretamente, aquellas que pueden ayudar en la resolución de (P) apoyándose en las condiciones de optimalidad. Por su parte, la sección 4.3 presenta las funciones básicas de la herramienta de optimización (en inglés *optimization toolbox*) de MATLAB correspondientes a problemas de optimización sin restricciones.

Las presentes prácticas están elaboradas con la versión 7.1 de MATLAB, si bien el material que aquí se presenta puede ser utilizado tanto para versiones anteriores como posteriores. Como se ha comentado en el párrafo anterior, se hará uso, además, de la llamada *optimization toolbox* que contiene una amplia colección de algoritmos de optimización ya implementados en MATLAB.

El nombre MATLAB viene de *Matrix Laboratory*. Se trata de un sistema interactivo donde los elementos básicos donde se almacenan los datos son matrices (sin necesidad de declarar *a priori* su dimensión). Para una descripción detallada del producto MATLAB puede consultarse The MathWorks Web site (http://www.mathworks.com). Un amplio material de introducción al uso de este programa puede encontrarse en *http://www.mathworks.com/access/ helpdesk/help/pdf_ doc/matlab/getstart.pdf*. Véase también el texto [19] para una introducción al MATLAB junto con la exposición de diversas aplicaciones.

También pueden consultarse diferentes tutoriales sobre MATLAB en *http:// www.mathworks.com/academia/student_ center/tutorials/launchpad.html*.

4.1. Cálculo matricial y gráficos con MATLAB (práctica 1)

Iniciamos el programa con doble click sobre el icono de MATLAB. Aparece entonces la pantalla inicial de MATLAB (véase de la figura 4.1) donde podemos encontrar las ventanas: **Workspace**, **Command History** y **Command Window**.

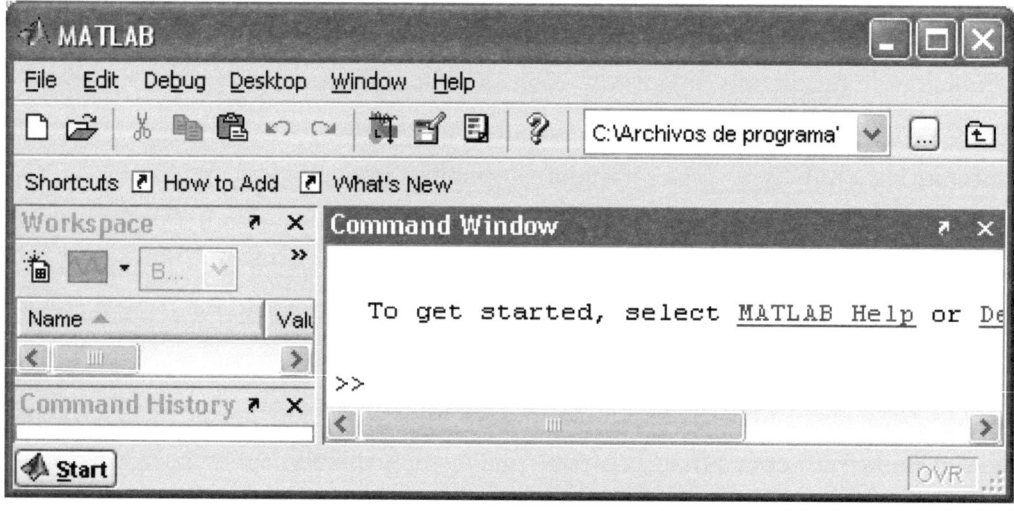

Figura 4.1: Pantalla inicial de MATLAB.

En realidad, la colección de ventanas que aparece por defecto se selecciona en el menú **Desktop** de la barra de herramientas de MATLAB. Nuestra ventana de trabajo será esta última, *Command window*, que traduciremos por *ventana de comandos*.

En la ventana de comandos pueden realizarse cálculos directos, o bien ejecutarse las funciones y los programas elaborados con el lenguaje de programación de MATLAB.

4.1.1. Cálculos directos y variables

Comenzaremos realizando cálculos directos con números reales mediante las operaciones típicas: suma (+), diferencia (-), producto (*), cociente (/ o \ ; por ejemplo, 3/2=2\3) y potencia (^).

Por ejemplo, para realizar la operación $2+3\left(\frac{4}{3}+5\right)^3$, empleamos la sintaxis que encontramos en la figura 4.2.

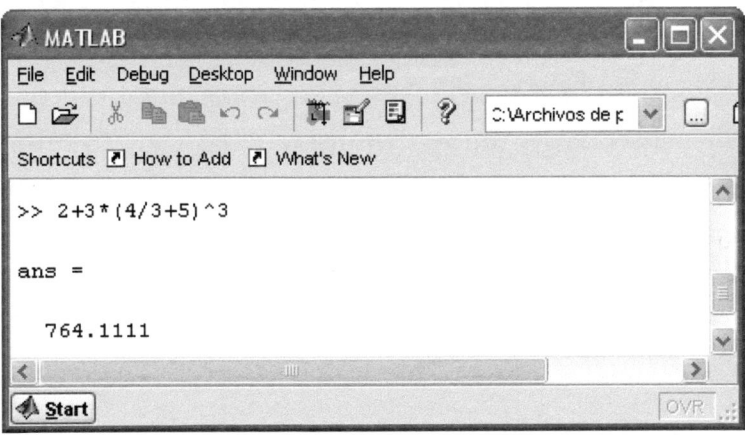

Figura 4.2: Cálculos directos con MATLAB.

Una vez escrita la operación numérica pulsamos ENTER y aparece el resultado almacenado en la variable **ans** (del inglés, *answer*). **ans** es el nombre de la variable que crea MATLAB por defecto para almacenar siempre el último cálculo. Véase de nuevo la figura 4.2.

Observación 4.1 (Formatos numéricos) *Por defecto, los resultados se expresan en formato numérico decimal con 4 cifras decimales. Véanse otros formatos numéricos a través de la opción* **Numeric format**, *dentro de* **Preferences** *del menú* **File** *(el formato por defecto es 'short'; entre otros, podemos encontrar el formato 'long' que representa los números con 16 cifras decimales, y el formato 'rational' que los escribe en forma de fracción).*

Para crear una nueva variable, o bien asignamos directamente un valor numérico o bien la definimos en términos de otras ya existentes, por ejemplo, como resultante de ciertas operaciones aritméticas.

Ejemplo 4.1 (Empleo de variables) Obtendremos el beneficio total de una fábrica de turrones utilizando las variables siguientes: `PRECIO_A` (precio de una pastilla de turrón tipo A) $= 5€$, `PRECIO_B` (precio de una pastilla de turrón tipo B) $= 4€$, `DEMANDA_A` $= \frac{10}{(40 + \texttt{PRECIO\_A}^2)}$ (millones de unidades del turrón tipo A) y `DEMANDA_B` $= \frac{10}{(100 + \texttt{PRECIO\_B}^2)}$ (millones de unidades del turrón tipo B). Introduciremos los datos en MATLAB y obtendremos el ingreso total, tal y como se muestra en las figuras 4.3 y 4.4.

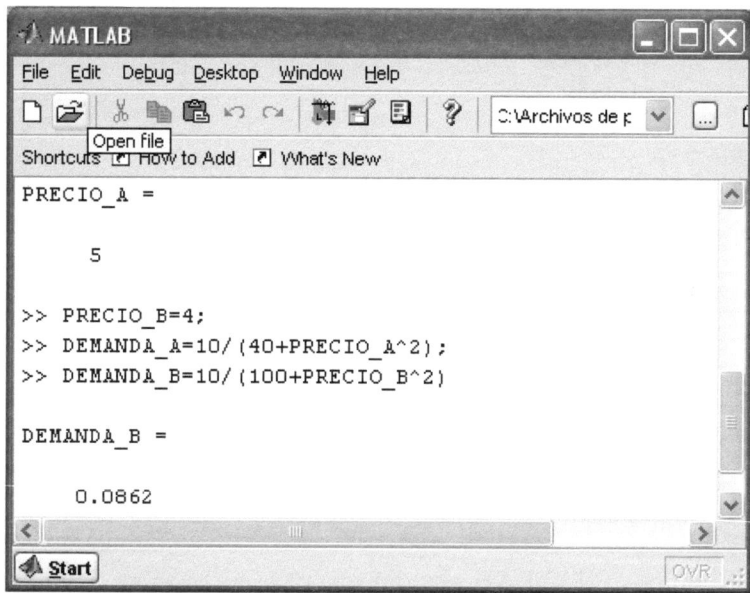

Figura 4.3: Introducción de variables.

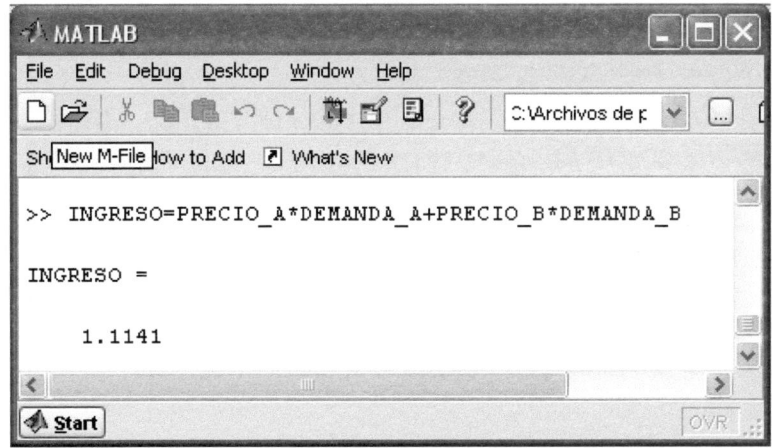

Figura 4.4: Resultado final del ejemplo 4.1.

Observación 4.2 (Acerca del nombre de una variable) *En relación con el nombre de una variable, no están permitidos los espacios en blanco; además, MATLAB es sensible al empleo de mayúsculas.*

Observación 4.3 *En la figura 4.3 puede apreciarse la diferencia que existe entre escribir o no un punto y coma al final de la sentencia. Concretamente, el punto y coma hace que no se muestren las salidas correspondientes en patalla, aunque permanecen guardadas en la memoria del programa.*

Comandos básicos en relación con las variables existentes:

clear: elimina todas variables; para eliminar una sola variable escribiremos el nombre de dicha variable a continuación (por ejemplo, clear PRECIO_A).

who: muestra en pantalla las variables actuales (figura 4.5); **whos** proporciona una información más detallada del tamaño de las variables.

save y **load** nos permite guardar y recuperar variables.

Observación 4.4 (Cursores) *Los cursores del teclado ('↑' y '↓') nos permiten avanzar o retroceder por las diferentes sentencias introducidas en la ventana de comandos.*

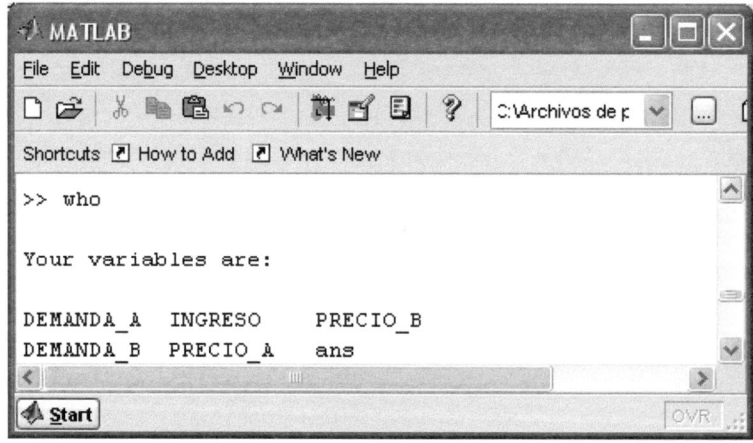

Figura 4.5: Comando **who.**

4.1.2. Vectores y matrices

Los datos de una matriz se encierran siempre entre corchetes, los elementos de una misma fila se separan por un espacio en blanco o una coma, y para pasar de una fila a otra pondremos punto y coma. Los vectores fila o columna se introducen del mismo modo (pues son casos particulares de matrices). Por ejemplo, para introducir los datos siguientes:

$$x = (1, 2, 5), \ y = \begin{pmatrix} 2 \\ 3 \\ 6 \end{pmatrix}, \ A = \begin{pmatrix} 1 & 4 & -2 \\ 1/2 & 6 & 7 \\ 1 & 0 & 1 \end{pmatrix},$$

emplearemos la sintaxis de la figura 4.6. Para referirnos a alguna componente de x, y o A pondremos $x(i), y(i), A(i,j)$.

Respecto de operaciones básicas con matrices destacamos las siguientes:

- La suma y diferencia de las matrices A y B se representa por $A + B$ y $A - B$. Estas operaciones requieren que ambas matrices tengan la misma dimensión.

- El producto usual de las matrices A y B se representa por $A * B$. Esta operación requiere que el número de columnas de A coincida con el número de filas B.

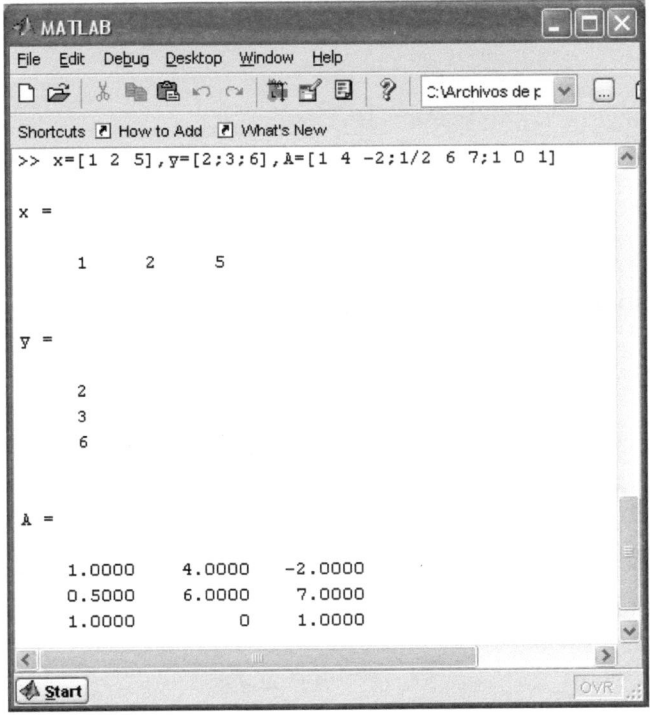

Figura 4.6: Introducción de vectores y matrices.

- El producto de una matriz por la inversa de otra, en los sentidos AB^{-1} (B ha de ser inversible) y $A^{-1}B$ (A ha de ser inversible), se representan por A/B y $A\backslash B$.

- La potencia A^{α}, con $\alpha \in \mathbb{R}$, suponiendo que existe (lo que implica en particular que A sea cuadrada) se representa por $A^{\wedge}\alpha$.

- La matriz resultante del producto 'elemento a elemento' de las matrices A y B (que han de tener la misma dimensión) se representa por $A.*B$; esto es,
$$A.*B := (a_{ij}b_{ij})_{i=1,\dots,m,\ j=1,\dots,n} \ .$$

- La matriz resultante del cociente 'elemento a elemento' de las matrices A y B, se representa por $A./B$; esto es,
$$A./B := (a_{ij}/b_{ij})_{i=1,\dots,m,\ j=1,\dots,n} \ .$$

- La matriz resultante de elevar cada elemento de A a $\alpha \in \mathbb{R}$ se denota por $A.\hat{\ }\alpha$, así:

$$A.\hat{\ }\alpha := \left(a_{ij}^{\alpha}\right)_{i=1,\ldots,m,\ j=1,\ldots,n}.$$

- La matriz inversa de A, supuesta inversible, se representa, o bien por **inv**(A), o simplemente $A\hat{\ }(-1)$.

- El determinante de A se denota por **det**(A).

- La traspuesta de A se denota por A'.

- La matriz diagonal cuya diagonal principal contiene a los valores propios de A, se denota por **eig**(A).

- Si A es diagonalizable en $\mathbb{R}$, esto es, si existen una matriz diagonal D y una matriz inversible P tales que

$$P^{-1}AP = D,$$

esta matrices P y D se obtienen mediante la sintaxis

$$[P, D] = \mathbf{eig}\,(A).$$

Ejemplo 4.2 (Cálculos matriciales) Dadas la matrices

$$A = \begin{pmatrix} 2 & 1 & 2 \\ 1 & 2 & 5 \\ -2 & 5 & 0 \end{pmatrix} \text{ y } B = \begin{pmatrix} 2 & 1 & -2 \\ 2 & 2 & 2 \\ 4 & 3 & 0 \end{pmatrix},$$

se pide:

a) Determinar $A * B$ y $A. * B$ (obsérvese la diferencia entre ellas).

b) Calcular el determinante y matriz inversa de A.

c) Expresar los coeficientes de A^{-1} en formato de fracción y como números con 12 cifras decimales.

d) Calcular los valores propios de A y clasificar la matriz.

e) Calcular el determinante de B; ¿qué ocurre cuando escribimos **inv**(B)?

f) Calcular $A\backslash B$.

g) ¿Qué ocurre cuando escribimos A/B?

Solución. a)

$$A * B = \begin{pmatrix} 14 & 10 & -2 \\ 26 & 20 & 2 \\ 6 & 8 & 14 \end{pmatrix} \text{ y } A. * B = \begin{pmatrix} 4 & 1 & -4 \\ 2 & 4 & 10 \\ -8 & 15 & 0 \end{pmatrix}.$$

b) **det**$(A) = -42$,

$$\mathbf{inv}\,(A) = \begin{pmatrix} 0.5952 & -0.2381 & -0.0238 \\ 0.2381 & -0.0952 & 0.1905 \\ -0.2143 & 0.2857 & -0.0714 \end{pmatrix}.$$

c) Cambiamos el formato numérico a **long** y **rational** y obtenemos

$$\mathbf{inv}\,(A) = \begin{pmatrix} 25/42 & -5/21 & -1/42 \\ 5/21 & -2/21 & 4/21 \\ -3/14 & 2/7 & -1/14 \end{pmatrix}$$

$$= \begin{pmatrix} 0.59523809523810 & -0.23809523809524 & -0.02380952380952 \\ 0.23809523809524 & -0.09523809523810 & 0.19047619047619 \\ -0.21428571428571 & 0.28571428571429 & -0.07142857142857 \end{pmatrix}.$$

d) Los valores propios de A son -3.7595, 1.9098 y 5.8497, luego A es indefinida.

e) **det**$(B) = 0$, luego B no es inversible. Si escribimos **inv**(B) obtenemos lo que se muestra en la figura 4.7. Nótese que aparece un mensaje indicando que la matriz es singular y los cálculos producen **Inf** (infinito).

f) El resultado de $A\backslash B$ (recuérdese que significa $A^{-1}B$) en el formato numérico **short** es:

$$A\backslash B = \begin{pmatrix} 0.6190 & 0.0476 & -1.6667 \\ 1.0476 & 0.6190 & -0.6667 \\ -0.1429 & 0.1429 & 1.0000 \end{pmatrix}.$$

g) El resultado de A/B se muestra en la figura 4.8. **NaN** (del inglés, *Not a Number*) aparece en expresiones cuyo valor es indeterminado (por ejemplo, $\frac{0}{0}$).

4.1.3. Cómo pedir ayuda

Emplearemos dos comandos básicos para activar la ayuda del MATLAB (alternativamente puede emplearse la ayuda del menú **Help**).

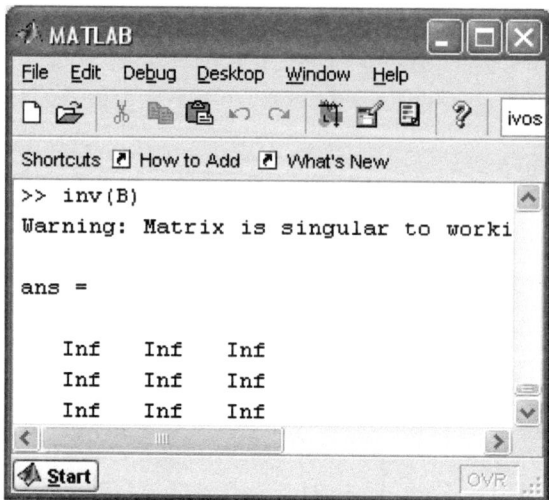

Figura 4.7: Matriz no inversible (o singular).

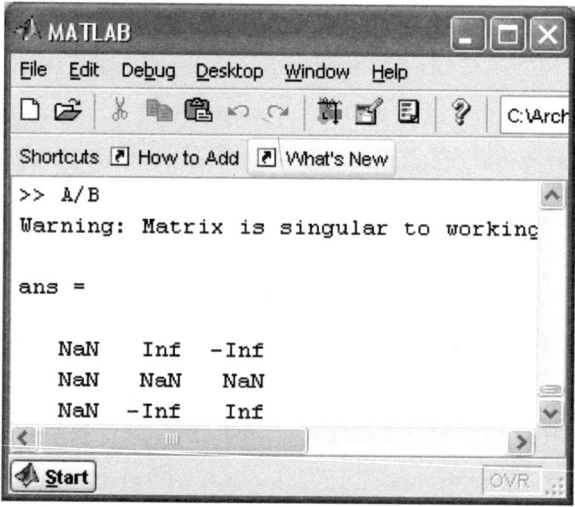

Figura 4.8: Resultado de A/B (B es singular).

En primer lugar, **help** muestra en pantalla la ayuda específica de un comando en particular. Véase en la figura 4.9 la sintaxis empleada para pedir información acerca de **inv**. Nótese que el empleo de **help** para obtener información sobre un determinado comando, requiere conocer el nombre exacto de dicho comando.

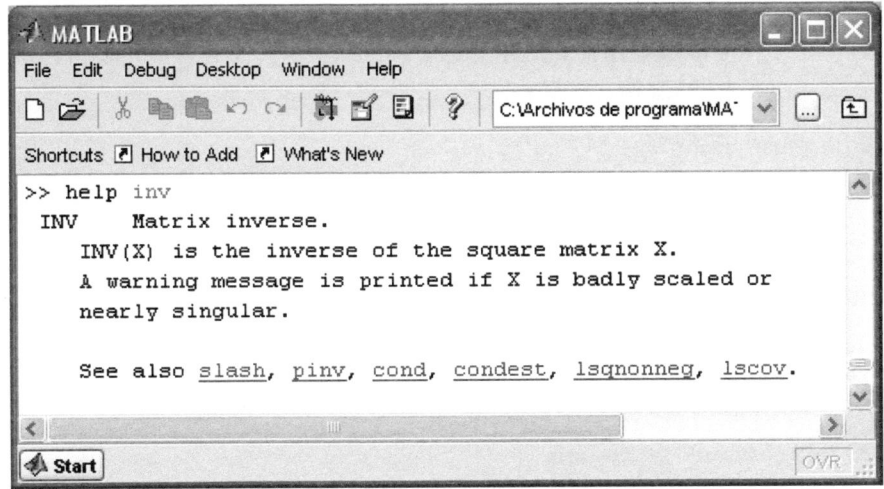

Figura 4.9: Sintaxis del comando **help**.

Para solicitar información acerca de los comandos existentes relacionados con cierta palabra clave, emplearemos **lookfor** seguido de dicha palabra clave (escrita en inglés). De este modo, se mostrará en pantalla el listado de comandos en cuya ayuda figura dicha palabra clave.

En ocasiones, la manera más operativa de obtener la información deseada pasa por combinar **lookfor** y **help**, como se muestra en el siguiente ejemplo.

Ejemplo 4.3 (Ayuda sobre problemas cuadráticos) Se desea determinar un óptimo global del siguiente problema de programación cuadrática sin restricciones

$$(P) \ Min \ 5x_1^2 + 2x_1x_2 + 10x_2^2 + 3x_2x_3 + 10x_3^2 + \frac{5}{2}x_1x_4 + 4x_2x_4 + 10x_4^2 + 2x_3,$$

y suponemos que no conocemos o no recordamos en este momento qué función de MATLAB hemos de emplear.

En primer lugar, utilizaremos **lookfor** para buscar funciones relacionadas. En este caso hemos escrito:

>> lookfor quadratic

(del inglés *quadratic programming*). Aparece entonces un listado de funciones, junto con una breve descripción de cada una. A la vista del listado de funciones, seguidamente pediremos ayuda específica sobre la función **quadprog**, escribiendo para ello:

>> help quadprog

La figura 4.10 muestra, parcialmente, la información que aparece en pantalla acerca de **quadprog.**

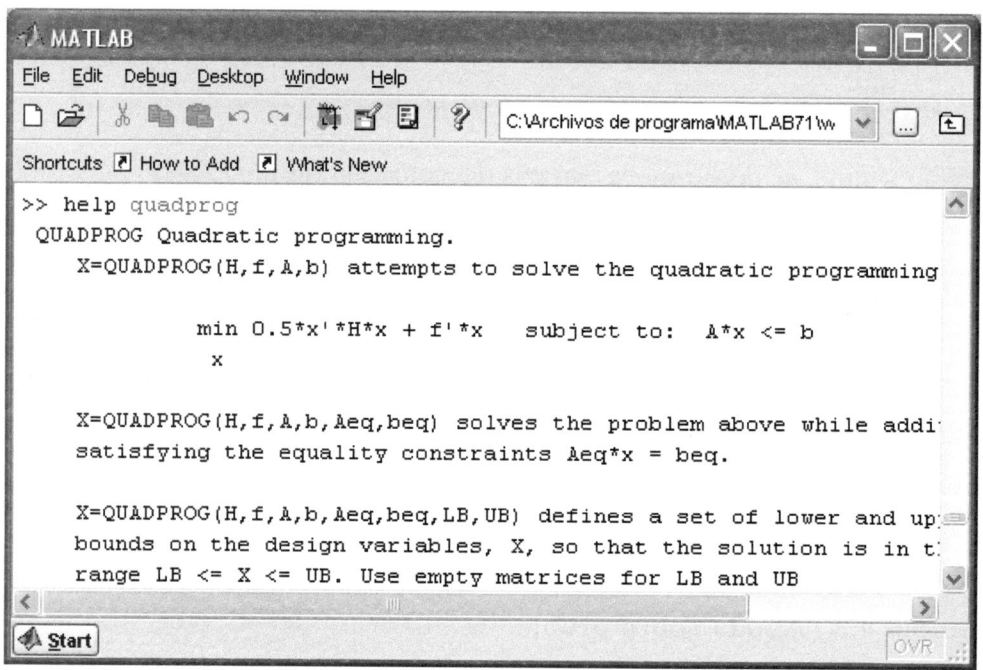

Figura 4.10: Resultado de la búsqueda **help quadprog**.

Obsérvese que existen diferentes opciones en relación con los argumentos de entrada (datos del problema) y con los de salida. En nuestro caso, emplearemos la versión más sencilla, pues, como salida, deseamos conocer un óptimo global de (P), y como argumentos entrada, únicamente disponemos de los coeficientes que determinan la función objetivo, pues el problema no tiene restricciones. Concretamente, emplearemos la sintaxis "`>> x= quadprog(H,f,A,b)`" para obtener un óptimo global, **x**, del problema

$$Min \ \frac{1}{2}\mathtt{x'Hx+f'x}$$

$$s.a \ \ \mathtt{Ax} \leq \mathtt{b},$$

definiendo en este caso **A** y **b** como matrices vacías (sin elementos) a través de la sintaxis `A=[]` y `b=[]`. Véase la sección 2.4 para detalles teóricos sobre los problema cuadráticos sin restricciones.

Observación 4.5 *En lo que sigue emplearemos un tipo de letra específico ("type-writer"), semejante al que aparece en la pantalla de MATLAB, en la notación de los diferentes elementos (matrices, vectores, puntos, etc.) empleados como argumentos de entrada o salida en el programa MATLAB.*

Por ejemplo, en adelante, "**x**" y "x" representan al mismo elemento (variable de decisión del problema de optimización) y se empleará uno u otro formato dependiendo del contexto; del mismo modo, por ejemplo, [0 0 2 0] y $(0, 0, 2, 0)$ representan al mismo vector.

Así pues, escribiremos:

```
>> H=[10 2 0 5/2;2 20 3 4;0 3 20 0;5/2 4 0 20];
>> f=[0 0 2 0]';
>> A=[],b=[];
>> x=quadprog(H,f,A,b)
```

La solución propuesta por MATLAB es:

```
x =
-0.0025
 0.0162
```

-0.1024

-0.0029

Observación 4.6 (Posición de los argumentos de entrada) *En cualquiera de las funciones de MATLAB, lo que identifica a cada uno de los argumentos de entrada o salida es la posición que ocupan y no la notación empleada. Así, por ejemplo, si se escribe:*

$$>> \text{ s=quadprog(Q,c,M,N)}$$

s representa a la solución del problema de minimizar $\frac{1}{2}x'Qx+c'x$ sujeto al sistema de restricciones $Mx{\leq}N$.

Observación 4.7 (Comprobación de la optimalidad global) *Como veremos más adelante, en principio, las soluciones propuestas por MATLAB son puntos críticos del problema. Para garantizar que el punto considerado es óptimo global, analizamos el carácter de la matriz H (que coincide con la hessiana de la función objetivo). Para ello, escribimos:*

$$>> \text{ eig(H)}$$

De este modo obtenemos los valores propios de H, que en nuestro ejemplo son $\lambda_1 = 9.2811$, $\lambda_2 = 15.0000$, $\lambda_3 = 20.1898$ y $\lambda_4 = 25.5290$. Así pues, H es definida positiva (véase la proposición 1.3) y en virtud del teorema 2.2, el punto x es óptimo global de (P).

4.1.4. Gráficos en 2 y 3 dimensiones

Para representar gráficamente funciones reales de variable real emplearemos la función **plot** (para detalles sobre las diferentes opciones admitidas escríbase **help plot**). La opción más sencilla consiste en introducir, como argumentos de entrada, dos vectores, x=$(x_i)_{i=1,...,p}$ e y=$(y_i)_{i=1,..,p}$, de la misma dimensión, y escribir **plot**(x,y). De esta forma, aparecen representados gráficamente los pares $(x_i, y_i)_{i=1,...,p}$.

Para representar gráficamente una función, f, hemos de elegir un intervalo [a,b] sobre el que se mostrará la gráfica. Elegimos una partición de [a,b] y almacenamos en el vector x los elementos de dicha partición. En la práctica, podemos emplear las siguientes funciones de MATLAB para definir automáticamente el vector x:

- x=**linspace**(a,b,p) define un vector cuyas coordenadas constituyen una partición de [a,b] formada por p puntos equiespaciados;

- x=a : δ : b define el vector (a,a+δ, ...,a+pδ), siendo

$$p = \max\{j \in \mathbb{N} \,|\, a + j\delta \leq b\}.$$

Una vez definido el vector x=$(x_i)_{i=1,..,p}$, definimos

$$y = (y_i)_{i=1,..,p}, \text{ donde } y_i = f(x_i) \text{ para todo } i.$$

Ejemplo 4.4 (Gráficas de funciones de $\mathbb{R}$ en $\mathbb{R}$) Se desea representar gráficamente la función $f(x) = x \sin \pi x$ en el intervalo $[-2, 2]$.

Atendiendo a los comentarios anteriores escribiremos:

```
>> x=-2:0.01:2;
>> y=x.*sin(pi*x);
>> plot(x,y)
```

Aparece entonces la figura 4.11.

En la definición de x podría emplearse alternativamente la función **linspace**; por ejemplo,

```
>> linspace(-2,2,200);
```

La elección del incremento, en el primer formato, y la elección del número de puntos, en el segundo, la realiza el ususario.

Observación 4.8 (Empleo de la operación .*) *Nótese que en la definición de y, ha de emplearse la operación .* para que el producto se haga coordenada a coordenada. Por otro lado, en el producto **pi*x** no es necesario pues **pi** es una constante (el número π).*

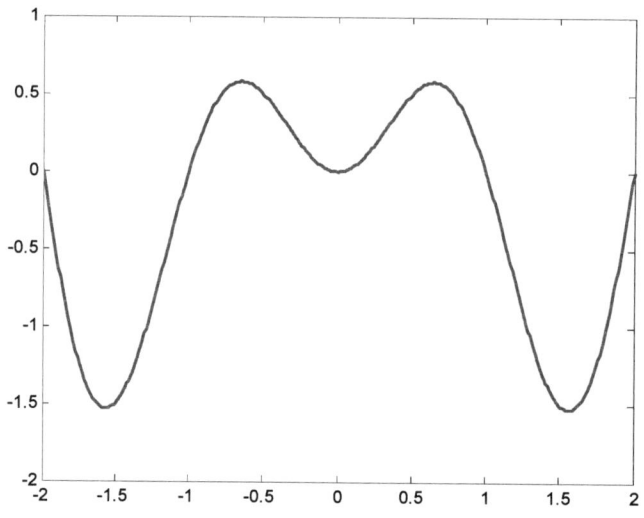

Figura 4.11: Ilustración del ejemplo 4.4.

Para representaciones gráficas en 3 dimensiones (funciones de $\mathbb{R}^2$ en $\mathbb{R}$, por ejemplo) emplearemos la función **surf** con tres argumentos de entrada, esto es, escribiremos **surf** (x,y,z). Para representar $f : \mathbb{R}^2 \to \mathbb{R}$ hemos de elegir un rectángulo [a,b]×[c,d] $\subset \mathbb{R}^2$ donde visualizar la gráfica. En realidad, tendremos que considerar una malla (en inglés, *grid*) de puntos en [a,b]×[c,d] que definiremos mediante la función **meshgrid**, como se ilustra en el ejemplo siguiente.

Ejemplo 4.5 (Gráficos en 3 dimensiones) Deseamos representar gráficamente las siguientes funciones en el rectángulo $[-1, 1] \times [-1, 1]$:

(i) $f(x, y) = x^2 + y^2$;

(ii) $f(x, y) = -x^2 - y^2$;

(iii) $f(x, y) = x^2 - y^2$.

(i) En cada coordenada seleccionamos una partición del intervalo [-1,1] empleando un incremento $\delta = 0.05$ (alternativamente podríamos emplear la función **linspace**). Así pues, escribimos:

```
>> x=-1:0.05:1;
>> y=-1:0.05:1;
>> [X,Y]=meshgrid(x,y);
```
(realiza el producto cartesiano de x por y que define la malla en $[-1,1] \times [-1,1]$ y almacena los resultados en las nuevas variables X e Y).

```
>> z=X.^2+Y.^2;
```
(nótese que ha de emplearse la operación .^en vez de simplemente ^).

```
>> surf(X,Y,z)
```

De este modo, obtenemos el gráfico de la figura 4.12.

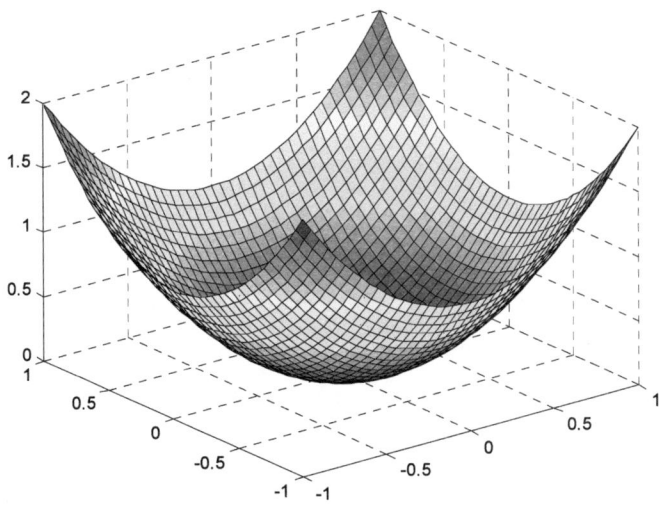

Figura 4.12: Ilustración del ejemplo 4.5(i).

Para los apartados (ii) y (iii) repetimos la sintaxis anterior cambiando simplemente la definición de z (matriz de imágenes), de este modo obtenemos los gráficos de la figura 4.13.

Observación 4.9 *Las ilustraciones de estas tres funciones corresponden claramente a situaciones donde se tiene, respectivamente, un mínimo local (de hecho*

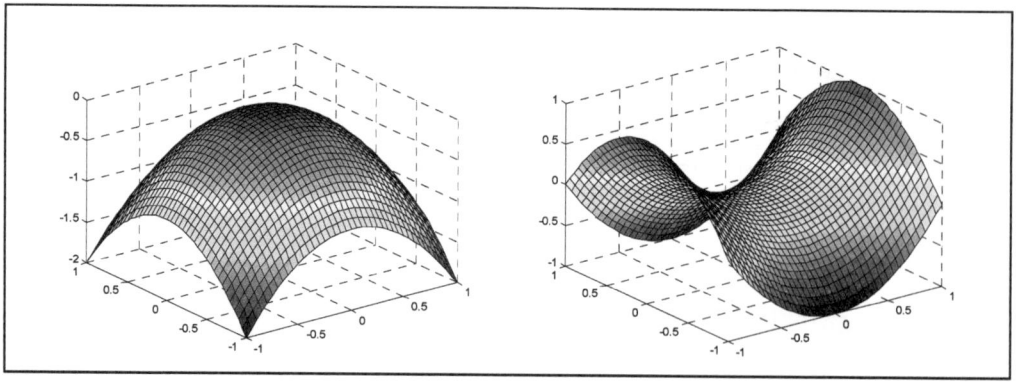

Figura 4.13: Ilustración del ejemplo 4.5(ii) y (iii).

global), un máximo local (de hecho global) y punto crítico que no es mínimo ni máximo local (se suele llamar punto de silla*).*

4.1.5. Ejercicios propuestos

Ejercicio 4.1 Consideremos los siguientes problemas de programación cuadrática sin restricciones:

(i) (P_1) Min $x_1^2 + 2x_1x_2 + x_2^2 + x_3^2 + x_1 + x_2 + x_3$;

(ii) (P_2) Min $x_1^2 + 2x_1x_2 + x_2^2 - x_3^2 + x_1 + x_2 + x_3$;

(iii) (P_3) Min $x_1^2 + 4x_2^2 + 8x_3^2 + x_1 + x_2 + x_3$.

Conservando la notación del ejemplo 4.3 (donde la función objetivo de un problema cuadrático se escribe de la forma $\frac{1}{2}$x'Hx+f'x), se pide:

a) En cada caso, analizar el carácter de la matriz H, e indicar si la correspondiente función objetivo es convexa o no;

b) Emplear la función **quadprog** para proporcionar, si existe, un óptimo de cada problema. Interprétese en cada caso el mensaje de salida de MATLAB (recuérdense las situaciones que pueden plantearse atendiendo al teorema 2.2).

Ejercicio 4.2 Consideremos las funciones reales de variable real:

$$f_1(x) = \frac{x}{x^2+1}\cos x,\ \ f_2(x) = x\cos x,\ \ f_3(x) = e^{-x^2}\ \text{y}\ f_4(x) = x^4 + 1.$$

Se pide:

a) En cada caso, elegir un entorno apropiado de 0 donde visualizar la gráfica de cada función; apropiado en el sentido de que nos permita apreciar su forma global, incluyendo su tendencia cuando $x \to -\infty$ y $x \to \infty$.

b) De forma intuitiva, atendiendo a la representación gráfica de cada una de las funciones, indíquese si el correspondiente problema (P_i) $Min\ f_i(x)$, $i = 1, ..., 4$, es acotado o no, resoluble o no, si tiene óptimos locales que no son globales, y si tiene puntos críticos que no son óptimos locales.

Ejercicio 4.3 Consideremos las funciones de $\mathbb{R}^2$ en $\mathbb{R}$:

$$f_1(x) = x_1^2 + 2x_1x_2 + x_2^2, \ f_2(x) = \sin x_1 \sin x_2, \ f_3(x) = x_1^3 + x_2^3.$$

Se pide:

a) En cada caso, elegir un entorno apropiado de 0_2 donde visualizar la gráfica de cada función; apropiado en el sentido de que nos permita apreciar su forma global, incluyendo su tendencia cuando $\|x\| \to \infty$.

b) De forma intuitiva, atendiendo a la representación gráfica de cada una de las funciones, indíquese si el correspondiente problema (P_i) $Min\ f_i(x)$, $i = 1, 2, 3$, es acotado o no, resoluble o no, si tiene óptimos locales que no son globales, y si tiene puntos críticos que no son óptimos locales.

c) De nuevo, atendiendo a la gráfica, indíquese en cada caso si el punto $\overline{x} = 0_2$ es punto crítico, óptimo local u óptimo global.

4.2. Optimización sin restricciones con la herramienta de matemática simbólica (práctica 2)

El objetivo de esta sección es resolver problemas de optimización sin restricciones de la forma

$$(P)\ Min\ f(x),$$

donde $x \in \mathbb{R}^n$ y $f : \mathbb{R}^n \to \mathbb{R}$, con ayuda de la herramienta (en inglés, *toolbox*) de MATLAB denominada **symbolic mathematic**. Esta herramienta nos permitirá calcular derivadas, gradientes, resolver ecuaciones y sistemas, etc., tal y como lo haríamos de forma analítica (en contraste con la resolución por métodos numéricos que veremos en la sección siguiente). De este modo, podremos resolver problemas de PNL sin restricciones siguiendo los pasos de la sección 2.3.

4.2.1. Optimización de funciones de una variable

A lo largo de esta subsección consideramos el problema

$$(P)\ Min\ f(x),$$

donde $x \in \mathbb{R}$ y $f : \mathbb{R} \to \mathbb{R}$ es de clase C^2 en $\mathbb{R}$. Nuestro primer paso consistirá en la determinación del conjunto de puntos críticos de (P), esto es, en resolver la ecuación, en general no lineal,

$$f'(x) = 0, \tag{4.1}$$

donde f' representa la primera derivada de f. Para ello emplearemos las funciones de MATLAB **diff** y **solve.** De hecho, para determinar directamente el conjunto de soluciones de la ecuación (4.1) basta escribir:

$$>> \texttt{solve(diff('f(x)')}$$

como se ilustra en el siguiente ejemplo.

Ejemplo 4.6 (Determinación de puntos críticos) Deseamos determinar el conjunto de puntos críticos del problema

$$(P)\ Min\ x^6 - 3x^2 + 6x.$$

En la figura 4.14 se muestra la sintaxis empleada en la resolución de la ecuación $f'(x) = 0$, $f(x) = x^6 - 3x^2 + 6x$ junto con las soluciones propuestas por MATLAB. Se trata de una ecuación polinómica de grado 5. Por tanto, proporciona 5 raíces, de las cuales solo una es real,

$$x = -1.1673039782614186842560458998548.$$

Observación 4.10 *Nótese que la función objeto de estudio ha de escribirse entre comas. De este modo, 'x^6-3*x^2+6*x' se interpreta como una cadena de caracteres. (En otro caso, x ha de tener previamente asignado un valor numérico y x^6-3*x^2+6*x representaría el resultado numérico de la operación correspondiente).*

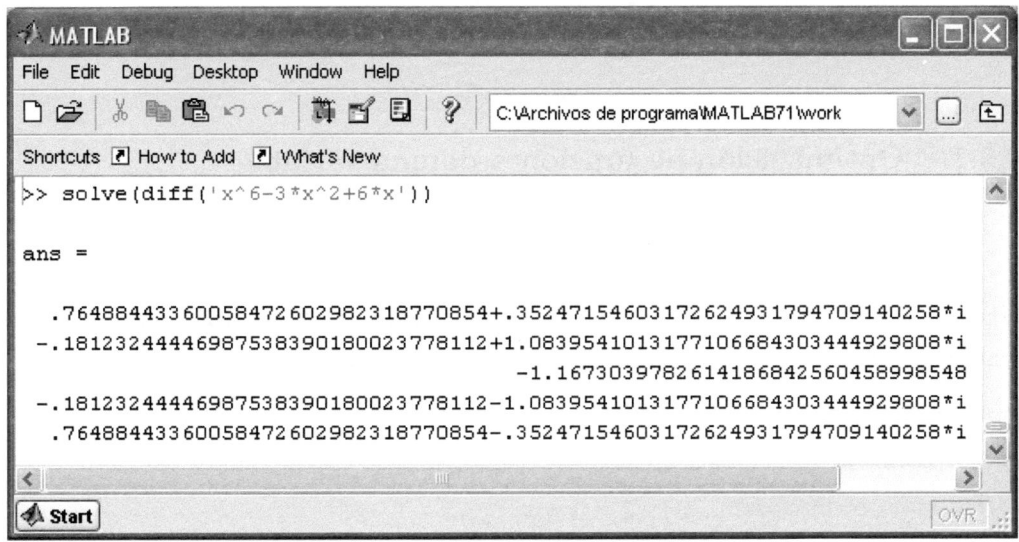

Figura 4.14: Ilustración del ejemplo 4.6.

La función **diff** admite como segundo argumento de entrada el orden de la derivada solicitada. Por ejemplo, para calcular la segunda derivada de la función

$$f(x) = x^2 e^x + \sin x,$$

escribiremos:

> > diff('(x^2)*exp(x)+sin(x)',2)

La salida de MATLAB en este caso es:

ans=
2*exp(x)+4*x*exp(x)+x^2*exp(x)-sin(x)

Otra función que nos será de utilidad es **subs**, la cual permite sustitutir en una expresión simbólica la variable x por un número real. Por ejemplo, si deseamos sustituir en la expresión simbólica anterior,

2*exp(x)+4*x*exp(x)+x^2*exp(x)-sin(x),

la variable x por 1, escribiremos:

```
>> subs('2*exp(x)+4*x*exp(x)+x^2*exp(x)-sin(x)',1)
```

y obtendremos:

```
ans =
18.18650181440543
```

Observación 4.11 (Análisis de las condiciones de segundo orden) *Para el análisis de las condiciones de segundo orden (véase la proposición 2.3) en el punto crítico x=c, hemos de sustituir c en la segunda derivada de la función objetivo. Esta operación puede realizarse directamente encadenando las funciones **diff** y **subs** como sigue:*

$$>> \ subs(diff('f(x)',2),c)$$

Véase una ilustración de este hecho en el siguiente ejemplo.

Ejemplo 4.7 (Ejemplo 4.6 revisitado) Deseamos analizar si el único punto crítico del problema (P) *Min* $x^6 - 3x^2 + 6x$, es un óptimo local. Recordemos que el punto crítico era $x = -1.1673$. Para ello escribimos la sentencia que se muestra en la figura 4.15.

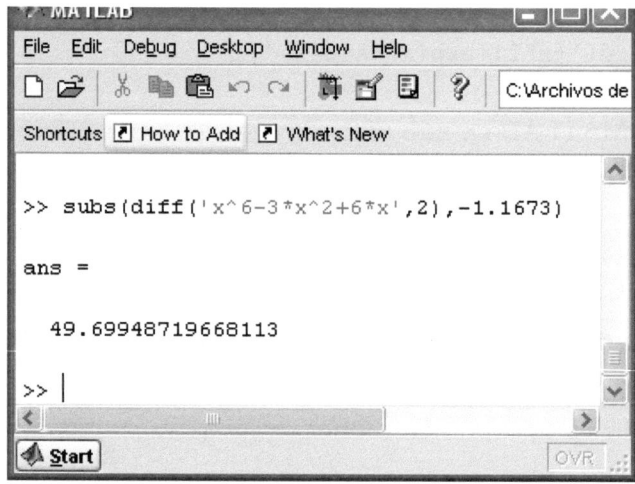

Figura 4.15: Comprobación de la condición de segundo orden.

Véase la solución en la misma figura, esto es,

$$f''(-1.1673) \cong 49.6995 > 0,$$

luego, $x = -1.1673$ es un óptimo local (cumple la condición suficiente de segundo orden).

Ejemplo 4.8 Deseamos determinar el conjunto de puntos críticos y óptimos locales del problema

$$(P) \; Min \; (x-1)\,e^x - x.$$

Determinamos, en primer lugar, el conjunto de puntos críticos como se muestra en la figura 4.16.

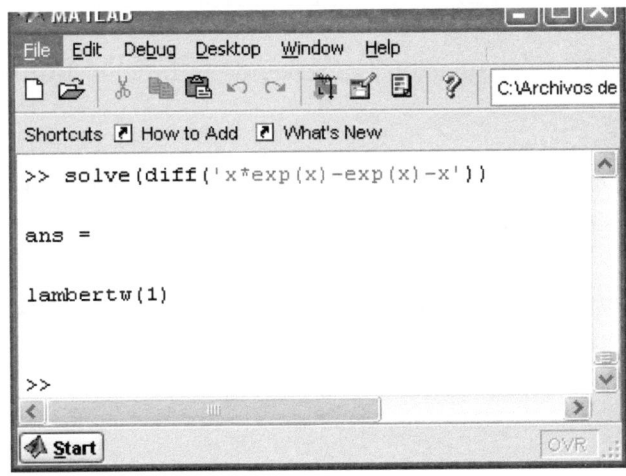

Figura 4.16: Determinación del conjunto de puntos críticos.

Nótese que, en este ejemplo, en principio, no se obtiene un valor numérico, sino la expresión **lambertw**(1). Puede consultarse en la ayuda de esta función que en general **lambertw**(α) denota a la solución de la ecuación

$$xe^x = \alpha.$$

En nuestro ejemplo la ecuación viene de $f'(x) = xe^x - 1 = 0$. Un hecho destacable en relación con este punto es que en esta ecuación no podemos "despejar" la variable x. De hecho, MATLAB proporcionará una aproximación numérica (obtenida mediante algoritmos de resolución de ecuaciones). En la figura 4.17 se muestra cómo determinar el valor numérico de **lambertw(1)**.

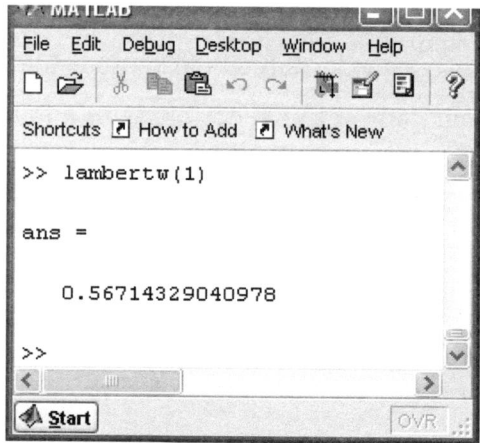

Figura 4.17: Aproximación numérica de la función **lambertw**.

A continuación, analizamos las condiciones de segundo orden en dicho punto, escribiendo:

>> subs(diff('x*exp(x)-exp(x)-x',2),0.56714329040978)

y obtenemos:

    ans =
    2.76322283435188

Así pues, $f''(0.56714329040978) = 2.76322283435188 > 0$ y por tanto $x = 0.56714329040978$ es un óptimo local de (P).

4.2.2. Optimización de funciones de varias variables

A lo largo de esta subsección consideramos el problema

$$(P) \ Min \ f(x),$$

donde $x \in \mathbb{R}^n$ y $f : \mathbb{R}^n \to \mathbb{R}$ es de clase C^2 en $\mathbb{R}^n$. Las funciones de MATLAB que emplearemos para la resolución de (P) serán:

- **jacobian** junto con **sym**: determina el traspuesto del gradiente de $f(x)$ respecto de las variables simbólicas declaradas a través de la función **sym**.

- **solve**: resuelve sistemas de ecuaciones.

- **subs:** para sustituir cada variable por un valor numérico.

Veamos a través del siguiente ejemplo cómo se emplean las funciones anteriores para determinar el conjunto de puntos críticos de (P) y analizar las condiciones de segundo orden. A diferencia de lo que ocurría en el caso de funciones de una variable, las funciones **jacobian** y **solve** no pueden encadenarse para determinar en una sola sentencia el conjunto de puntos críticos. Tampoco podrán encadenarse las funciones **jacobian** y **subs.**

Ejemplo 4.9 (Análisis de las condiciones de optimalidad) Deseamos determinar el conjunto de puntos críticos y óptimos locales del siguiente problema de optimización, empleando para ello las funciones **jacobian, sym, solve** y **subs:**

$$(P) \ Min \ \frac{1}{2}\left(x_1^2 + x_2^2\right) e^{x_1^2 - x_2^2}.$$

En primer lugar, calculamos $\nabla f(x)'$ mediante la función **jacobian** (véase la figura 4.18).

Nótese que hemos de declarar las variables respecto de la cuales calcular las derivadas parciales a través de la función **sym** (en este caso hemos empleado la notación **x** e **y** para las variables, aunque podía haberse elegido, por ejemplo **x1** y **x2**).

A continuación, para obtener el conjunto de puntos críticos (soluciones del sistema $\nabla f(x) = 0_n$) copiamos (Ctrl+C) el resultado anterior de la función **jacobian** sin los corchetes y empleamos la función **solve** como se muestra a continuación:

```
>> [x1,x2]=solve('1.0*x*exp(x^2-y^2)+ 1.0*(x^2+y^2)*x*
exp(x^2-y^2), 1.0*y*exp(x^2-y^2)- 1.0*(x^2+y^2)*y*exp(x^2-y^2)')
```

Respecto de la sintaxis de la función **solve** en el contexto de sistemas de ecuaciones, es importante declarar los argumentos de salida; por ejemplo, en

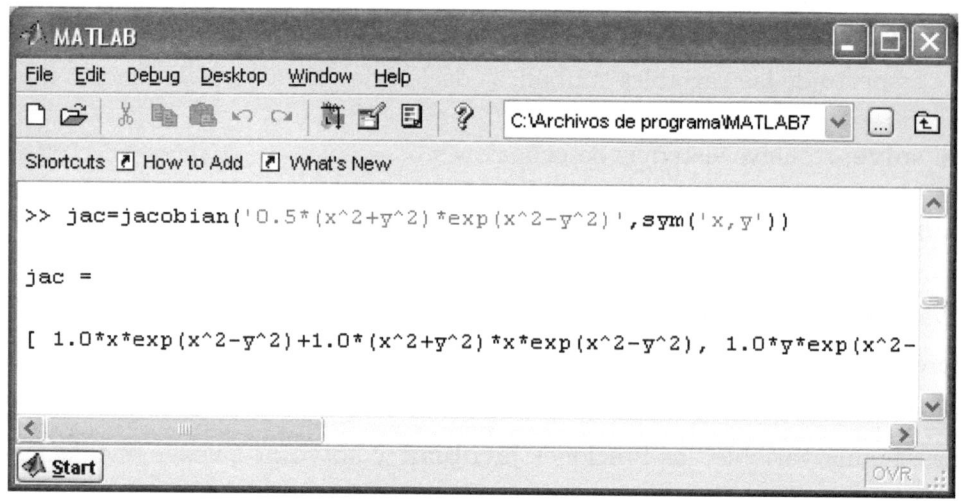

Figura 4.18: Cálculo del gradiente mediante la función **jacobian.**

nuestro caso hemos escrito:

$$\gg \text{[x1,x2]=solve('...')}$$

En este ejemplo los argumentos de salida de **solve** se han denominado **x1** y **x2** aunque podría haberse empleado otra notación (véase la observación 4.6) .

Así, la solución propuesta por MATLAB es (por motivos de espacio, presentamos la solución como vector fila, en vez de columna como aparece en la pantalla de MATLAB):

$$\text{x1 =[0. 1.*i -1.*i 0. 0.] y x2 =[0. 0. 0. 1. -1.].}$$

En consecuencia, existen tres soluciones del sistema con coordenadas reales, que son **[x1,x2]** = [0,0], **[x1,x2]** = [0,1] y **[x1,x2]** = [0,-1].

Seguidamente analizamos las condiciones de segundo orden. Calculamos la matriz hessiana de la función objetivo, $Hf(x)$, como se muestra en la figura 4.19.

A continuación, sustituimos cada uno de los puntos críticos en la matriz hessiana, denotada en este caso por hess, como se muestra en la figura 4.20.

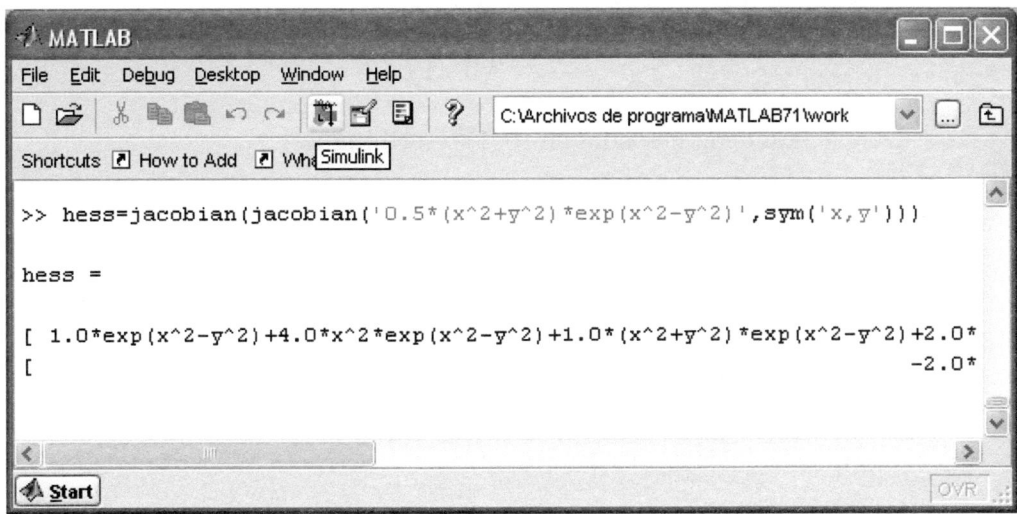

Figura 4.19: Cálculo de la matriz hessiana.

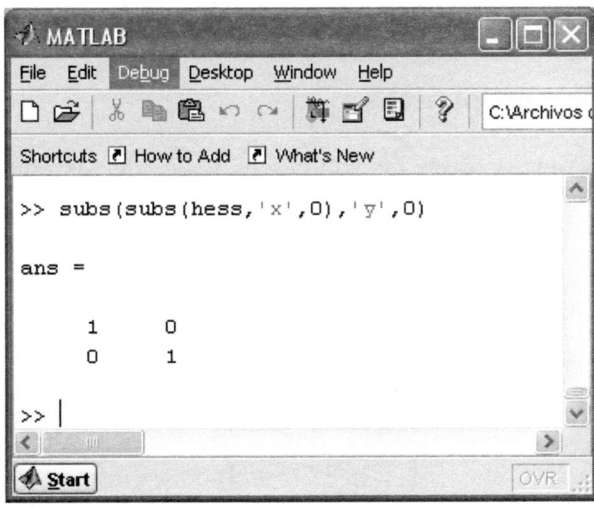

Figura 4.20: Sustitución de las variables en la matriz hessiana.

En otros términos, hemos comprobado que

$$Hf(0,0) = \begin{pmatrix} 1 & 0 \\ 0 & 1 \end{pmatrix}.$$

Para evaluar la matriz hessiana en $(0,1)'$ escribiremos:

```
>> subs(subs(hess,'x',0),'y',1)
```

Finalmente evaluamos la matriz hessiana en $(0,-1)'$ escribiendo:

```
>> subs(subs(hess,'x',0),'y',-1)
```

Se obtienen los siguientes resultados

$$Hf(0,1) = Hf(0,-1) = \begin{pmatrix} 0.73575888234288 & 0 \\ 0 & -0.73575888234288 \end{pmatrix}.$$

En consecuencia, en el punto $(0,0)'$ se verifica la condición suficiente de optimalidad de segundo orden y, por tanto, podemos afirmar que $(0,0)'$ es óptimo global. Por otro lado, $(0,1)'$ y $(0,-1)'$ no verifican la condición necesaria de segundo orden; así pues, estos dos últimos puntos no son óptimos locales.

4.2.3.   Ejercicios propuestos

Ejercicio 4.4 Encontrar todas las soluciones reales del sistema

$$\begin{cases} x_1^3 - x_1 x_2 - 1 = 0, \\ x_1 + x_2^2 - 1 = 0. \end{cases}$$

Ejercicio 4.5 Encontrar una solución real del sistema

$$\begin{cases} x_1 e^{x_1 + x_2} = 1, \\ x_2 e^{x_1 + x_2} = 1. \end{cases}$$

Ejercicio 4.6 Utilizar las funciones **jacobian**, **sym**, **solve** y **subs** para determinar los conjuntos de puntos críticos y óptimos locales del problema

$$(P) \ Min \ x_1^3 + x_1 x_2 + x_2^3.$$

4.3. Funciones básicas de optimización sin restricciones (práctica 3)

El objetivo de esta práctica es resolver problemas de optimización con ayuda de las utilidades que ofrece "optimization toolbox". Concretamente, emplearemos las siguientes funciones:

quadprog: resuelve problemas de programación cuadrática.

fminunc: resuelve problemas no lineales generales sin restricciones.

Concretamente, a lo largo de esta sección, se comentará la sintaxis que ha de emplearse en la ejecución de estas funciones, describiendo los argumentos de entrada de las mismas ('inputs') y los de salida ('outputs'). Respecto de las salidas, además de proporcionar una propuesta de solución óptima y de valor óptimo, pueden informar acerca de ciertos detalles técnicos de los algoritmos empleados en la resolución, incluyendo la regla de parada empleada en cada caso. De entre estos aspectos técnicos, describiremos brevemente las reglas de parada empleadas en cada caso, aunque no entraremos en otros detalles técnicos sobre elección del algoritmo de resolución y la descripción de las iteraciones realizadas. Para detalles sobre estos aspectos puede consultarse el documento "Optimization Toolbox^{TM} 4, User's Guide" que puede encontrarse en la dirección de internet: *http://www.mathworks.com/access/ helpdesk/ help/pdf_ doc/optim/optim_ tb.pdf.*

4.3.1. Optimización cuadrática sin restricciones con ayuda de quadprog

El objetivo de esta subsección es resolver problemas de optimización de la forma

$$(P) \quad Min \ \tfrac{1}{2}x'Qx + c'x + d, \tag{4.2}$$

con ayuda de la función **quadprog** y aplicando el teorema 2.2 para distinguir aquellos casos en los que el problema (4.2) es resoluble y aquellos en los que no lo es. Esta función fue ya utilizada en la subsección 4.1.3 para resolver algunos problemas de programación cuadrática sin restricciones. En esta sección implementaremos un sencillo programa, denominado **pcsin.m**, con ayuda del lenguaje de programación de MATLAB con las siguientes características:

- El programa **pcsin.m** comienza su ejecución solicitando al usuario los datos Q, c y d.

- A continuación, el programa analiza si el problema (4.2) es resoluble o no; esto es, analiza si se cumple que Q es definida o semidefinida positiva y si el rango de Q coincide con el de la matriz ampliada $(Q \mid c)$ (véase el teorema 2.2).

- Si se cumplen las condiciones anteriores, el programa proporcionará una solución numérica apelando a la función **quadprog**. En caso contrario se mostrará el mensaje "El problema es no acotado".

La modalidad más sencilla de la sintaxis de **quadprog** es:

$$>> \texttt{x=quadprog(Q,c,A,b)}$$

con la que se resuelve el problema

$$Min \quad \tfrac{1}{2}\texttt{x'Qx+c'x}$$
$$s.a \quad \texttt{Ax} \leq \texttt{b.}$$

Si deseamos, además, conocer el valor de la función objetivo en la solución propuesta bastará con escribir:

$$>> \texttt{[x,fval]=quadprog(Q,c,A,b)}$$

Como se adelantó en la subsección 4.1.3, puede emplearse la sintaxis anterior en la resolución de nuestro problema definiendo las matrices del sistema de restricciones de la forma:

$$>> \texttt{A=[],b=[]}$$

Para comenzar la implementación del programa **pcsin**, desde la barra de herramientas de MATLAB seleccionaremos **File**, a continuación **New → M-file**. En este programa se emplearán los siguientes comandos de MATLAB (véase la figura 4.21):

- **clear** (véase también la subsección 4.1.1) para borrar de la memoria cualquier asignación anterior que tuvieran los elementos Q,c,A y b.

- **disp** ('...') para mostrar en pantalla el texto escrito entre las comillas.

- I=**input** ('...') para pedir al usuario la asignación numérica (vector o matriz) de I.

- Recuérdese que **eig(Q)** proporciona el vector cuyas coordenadas son los valores propios de Q.

- **if** en combinación con **else** y **end** crea la estructura condicional típica según la cual el programa ejecuta determinadas sentencias si se cumplen determinadas condiciones (las escritas tras '**if**') u otras en caso contrario (obsérvese el texto escrito tras '**else**' en la figura 4.21).

Una vez redactado el nuevo programa se ha grabado (a través de la opción **File→save as**) con el nombre **pcsin**.m.

Observación 4.12 *La extensión ".m" es la empleada por este tipo de archivos creados mediante el editor de textos de MATLAB, y por defecto se almacena en el directorio **work**.*

Una vez creado y guardado el nuevo programa, para ejecutarlo basta escribir en la ventana de comandos:

$$>> \texttt{pcsin}$$

Como ilustración, presentamos el siguiente ejercicio.

Ejercicio 4.7 (Ejercicio 2.10 revisitado) Resolver con MATLAB, en concreto mediante el programa **pcsin,** los siguientes problemas cuadráticos:

(i) (P_1) Min $x_1^2 + 2x_1x_2 + 4x_2^2 + x_1 + x_2;$

(ii) (P_2) Min $x_1^2 + 2x_1x_2 + x_2^2 + x_1 + x_2 + 4;$

(iii) (P_3) Min $x_1^2 + 2x_1x_2 + x_2^2 + x_1 - x_2 + 4;$

(iv) (P_4) Min $x_1^2 + 2x_1x_2 - 4x_2^2 + x_1 + x_2 + 4;$

(v) (P_5) Min $-x_1^2 + 2x_1x_2 - 4x_2^2 + x_1 + x_2 + 4;$

(vi) (P_6) Min $-x_1^2 + 2x_1x_2 - x_2^2 + x_1 - x_2 + 4.$

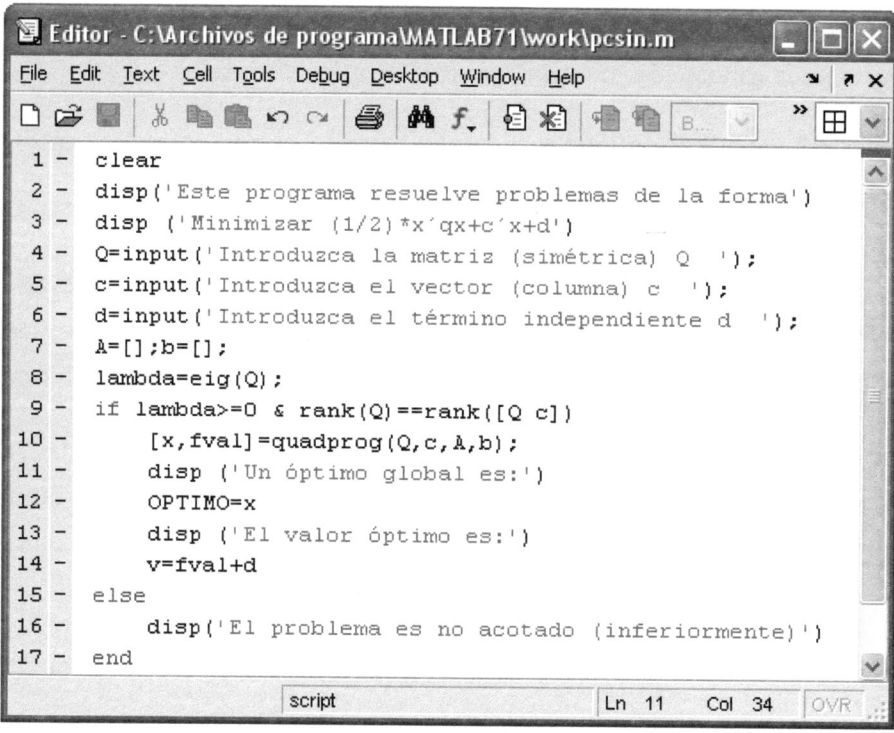

Figura 4.21: Implementación del nuevo programa **pcsin.**

Solución. Resolveremos (P_1), (P_3) y (P_4). La resolución de los restantes es completamente análoga.

(i) Escribimos ">> pcsin" en la ventana de comandos y comienza la ejecución. A continuación, se muestran los detalles:

———————————— Ejecución de **pcsin** ————————————

```
>> pcsin
Este programa resuelve problemas de la forma
Minimizar (1/2)*x'Qx+c'x+d
Introduzca la matriz (simétrica) Q [2 2;2 8]
Introduzca el vector (columna) c [1;1]
Introduzca el término independiente d 0
Warning: Large-scale method does not currently solve this problem
formulation,
switching to medium-scale method.
```

```
> In quadprog at 242

 In pcsin at 10

Optimization terminated.

Un óptimo global es:

OPTIMO =

 -0.50000000000000

 -0.00000000000000

El valor óptimo es:

v =

 -0.25000000000000
```

───────────────────── Fin de la ejecución de **pcsin** ─────────

En consecuencia, el problema (P_1) es resoluble; una solución óptima (global) es $\overline{x} = (-0.5, 0)'$ y el valor óptimo $v = -0.25$.

(iii) En el caso de (P_3) los datos son Q=[2 2;2 2] y c=[1;-1] (véase la figura 4.22). Nótese que en este caso Q es semidefinida positiva, pero los rangos de Q y [Q c] no coinciden, lo que significa que no existen puntos críticos. Así pues, en este caso el problema es no acotado, como se muestra en la ejecución de **pcsin**.

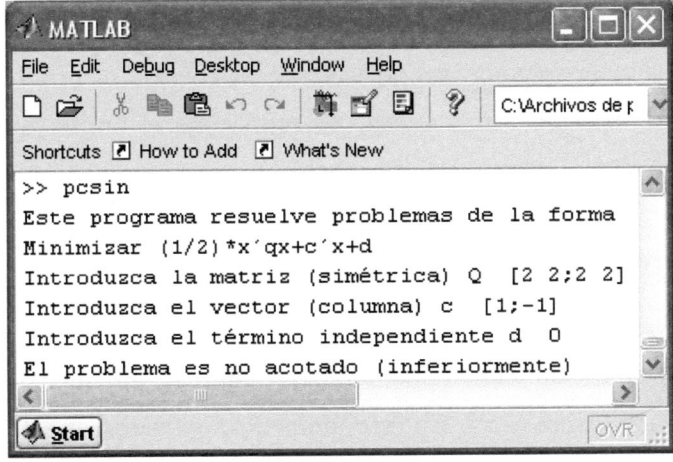

Figura 4.22: Ilustración de la resolución de (P_3).

(iv) En este caso los datos son `Q=[2 2;2 -8]` y `c=[1;1]`. Puesto que `Q` es indefinida, el problema (P_4) es también no acotado. La ejecución de **pcsin** es completamente análoga a la del apartado anterior.

Observación 4.13 *La función **quadprog** puede proporcionar otros argumentos de salida, ampliando la información sobre los métodos numéricos empleados y otros detalles acerca de la regla de parada empleada en cada caso. De hecho, los cuatro primeros argumentos de salida de **quadprog** son comunes a los de las funciones **fminunc** y **fmincon**. Estos argumentos de salida se verán con un poco más de detalle en la sección siguiente (puede escribirse ">> `help quadprog`" en la ventana de comandos de MATLAB para detalles adicionales).*

4.3.2. Optimización no lineal sin restricciones con ayuda de fminunc

La presente sección está dedicada a la resolución de problemas de optimización no lineal sin restricciones con ayuda de la función **fminunc**. En primer lugar, revisaremos la sintaxis empleada por esta función que puede consultarse en la ayuda que ofrece MATLAB escribiendo en la ventana de comandos: ">> `help fminunc`". La sintaxis más sencilla es:

$$>> \text{x=fminunc('fun',x0)} \qquad (4.3)$$

donde `x` representa la solución propuesta por MATLAB al problema de minimizar la función objetivo `fun` y donde `x0` representa el punto inicial (semilla) que se empleará en el algoritmo de resolución.

Sintaxis relativa a la función objetivo

La función objetivo puede introducirse directamente en el lugar que ocupa el argumento de entrada `fun`, o bien puede definirse en un fichero de texto (recuérdese con extensión '.m'). En este momento, revisaremos estas dos formas alternativa de introducir la función objetivo del problema.

Observación 4.14 *Nótese que en cualquier caso las variables de la función*

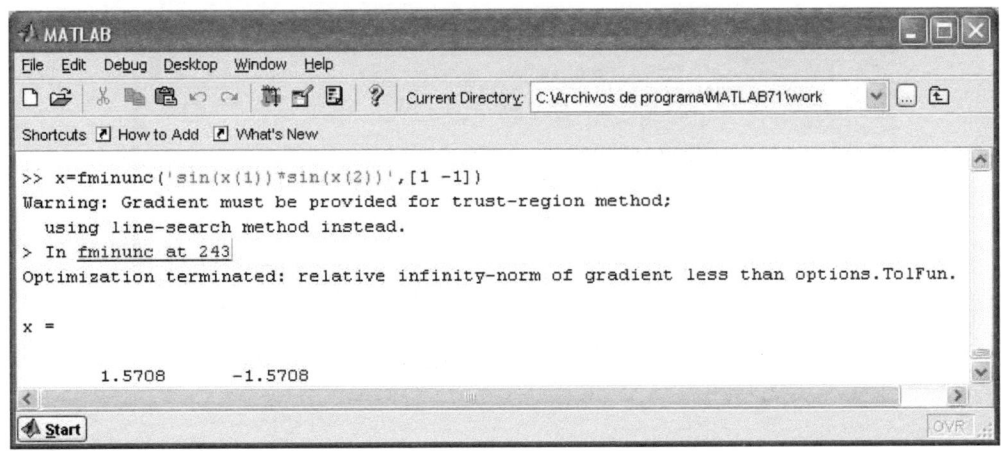

Figura 4.23: Resolución con MATLAB del ejemplo 4.10.

objetivo han de ajustarse a la sintaxis $x(1), x(2),...$, entendiendo que son coordenadas de la variable vectorial x.

Ejemplo 4.10 (Véase el ejercicio 2.1) Resolveremos con MATLAB el problema de optimización

$$(P)\ Min\ \operatorname{sen} x_1 \operatorname{sen} x_2,$$

considerando la semilla `x0=[1,-1]`.

Solución. A continuación, en la figura 4.23, presentamos la sintaxis empleada, tal y como se indica en (4.3), introduciendo la función objetivo directamente en la ventana de comandos. La misma figura muestra las salidas de MATLAB. Nótese que la solución propuesta, `x=[1.5708,-1.5708]`, es una buena aproximación del óptimo global $(\pi/2, -\pi/2)$ (véase el ejercicio 2.1).

De forma alternativa, la función objetivo puede ser definida en un fichero '.m' como se muestra en la figura 4.24. Esta misma figura ilustra la sintaxis general que ha de emplearse para definir una función nueva. En este caso, hemos llamado **objetivo** a dicha función, y tiene un argumento (vectorial) de entrada, `x`, y un argumento de salida denotado por `f`.

El fichero se grabará con el mismo nombre de la función y con extensión ".m". Así pues, el nombre del fichero es **objetivo.m.** Una vez definida la función

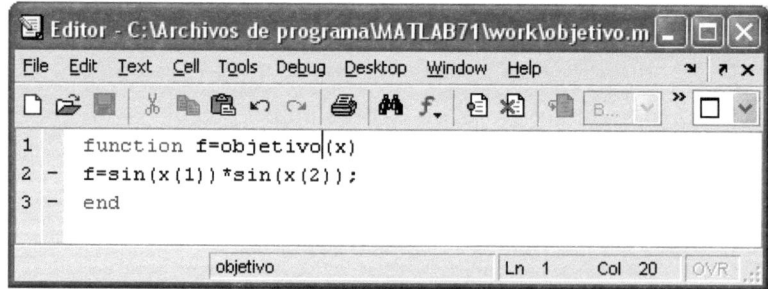

Figura 4.24: Definición de una nueva función.

objetivo, basta escribir en la ventana de comandos:

$$\gg \texttt{x=fminunc('objetivo',[1,-1])}$$

y obtendremos el mismo resultado anterior. La figura 4.25 muestra la correspondiente ejecución en MATLAB.

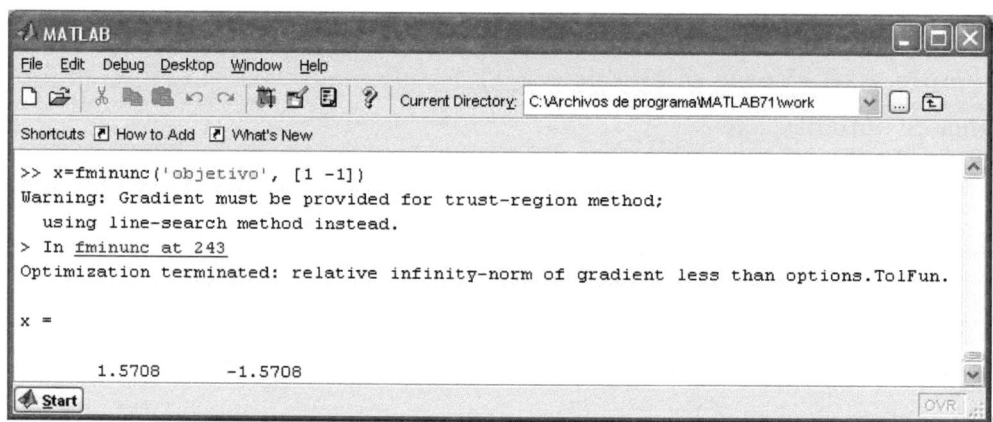

Figura 4.25: Sintaxis de **fminunc**.

Acerca de las reglas de parada de la función fminunc

Como se comentó anteriormente, no entraremos en los detalles del algoritmo de resolución empleado aunque sí comentaremos los mensajes relativos a la regla de parada empleada. En el caso del ejemplo anterior aparece el mensaje **"Optimization terminated: relative infinity-norm of gradient less than**

options. TolFun". Este mensaje indica que el método numérico se ha detenido en el punto **x** por cumplirse el hecho de que la norma infinito de la función objetivo en **x** es menor que el valor de determinado parámetro llamado `TolFun` (que por defecto toma el valor de 10^{-6}), en términos formales

$$\|\nabla f(\mathbf{x})\|_\infty < \texttt{TolFun}, \tag{4.4}$$

siendo f la función objetivo actual. En este caso, la solución propuesta por MATLAB, `x=[1.578,-1.578]`, es una buena aproximación de un óptimo global (en concreto de $\left(\frac{\pi}{2}, -\frac{\pi}{2}\right)'$, que es un óptimo global tal y como se analizó en el ejercicio 2.1).

Observación 4.15 (La condición de punto crítico) *Si $\boldsymbol{x}$ es un punto crítico del problema sin restricciones, esto es si $\|\nabla f(\boldsymbol{x})\|_\infty = 0$, la condición (4.4) se cumple trivialmente. De hecho, si f es de clase C^1, la condición (4.4) se cumplirá en un entorno del punto crítico $\boldsymbol{x}$ (como consecuencia de la continuidad de la función $z \mapsto \nabla f(z)$). Así pues, si la iteración k-ésima ($k \in \mathbb{N}$) del algoritmo empleado por MATLAB proporciona un punto $\boldsymbol{xk}$ lo suficientemente cercano de un punto crítico (formalmente, si verifica (4.4)), dicho punto será propuesto como solución. Ilustraremos esta situación con el siguiente ejemplo.*

Ejemplo 4.11 Resolveremos con MATLAB el problema de optimización

$$(P) \quad Min \ \operatorname{sen} x_1 \operatorname{sen} x_2,$$

considerando la semilla `x0=[1,1]`.

Solución. Seguidamente se muestra la resolución con MATLAB. Nótese que el único cambio con respecto al ejemplo anterior se encuentra en la semilla `x0`, y en este caso el proceso iterativo nos conduce hacia una aproximación de un punto crítico (una aproximación de $(0,0)'$) que no es óptimo (ni siquiera local) del problema.

El resto de la sección está dedicada a especificar nuevos argumentos de entrada y de salida de la función **fminunc**, prestando especial atención a los relativos a nuevas reglas de parada. Respecto de los argumentos de salida, además de **x**,

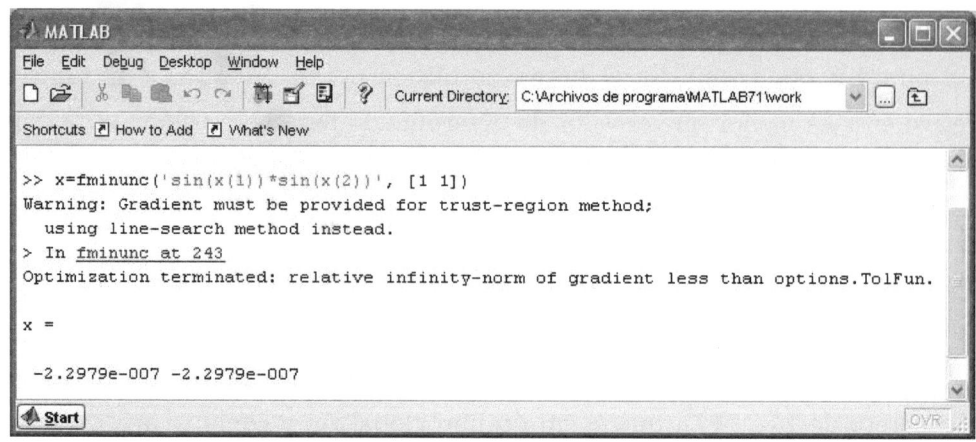

Figura 4.26: Resolución del ejemplo 4.11.

podemos añadir uno a uno hasta un total de seis argumentos como se muestra a continuación:

$$\gg \texttt{[x,fval,exitflag,output,grad,hessian]=fminunc('fun',x0)}$$

Recuérdese que los nombres asignados a cada argumento pueden modificarse, pues lo que identifica a cada uno de los argumentos de entrada y salida es la posición que ocupa (observación 4.6).

Atendiendo a la notación anterior, a continuación comentamos brevemente las nuevas salidas:

- `fval` ($\in \mathbb{R}$) representa al valor de la función objetivo en la solución propuesta $\mathbf{x}$ ($\in \mathbb{R}^n$);

- `exitflag` muestra diferentes reglas de parada del algoritmo empleado. Concretamente, `exitflag=1` representa la condición comentada anteriormente relativa a puntos críticos (condición (4.4)). En el caso en el que `exitflag=2` el proceso se detiene en $\mathbf{x}^{i+1}$ porque se verifica la siguiente condición:

$$\left\|\mathbf{x}^i - \mathbf{x}^{i+1}\right\| < \texttt{TolX}, \tag{4.5}$$

donde $\mathbf{x}^i$ y $\mathbf{x}^{i+1}$ representan dos puntos consecutivos generados por el algoritmo correspondiente, y `TolX` (>0) denota a cierto parámetro cuyo valor por defecto es 10^{-6}. Por su parte la igualdad `exitflag=3` (que puede darse únicamente en el caso de que se emplee cierto algoritmo llamado de gran escala) indica que la regla de parada esta dada por la condición

$$\left| f\left(\mathbf{x}^{i}\right) - f\left(\mathbf{x}^{i+1}\right) \right| < \texttt{TolFun}, \tag{4.6}$$

donde f representa a la función objetivo del problema y `TolFun` es el mismo parámetro que aparece en la condición (4.4). El mensaje `exitflag=0` indica que se ha alcanzado el número máximo de evaluaciones de la función objetivo o el de iteraciones. Valores negativos para `exitflag` (concretamente `-1` y `-2`) representan condiciones en las que se entiende que el proceso se detiene sin éxito en la búsqueda de solución óptima (para detalles adicionales, el lector puede consultar el "Optimization Toolbox^{TM} 4, User's Guide" que puede encontrarse en la web indicada al comienzo de la presente sección).

- `output` contiene información acerca del proceso iterativo (por ejemplo, número de iteraciones), el valor de la norma $\|\nabla f(\mathbf{x})\|_{\infty}$ en la solución propuesta, algoritmo empleado, etc.

- `grad` y `hessian` representan al gradiente y la matriz hessiana en la solución propuesta por MATLAB. Estos dos elementos son interesantes a la hora de verificar las condiciones de optimalidad de primer y segundo orden que se estudiaron en la sección 2.2.

Observación 4.16 *Los valores asignados a los parámetros TolFun y TolX pueden ser modificados por el usuario mediante la función **optimset** e incluidos como tercer argumento de entrada de **fminunc**. Por ejemplo, para asignar los valores 10^{-3} y 10^{-4} a TolFun y TolX, respectivamente, escribiremos:*

```
>> options=optimset('TolFun',0.001,'TolX',0.0001);
>>[...]=fminunc('fun',x0,options)
```

Ejemplo 4.12 Resolveremos con MATLAB el problema de optimización

$$(P) \quad Min \; \operatorname{sen} x_1 \operatorname{sen} x_2,$$

considerando las semillas XO=[1,1] y XO=[1,-1] y observando todos los argumentos de salida.

Solución. Ejecutamos **fminunc** con la semilla XO=[1,1]:

>> [x,f,e,o,g,h]=fminunc('sin(x(1))*sin(x(2))', [1 1])

y obtenemos los elementos (omitiremos los valores del cuarto argumento de salida denotado aquí por 'o'):

- x = [-2.2979e-007, -2.2979e-007];

- f = 5.2805e-014;

- e = 1 (se verifica la condición (4.4));

- g =[-2.2979e-007 -2.2979e-007]' (gradiente de la función objetivo en x);

- h $= \begin{pmatrix} -2.8104 \times 10^{-11} & 1 \\ 1 & -2.8104 \times 10^{-11} \end{pmatrix}$.

Nótese que la solución propuesta aproxima al punto crítico $(0,0)'$ que no es óptimo local como puede apreciarse a partir del hecho de que la matriz hessiana (**h**) es indefinida.

Sin embargo, si resolvemos el mismo problema a partir de la semilla XO=[1,-1] escribiremos:

>> [x,f,e,o,g,h]=fminunc('sin(x(1))*sin(x(2))', [1 -1])

y obtenemos (de nuevo omitimos la información del cuarto argumento):

- x =[1.5708 -1.5708];

- f = -1;

- e = 1;

- **g** =[2.2293e-007 -2.2293e-007]' (próximo al vector nulo);

- **h** = $\begin{pmatrix} 1 & 9.0588 \times 10^{-9} \\ 9.0588 \times 10^{-9} & 1 \end{pmatrix}$ (definida positiva).

4.3.3. Ejercicios propuestos

Ejercicio 4.8 (Ejercicio 2.2 revisitado) Resolver con MATLAB el siguiente problema de PNL sin restricciones

$$(P) \quad Min \; x_1 \cos x_2$$

a partir de las semillas X0=[0,pi/2], X0=[0,-pi/2] y X0=[pi,0] comentando en cada caso los argumentos de salida x,fval,exitflag,grad y hessian, y especificando si la solución propuesta aproxima a algún óptimo local o no.

Ejercicio 4.9 (Ejercicio 2.4 revisitado) Resolver con MATLAB el problema de PNL sin restricciones

$$(P) \quad Min \; \left(x_1^2 + x_2^2\right) e^{x_1^2 + x_2^2},$$

a partir de las semillas X0=[0,0], X0=[1,-1] y X0=[100,100] comentando en cada caso los argumentos de salida x,fval,exitflag,grad y hessian, y especificando si la solución propuesta aproxima a algún óptimo local o no.

Ejercicio 4.10 Resolver con MATLAB el problema de PNL sin restricciones

$$(P) \quad Min \; \left(x_1^2 + x_2^2\right) e^{-x_1^2 - x_2^2},$$

a partir de las semillas X0=[0,0], X0=[1,-1] y X0=[1000,1000], comentando en cada caso los argumentos de salida x,fval,exitflag,grad y hessian, y especificando si la solución propuesta aproxima a algún óptimo local o no.

Capítulo 5

Prácticas de optimización con restricciones

El presente capítulo se ocupa de la resolución con MATLAB de problemas de optimización con restricciones. Prestaremos especial atención a los problemas de optimización no lineal, aunque dedicaremos parte de la primera sección a los problemas de programación lineal. Concretamente, revisaremos las funciones de MATLAB:

- **linprog** (del inglés *linear programming*), empleada en la resolución de problemas de programación lineal;

- **quadprog** (*quadratic programming*), de la que haremos uso para resolver problemas de programación cuadrática;

- **fmincon**, dedicada a la resolución de problemas de programción no lineal con restricciones.

Las tres funciones forman parte de la herramienta "Optimization Toolbox" ya comentada en el capítulo anterior. En este libro nos ocuparemos de los aspectos relacionados con la sintaxis requerida en cada una de estas funciones, y el análisis de las soluciones propuestas por dichas funciones (y en particular de las reglas de parada empleadas en cada caso); sin embargo, no es objeto de estudio del presente libro el análisis del algoritmo de resolución empleado en cada caso.

Para detalles sobre los aspectos algorítmicos, el lector puede consultar el mismo manual que se encuentra referenciado en la sección 4.3.

5.1. Optimización lineal y cuadrática con linprog y quadprog (práctica 4)

5.1.1. Sintaxis de la función linprog

A través de la ayuda, ">> help linprog", obtendremos la información necesaria sobre la sintaxis que debemos emplear para ejecutar correctamente la función **linprog**. Esta función resuelve problemas adaptados al formato:

$$
\begin{aligned}
Min \quad & \texttt{f'x} \\
s.a \quad & \texttt{Ax} \leq \texttt{b,} \\
& \texttt{Aeq x = beq,} \\
& \texttt{LB} \leq \texttt{x} \leq \texttt{UB,}
\end{aligned}
\tag{5.1}
$$

donde $\texttt{x} \in \mathbb{R}^n$ es el vector de variables de decisión, $\texttt{f} \in \mathbb{R}^n$ es el vector de coeficientes de la función objetivo, '$\texttt{Ax} \leq \texttt{b}$' y '$\texttt{Aeqx = beq}$' representan, respectivamente, el sistema de desigualdades lineales y de ecuaciones lineales en formato matricial, y finalmente **LB** (del inglés, *lower bound*) y **UB** (del inglés, *upper bound*) son vectores de $\mathbb{R}^n$ cuyas coordenadas coinciden con las cotas inferiores y las cotas superiores, respectivamente, de las variables del problema.

Seguidamente se indican algunas modalidades de la sintaxis de la función **linprog**:

- Informalmente hablando, la sintaxis minimal de esta función es:

$$>> \texttt{x=linprog(f,A,b)}$$

  y se emplea en la resolución de problemas de optimización lineal cuyo sistema de restricciones contiene únicamente desigualdades lineales.

- Pueden añadirse otros argumentos de entrada con la sintaxis:

$$>> \texttt{x=linprog(f,A,b,Aeq,beq)}$$

o '`x=linprog(f,A,b,Aeq,beq,LB,UB)`', dependiendo del tipo de restricciones del problema (5.1). Puede escribirse `LB=[]` o `UB=[]` cuando el problema no presente cotas inferiores o superiores.

- Existe además la posibilidad de indicar el punto inicial, `x0`, del algoritmo de resolución implementado en MATLAB mediante la sintaxis:

$$\gg \ \texttt{x=linprog(f,A,b,Aeq,beq,LB,UB,x0)}$$

y de modificar ciertos parámetros del proceso de resolución (como determinadas reglas de parada empírica) añadiendo como último argumento de entrada el vector llamado '`options`' (véase de nuevo el manual "Optimization Toolbox^{TM} 4, User's Guide" indicado en la sección 4.3).

- Junto a cada una de las modalidades anteriores, se dispone de diferentes opciones respecto de los argumentos de salida: así, por ejemplo si escribimos '`[x,fval]=linprog(f,A,b,...)`' obtendremos, además de la solución propuesta por MATLAB, el valor del objetivo en dicha solución (`fval`).

- En nuestro caso, estaremos especialmente interesados en la sintaxis

$$\gg \ \texttt{[x,fval,exitflag,output,lambda]=linprog(f,A,b,...)}$$

puesto que el quinto de los argumentos de salida (denotado aquí por `lambda`) proporciona los multiplicadores de KKT asociados al punto `x`. Además, el tercero de los argumentos de salida (`exitflag`) proporciona cierta información sobre la regla de parada empleada en la solución propuesta. Por lo general, tanto en ésta como en las restantes funciones analizadas en este libro (**fminunc, quadprog** y **fmincon**), valores positivos de `exitflag` representan situaciones de éxito en cuanto al estado de la solución; concretamente, representan reglas de parada asociadas a situaciones en las que se verifica alguna condición deseable (véanse, por ejemplo, las condiciones (4.4), (4.5) y (4.6) asociadas a los valores `exitflag=1`, 2 y 3 en relación con **fminunc**). En el caso de la función **linprog**, puede obtenerse el valor `exitflag=1` que se interpreta como que el algoritmo empleado converge hacia x, `exitflag=0` significa que se ha alcanzado el número máximo de iteraciones, `exitflag=-2` aparece cuando no se ha encontrado una solución factible, `exitflag=-3` indica que el problema es no acotado, etc. Por su parte, el argumento de salida `output` proporciona cierta información relativa a la implementación del algoritmo (para detalles el lector puede consultar la ayuda del programa o el manual sobre "Optimization Toolbox" referido al comienzo de este capítulo).

- Respecto del último argumento de salida, `lambda`, para obtener los multiplicadores de KKT asociados a las distintas restricciones pondremos: '`lambda.ineqlin`' para obtener los multiplicadores asociados al sistema de desigualdades '`Ax` $\leq$ `b`', escribiremos '`lambda.eqlin`' para los asociados al sistema de ecuaciones '`Aeqx = beq`', '`lambda.lower`', para los correspondientes a las cotas inferiores '`LB` $\leq$ `x`' y '`lambda.upper`', para los correspondientes a las cotas superiores '`x` $\geq$ `UB`'. En cualquiera de estos casos, si la dimensión del vector correspondiente es 1, muestra directamente el multiplicador (esto es, cuando existe una única desigualdad, o una única igualdad, o una cota).

Ilustraremos los comentarios anteriores con los siguientes ejemplos.

Ejemplo 5.1 Resolver con MATLAB los siguientes problemas de programación lineal, indicando en cada caso la solución propuesta, el valor de la función objetivo en dicha solución, los multiplicadores de KKT correspondientes y la regla de parada empleada.

$$(P_1) \; Min \quad x_1 + 2x_2 - 2x_3 \qquad (P_2) \; Min \quad -3x_1 - 2x_2 - x_3$$
$$s.a \quad x_1 + x_2 + x_3 \leq 1, \qquad\qquad s.a \quad x_1 + x_2 + x_3 \leq 1,$$
$$x_1 - x_2 - x_3 \leq 1, \qquad\qquad\qquad x_1 - x_3 = 3,$$

$$(P_3) \; Min \quad x_1 + 2x_2 - 4x_3 \qquad (P_4) \; Min \quad x_1 + 2x_2 + 4x_3$$
$$s.a \quad x_1 + x_2 + x_3 \leq 1, \qquad\qquad s.a \quad x_1 + x_2 + x_3 = 1,$$
$$1 \leq x_1 \leq 4, 0 \leq x_2 \leq 2. \qquad\qquad x_1, x_2, x_3 \geq 0.$$

Solución. La figura siguiente muestra la sintaxis empleada en la resolución de (P_1).

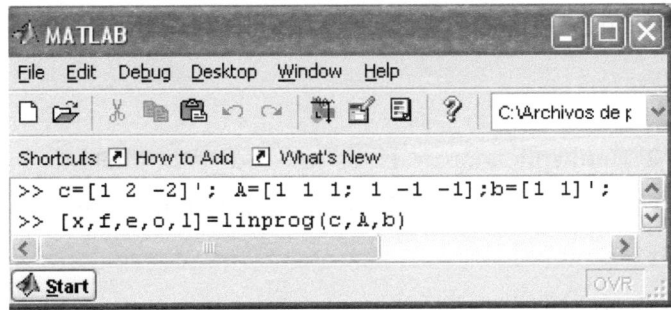

Figura 5.1: Sintaxis de (P_1) en el ejemplo 5.1.

Así, obtenemos **e=-3** lo que indica que el problema es no acotado. Nótese que, en cualquier caso MATLAB asigna unos valores numéricos a las coordenadas de **x**, puesto que muestra el punto en el que se ha detenido el algoritmo de búsqueda de solución óptima.

A continuación, en la figura 5.2 se muestra la sintaxis empleada en la resolución de (P_2).

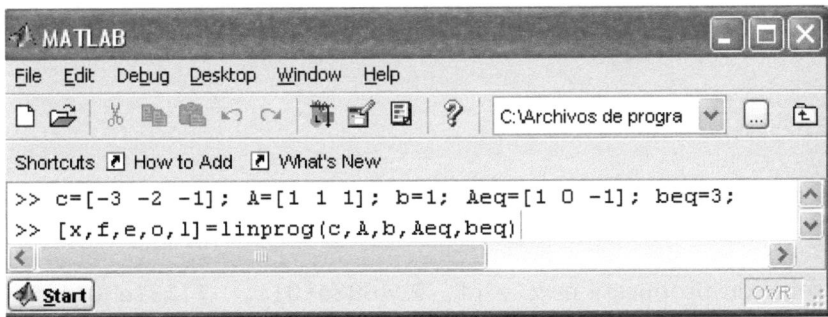

Figura 5.2: Sintaxis de la resolución (P_2) en el ejemplo 5.1.

En este caso se tiene:

- **e=1**, lo que indica que el algoritmo converge con éxito.

- La solución propuesta es **x = [-1.0679, 6.1358, -4.0679]'**.

- El valor de la función objetivo es **f=-5**.

- Respecto de los multiplicadores aparece la siguiente información:

```
l =
  ineqlin: 2 (multiplicador de KKT asociado a la única desigualdad)
  eqlin: 1 (multiplicador e KKT asociado a la única ecuación)
  upper: [3x1 double]
  lower: [3x1 double]
```

A continuación, abordamos la resolución de (P_3), véase la figura 5.3.

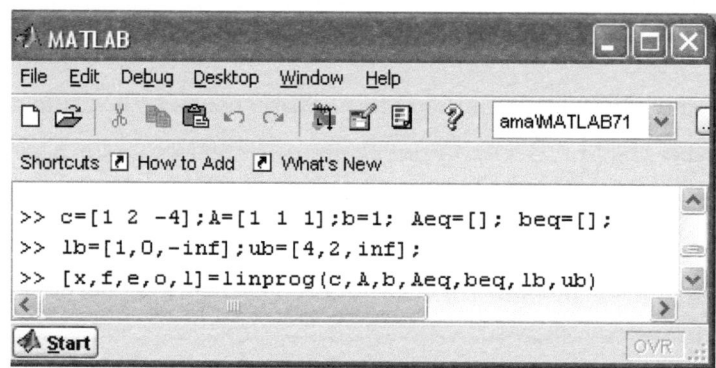

Figura 5.3: Sintaxis de la resolución (P_3) en el ejemplo 5.1.

En este caso se tiene:

- **e=1**, luego el algoritmo converge.

- La solución propuesta es **x = [1, 2.4683e-011, -7.131e-011]**'.

- El valor de la función objetivo es **f=1**.

- Respecto de los multiplicadores aparece la siguiente información:

```
l =
  ineqlin: 4 (multiplicador de KKT asociado a la única desigualdad)
  eqlin: [0x1 double] (el modelo no tiene ecuaciones)
  upper: [3x1 double]
  lower: [3x1 double]
```

- Para obtener los valores numéricos de los multiplicadores asociados a las cotas superiores e inferiores pondremos: "$>>$l.upper" y "$>>$l.lower". Obtenemos los siguientes resultados: para l.upper,

$$[2.3191e\text{-}010, \ 2.7215e\text{-}010, 0]'$$

y para l.lower, $[5,6,0]'$.

Resolución de (P_4):

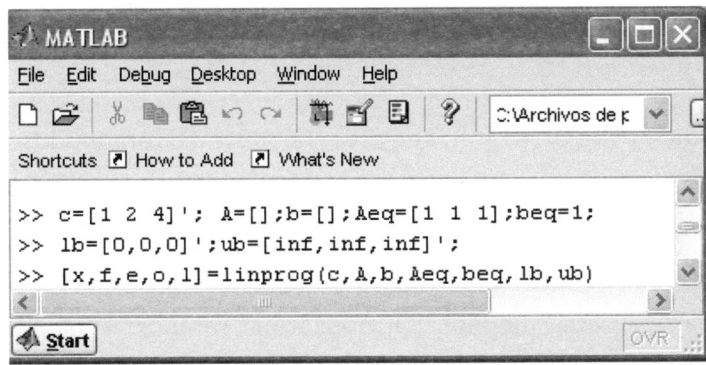

Figura 5.4: Sintaxis de la resolución de (P_4) en el ejemplo 5.1.

En este problema también se tiene e=1, la solución propuesta es una aproximación de $(1, 0, 0)'$, con valor de la función objetivo 1. El multiplicador de KKT asociado a la ecuación es -1 y los multiplicadores asociados a las cotas inferiores son 0, 1 y 3. Nótese que el problema no tiene cotas superiores.

5.1.2. Sintaxis de la función quadprog

Seguidamente comentamos algunos aspectos de la sintaxis de la función **quadprog** en relación con la resolución de problemas cuadráticos con restricciones (véase la subsección 4.3.1 en relación con el caso de problemas cuadráticos sin restricciones).

Como sabemos, la función **quadprog** admite diferentes argumentos de entrada y salida (escríbase "$>>$ help quadprog" para más detalles). La versión más sencilla es "$>>$ x=quadprog(H,f,A,B)", donde x es la solución propuesta por MATLAB del problema:

$$Min \quad \tfrac{1}{2}\text{x'Hx+f'x}$$

$$s.a \quad \text{Ax} \leq \text{B}.$$

Como en el caso de la función **linprog** puede ampliarse el número de argumentos de entrada en los formatos:

- "`>> x=quadprog(H,f,A,B,Aeq,Beq)`", que resuelve el problema anterior añadiendo como restricciones el sistema de ecuaciones '`Aeq x = Beq`',

- "`>> x=quadprog(H,f,A,B,Aeq,Beq,LB,UB)`" añade al anterior el vector de cotas inferiores `LB` y de cotas superiores `UB`; esto es, `LB <= x <= UB`.

- "`>> x=quadprog(H,f,A,B,Aeq,Beq,LB,UB,x0)`" amplía los argumentos de entrada con el punto semilla `x0`. Además, pueden modificarse ciertos parámetros del proceso de resolución (por ejemplo, reglas de parada del algoritmo) añadiendo como último argumento de entrada el vector llamado "`options`" (véase el manual "Optimization Toolbox^{TM} 4, User's Guide" comentado anteriormente).

Respecto de los argumentos de salida, véase la subsección anterior referida a la función **linprog**. La única diferencia se encuentra en el tercer argumento de salida, `exitflag`, que en este caso puede tomar los valores positivos 1, 3 y 4, asociados con reglas de parada satisfactorias, 0 en el caso de en el que se excede el número máximo de iteraciones, y los valores negativos -2,-3,-4 y -7, asociados con reglas de parada del algoritmo insatisfactorias en el sentido de que no parece haberse alcanzado un óptimo local, por ejemplo, -2 indica que no se ha encontrado punto factible y -3 indica que posiblemente el problema es no acotado (de nuevo véanse detalles en el manual indicado en el párrafo anterior).

Ejemplo 5.2 (Ejemplo 3.11 revisitado) Resolver el siguiente problema de optimización en $\mathbb{R}^3$ con ayuda de la función quadprog utilizando las semillas [0 0 0]' y [1 0 0]':

$$(PC) \quad Min \quad x_1^2 + 2x_1x_2 + x_2^2 + x_3^2 + x_1 + x_2$$

$$s.a \qquad x_1 + x_2 + x_3 \leq 1,$$

$$x_1 - x_2 + x_3 \leq 1.$$

Solución. Emplearemos la notación `Q` y `c` en vez de `H` y `f` con el fin de mantener la notación de la subsección 3.5.3 dedicada a la teoría de los problemas cuadráticos. La figura 5.5 muestra la sintaxis empleada en la resolución de este ejemplo con la semilla `x0=[0 0 0]'`.

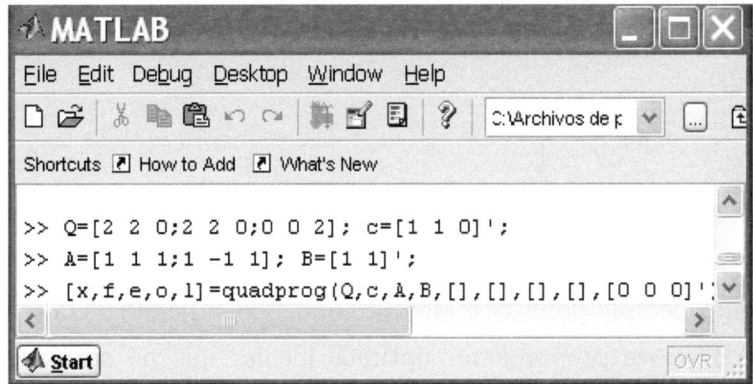

Figura 5.5: Sintaxis de la función **quadprog**.

Se obtienen los siguientes resultados:

$$\texttt{x=[-7.8505e-017,-0.5,0]'}$$

y su imagen mediante la función objetivo es `f=-0.25`. El indicador de la regla de parada toma el valor `e=1`. Respecto de los multiplicadores de KKT, se muestra la salida siguiente:

```
l =
lower: [3x1 double]
upper: [3x1 double]
eqlin: [0x1 double]
ineqlin: [2x1 double]
```

Para obtener los valores numéricos de los multiplicadores de KKT asociados a las dos desigualdades pondremos ">> `l.ineqlin`" y aparece en pantalla:

```
ans =
0
0
```

Seguidamente resolvemos el mismo problema con la semilla x0=[1 0 0]'. En este caso obtenemos la solución x=[0.25,-0.75, 2.4652e-032]', con valor de la función objetivo f=-0.25. El valor de e es también 1 y los multiplicadores de KKT asociados a las dos desigualdades son nulos.

En este momento recordamos que el conjunto de soluciones óptimas es (como se comprobó en el ejemplo 3.11):

$$\mathcal{G} = \mathcal{L} = \mathcal{P}_{KKT} = \left\{ x \in \mathbb{R}^3 \mid 2x_1 + 2x_2 = -1, x_3 = 0, x_1 \leq \frac{1}{4} \right\}.$$

Así pues, las dos soluciones propuestas por MATLAB resultan ser óptimos globales.

El siguiente ejemplo pone de manifiesto que, dependiendo de la semilla elegida, MATLAB puede proporcionar óptimos locales que no sean globales. En general, la comprobación de la optimalidad global ha de hacerse por métodos analíticos, empleando resultados teóricos o directamente la definición de óptimo global.

Ejemplo 5.3 (Óptimo local que no es global) Consideremos el problema en $\mathbb{R}^2$

$$
\begin{array}{rl}
(P) \ Min & \frac{1}{2}x_1^2 - \frac{1}{2}x_2^2 \\
s.a & -x_1 + x_2 \leq 1, \\
& x_1 - x_2 \leq 1, \\
& x_1 + x_2 \leq 5, \\
& -x_1 - x_2 \leq 1.
\end{array}
$$

Se pide:

(i) Resolver (P) con ayuda de la función **quadprog** utilizando las semillas $(-1, -1)$ y $(1, 1)$.

(ii) Analizar la optimalidad local y global de las soluciones propuestas por MATLAB en cada caso.

Solución. (i) La figura 5.6 muestra la resolución del problema actual con la semilla [-1 1]'.

En este caso, se obtiene la solución x=[0 -1]' con valor de la función objetivo f=-0.5.

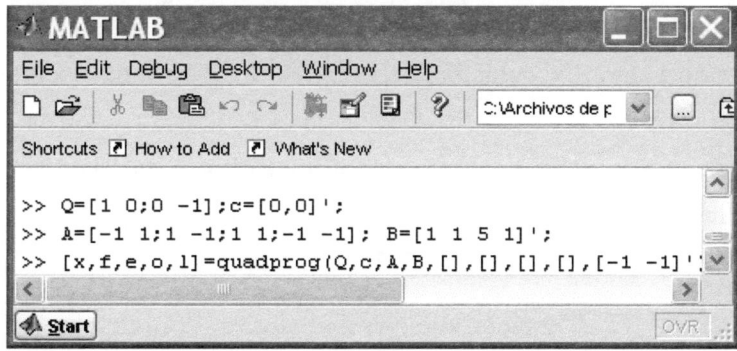

Figura 5.6: Resolución del ejemplo 5.3 con `x0=[-1 1]`'.

Puede comprobarse que partiendo de la semilla `[1 1]` se obtiene la solución `x=[2 3]`' con `f=-2.5`.

Nótese que tenemos soluciones distintas con valores de la función objetivo distintos. Obviamente, como consecuencia de la comparación de ambos valores, se desprende que `x=[0 -1]`' no es óptimo global. En cualquier caso, con la información que proporciona MATLAB no tenemos elementos de juicio suficientes para garantizar si `x=[2 3]`' es o no óptimo global.

(ii) Para analizar la optimalidad local y global hemos de recurrir a los conocimientos teóricos. Por ejemplo, en este caso, se comprueba fácilmente que el conjunto factible es compacto y, por tanto, existe algún óptimo global (en virtud del Teorema de Weierstrass, véase la subsección 3.5.1). De hecho, sumando los dos miembros de las restricciones 1 y 4 se deduce que $x_1 \geq -1$. Realizando la misma operación con las restricciones 2 y 3 se deduce $x_1 \leq 3$. De las restricciones 1 y 3 se deduce $x_2 \leq 3$, y de las restricciones 2 y 4 se deduce $x_2 \geq -1$.

Además, puesto que se cumple alguna cualificación de restricciones en cada uno de los puntos factibles (pues todas las restricciones son lineales), todo óptimo global es punto de KKT. En este caso, puede comprobarse siguiendo los pasos descritos en el capítulo 3 que el conjunto de puntos de KKT es

$$\mathcal{P}_{KKT} = \left\{ (0,0)', (0,-1)', (2,3)' \right\}.$$

Además, si f representa a la función objetivo, se tiene que $f(0,0) = 0$, $f(0,-1) = -0.5$ y $f(2,3) = -2.5$. Luego $(2, 3)'$ ha de ser un óptimo global de (P).

Finalmente, queda verificar si $(0,-1)'$ es un óptimo local. Tómese el entorno de $(0,-1)'$ dado por

$$U :=]-1,1[\times]-2,0[$$

y nótese que si $x \in U \cap F$ (recuérdese que F denota al conjunto factible de (P)), en particular se tiene que $x_2 \in [-1,0[$. En consecuencia,

$$x \in U \cap F \Rightarrow f(x) = \frac{1}{2}x_1^2 - \frac{1}{2}x_2^2 \geq 0 - \frac{1}{2} = f(0,-1).$$

Así pues, hemos comprobado que $(0,-1)'$ es un óptimo local del problema.

5.2.   Optimización no lineal con fmincon (práctica 5)

La presente sección está dedicada a la resolución de problemas de PNL con restricciones con ayuda de la función **fmincon** de MATLAB. Esta función resuelve problemas de optimización adaptados al formato:

$$
\begin{aligned}
Min \quad & \texttt{fun(x)} \\
s.a \quad & \texttt{A x} \leq \texttt{B,} \\
& \texttt{Aeq x = Beq,} \\
& \texttt{C(x)} \leq \texttt{0,} \\
& \texttt{Ceq(x)} = \texttt{0,} \\
& \texttt{LB} \leq \texttt{x} \leq \texttt{UB.}
\end{aligned}
\tag{5.2}
$$

Concretamente, la sintaxis empleada en la introducción de los datos del modelo es la siguiente (véase la ayuda de MATLAB para detalles, escribiendo "$>>$ `help fmincon`"):

- La sintaxis más sencilla es "`X=fmincon(fun(x),X0,A,B)`" a través de la cual se resuelve el problema de minimizar la función objetivo '`fun(x)`' en general no lineal, sujeto al sistema de desigualdades lineales '`A x` $\leq$ `B`'. El segundo argumento de entrada, `X0`, representa la semilla del proceso iterativo.

- Si el problema de optimización contiene entre sus restricciones un sistema de ecuaciones lineales de la forma 'Aeq x = Beq' (véase (5.2)), puede escribirse "X=fmincon(fun,X0,A,B,Aeq,Beq)".

- A continuación, se introducen las cotas inferiores y superiores mediante la sintaxis "X=fmincon(fun,X0,A,B,Aeq,Beq, LB,UB)".

- Finalmente, se añaden al modelo las restricciones no lineales 'C(x)≤ 0' y 'Ceq(x)= 0'. Se recomienda definir estas restricciones no lineales en un M-archivo como se explica a continuación. Así, por ejemplo, si grabamos el fichero de las restricciones no lineales con el nombre **nonlcon.m**, para ejecutar entonces la función **fmincon** escribiremos:

    "X=fmincon(fun,X0,A,B,Aeq,Beq,LB,UB,nonlcon)".

5.2.1. Definición de las restricciones en un M-archivo

El siguiente ejemplo ilustra cómo hemos de crear un M-archivo, que llamaremos **nonlcon** (del inglés, *nonlinear constraints*), para almacenar las restricciones no lineales de un problema de optimización. Este M-archivo contendrá una función cuyo argumento de entrada será 'x' y cuyos argumentos de salida serán 'C' y 'Ceq' (recordemos que el orden es importante).

Ejemplo 5.4 (Restricciones en un M-archivo) Consideremos el problema de optimización, en $\mathbb{R}^4$:

$$
\begin{aligned}
Min \quad & x_1^2 + x_2^2 + x_3^2 + x_4 \\
s.a \quad & x_1 + x_2 + x_3 + 4x_4 = 2, \\
& x_1^2 + x_2^2 + x_3^2 + x_4^2 \leq 400, \\
& x_1^2 - x_4^2 \geq 0, \\
& x_1 x_2 = 100, \\
& x_1, x_2 \geq 0.
\end{aligned}
$$

Recordemos que para crear un nuevo M-archivo desde la barra de herramientas de MATLAB seguiremos los pasos: **file** → **New** → **M-file.** De este modo, entraremos en el editor de textos de MATLAB. La figura 5.7 muestra la sintaxis empleada en la edición de las restricciones no lineales del presente ejemplo.

Obsérvese que **x** es la variable de decisión vectorial y **x(1)**,...,**x(4)** son sus coordenadas. Nótese también que la función **nonlcon** tiene dos argumentos de salida **C** y **Ceq** correspondientes a las funciones que definen las restricciones de desigualdad e igualdad, respectivamente. **C** y/o **Ceq** pueden ser vectoriales, en cuyo caso, se escribirán como vectores columna.

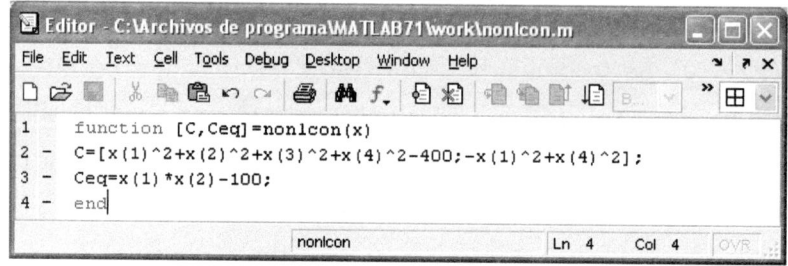

Figura 5.7: Edición de las restricciones no lineales.

La función objetivo puede definirse también en un M-archivo independiente, lo que resulta conveniente en el caso de funciones de cierta envergadura, o bien puede ser introducida directamente en la ventana de comandos. En la figura 5.8 se muestra como introducir la función objetivo siguiendo la segunda opción. Nótese que tanto la función objetivo como el nombre del fichero **nonlcon** han de escribirse entre comillas. Respecto de la semilla, **x0=[1 2 3 4]**, se ha elegido arbitrariamente.

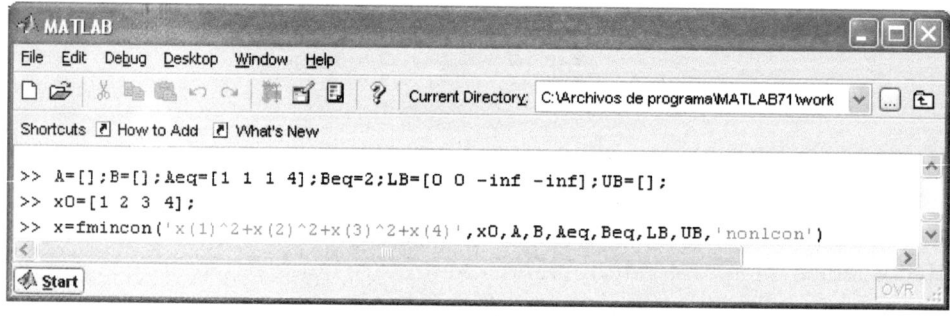

Figura 5.8: Sintaxis de la función **fmincon**.

5.2.2. Definición de la función objetivo en un M-archivo

Continuando con el mismo ejemplo anterior, seguidamente definimos la función objetivo en un M-archivo que llamaremos **fun** (véase la figura 5.9).

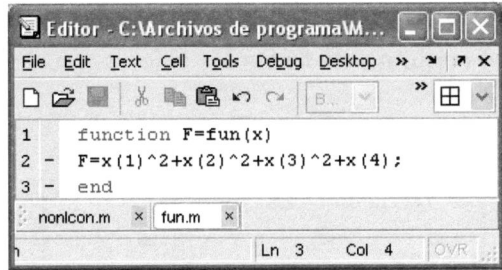

Figura 5.9: Edición de la función objetivo en un M-archivo.

Así pues, resolvemos el problema de optimización que nos ocupa mediante la sintaxis que se muestra en la figura 5.10.

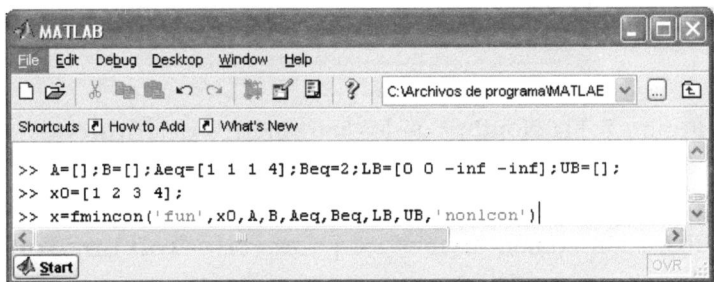

Figura 5.10: Sintaxis de la resolución del ejemplo 5.4.

5.2.3. Algunos parámetros y mensajes de parada

La función **fmincon** emplea determinados parámetros para controlar la interrupción del proceso iterativo que lleva implementado. A continuación, comentaremos cuatro de estos parámetros; véanse los detalles sobre los algoritmos implementados y el resto de parámetros de control en el manual "Optimization Toolbox^{TM} 4, User's Guide" (véase la sección 4.3).

La función **fmincon** tiene asignados determinados valores por defecto a los mencionados parámetros. Estos valores pueden modificarse mediante la función **optimset**. Para comenzar es importante conocer el nombre de dichos parámetros y para ello puede escribirse en la ventana de comandos ">> **options=optimset**" (véase la figura 5.11). De hecho, de este modo estamos almacenando en **options** el conjunto de todos los valores por defecto de los parámetros.

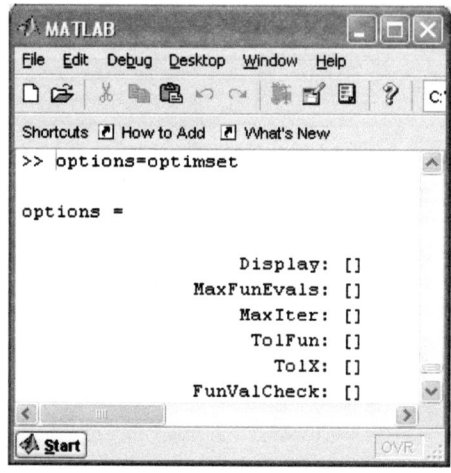

Figura 5.11: Nombre de los parámetros de **fmincon**.

En esta subsección comentaremos los parámetros **TolFun**, **TolCon**, **MaxFunEvals** y **MaxIter**.

En el resto de esta subsección, por simplicidad en la notación, trabajaremos con el problema de PNL en el formato siguiente:

$$Min \quad f(x)$$
$$s.a \quad g_i(x) \leq 0, \ i = 1, ..., m,$$
$$h_j(x) = 0, \ j = 1, ..., p,$$

donde $x \in \mathbb{R}^n$ y todas las funciones del modelo $(f, g_i, i = 1, ..., m; h_j, j = 1, ..., p)$ están definidas en $\mathbb{R}^n$ y toman sus valores (imágenes) en $\mathbb{R}$.

- Los parámetros **TolFun** y **TolCon** tienen un valor asignado por defecto de 10^{-6} y se emplean en la comprobación de las condiciones de KKT en la solución propuesta, x. De hecho, uno de los posibles mensajes de parada es "`Optimization terminated: first-order optimality measure less than options.TolFun and maximum constraint violation is less than options.TolCon`". Este mensaje se interpreta de la siguiente forma:

"`First-order optimality measure less than options.TolFun`" significa que se cumplen las siguientes desigualdades:

$$\left\| \nabla f(x) + \sum_{i=1}^{m} \lambda_i \nabla g_i(x) + \sum_{j=1}^{p} \mu_j \nabla h_j(x) \right\|_{\infty} \leq \textbf{TolFun}, \qquad (5.3)$$

$$\text{y para todo } i, \text{ se tiene } |\lambda_i g_i(x)| \leq \textbf{TolFun}, \qquad (5.4)$$

para ciertos escalares $\lambda_i \geq 0$, $i = 1, ..., m$, $\mu_j \in \mathbb{R}$, $j = 1, ..., p$. Por su parte, el texto "`maximum constraint violation is less than options.TolCon`" significa que:

$$[g_i(x)]_+ \leq \textbf{TolCon}, \text{ para todo } i, \qquad (5.5)$$

$$|h_j(x)| \leq \textbf{TolCon}, \text{ para todo } j, \qquad (5.6)$$

donde $[g_i(x)]_+$ representa la parte positiva de $g_i(x)$, esto es,

$$[g_i(x)]_+ = \max\{0, g_i(x)\}.$$

- Los parámetros **MaxFunEvals** y **MaxIter** representan, respectivamente, el número máximo de evaluaciones de la función objetivo y el número máximo de iteraciones. Los valores asignados por defecto son $100n$ (100*número de variables) y 400, respectivamente. Estos parámetros actúan como criterios de parada en el sentido de que si se excede alguno de estos valores asignados, el algoritmo se detiene. Concretamente, el mensaje "`Maximum number of function evaluations exceeded; increase OPTIONS.MaxFunEvals`" significa que el algoritmo se ha detenido porque se ha excedido el número de evaluaciones de la función objetivo y se aconseja incrementar el parámetro **MaxFunEvals**. Por su parte, el mensaje "`Maximum number of iterations exceeded; increase OPTIONS.MaxIter`" significa que se ha excedido el número máximo de iteraciones y se aconseja incrementar el valor del parámetro **MaxIter**.

Seguidamente se presentan ilustraciones de estos mensajes.

Ejemplo 5.5 (Ejemplo 5.4 revisitado) La figura 5.12 muestra el mensaje de salida en la resolución del ejemplo 5.4.

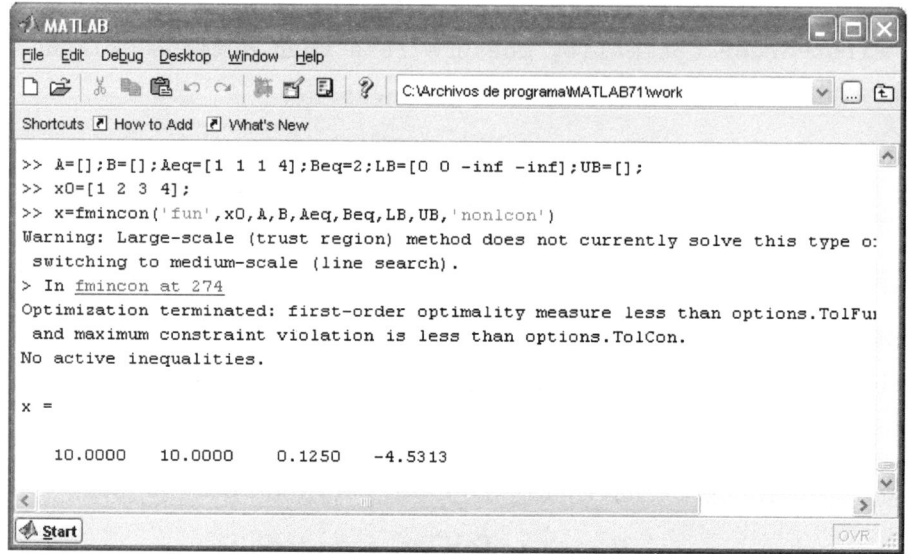

Figura 5.12: Mensaje relativo a las condiciones de KKT.

En este caso, en el punto propuesto $x = (10, \ 10, \ 0.1250, \ -4.5313)'$ se verifican las condiciones (5.3), (5.4), (5.5) y (5.6); esto es, se verifican "aproximadamente" las condiciones de KKT en dicho punto. Si se quiere conocer el valor de los escalares λ_i, $i = 1, ..., m$, μ_j, $j = 1, ..., p$, hemos de pedirlo como argumento de salida de forma análoga a como se hacía con la función **quadprog.** Si escribimos:

$$\gg \ [\texttt{x,f,e,o,l}]=\texttt{fmincon('fun',x0,A,B,Aeq,Beq,LB,UB,'nonlcon')}$$

obtenemos, además de **x**, el valor de la función objetivo en dicho punto, **f =195.4844**, **e=1** que significa precisamente que se verifican aproximadamente las condiciones de KKT, cierta información adicional que viene recogida en el cuarto argumento de salida, 'o' (el número de iteraciones empleadas, **o.itera-tions:** 11, el número de evaluaciones de la función objetivo, **o.funcCount: 62**, el valor máximo de los miembros de la izquierda de (5.3) y (5.4), `o.firstorder-opt: 6.6542e-007`) y los valores de los escalares λ_i, $i = 1, ..., m$, μ_j, $j = 1, ..., p$, que viene recogidos en `l.lower` (correspondientes a las cotas inferiores), `l.upper` (correspondientes a las cotas superiores), `l.eqlin` (asociados a las ecuaciones lineales), `l.eqnonlin` (asociados a las ecuaciones no lineales), `l.ineqlin` (asociados a las inecuaciones lineales) y `l.ineqnonlin` (asociados a las inecuaciones no lineales).

En nuestro caso, se obtiene `l.lower=l.upper=[0,0,0,0]`; `l.eqlin=-0.25` (asociado a la restricción $x_1 + x_2 + x_3 + 4x_4 = 2$), `l.eqnonlin=-1.9750` (asociado a la restricción $x_1 x_2 = 100$), `l.ineqlin: [0x1 double]` (no existen inecuaciones lineales), `l.ineqnonlin=[0,0]`, asociados a las restricciones

$$x_1^2 + x_2^2 + x_3^2 + x_4^2 \le 400 \text{ y } -x_1^2 + x_4^2 \le 0.$$

Ejemplo 5.6 Consideremos el problema de PNL

$$Min \quad x_1^2 + 4x_2^4 + 3x_3^6 + x_4$$
$$s.a \quad x_1 + x_2 + x_3 + 4x_4 = 2,$$
$$x_1^2 + x_2^2 + x_3^4 \, x_4^2 \le 400,$$
$$x_1 x_2 \le 100,$$
$$x_1^2 - x_4^2 = 100,$$
$$x_3 x_4 = 200,$$
$$x_1, x_2 \ge 0.$$

Se pide:

(i) Ejecutar la función **fmincon** con la semilla `x0=[1 1 1 1]` e indicar el motivo de parada; ¿se cumplen (aproximadamente) las condiciones de KKT en la solución propuesta?

(ii) Asignar a los parámetros MaxFunEvals y MaxIter los valores 1000 y 900, respectivamente; ¿encuentra algún punto donde se cumplan (aproximadamente) las condiciones de KKT?

Solución. (i) La figura 5.13 muestra la edición de las restricciones no lineales del presente ejemplo.

Las matrices **A**, **B**, **Aeq**, **Beq**, **LB** y **UB** son idénticas a las del ejercicio anterior. A continuación, en la figura 5.14 se muestra el resto de la sintaxis de fmincon,

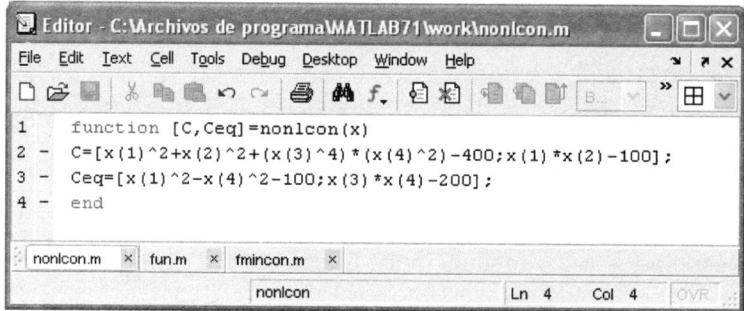

Figura 5.13: Edición de las restricciones no lineales del ejemplo 5.6.

el mensaje de salida, la solución propuesta, x, y el valor de la función objetivo en dicha solución, f. Nótese que el mensaje de salida indica que la parada del proceso iterativo de resolución se debe a que se ha excedido el número máximo de evaluaciones de la función objetivo.

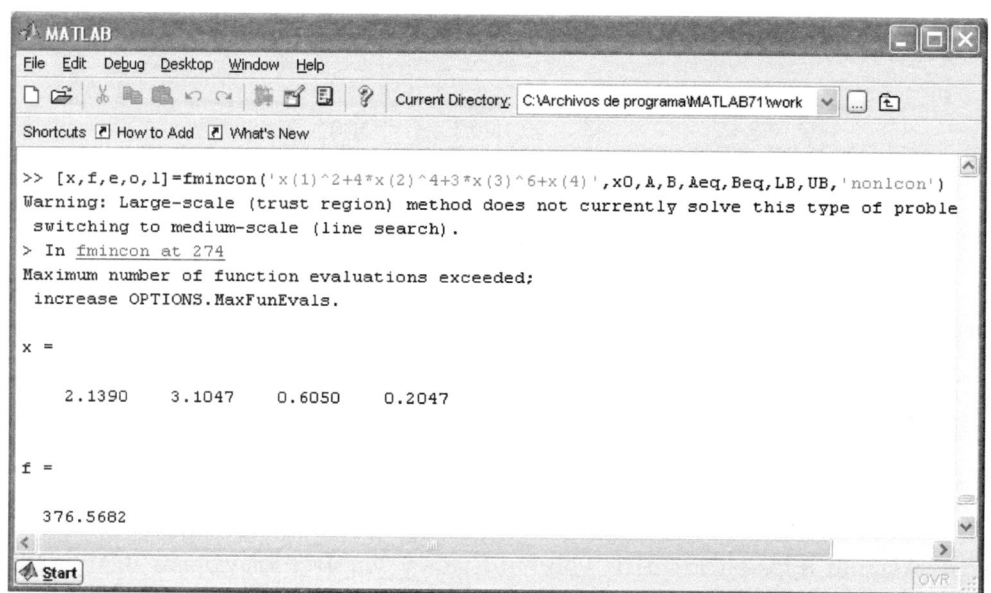

Figura 5.14: Resolución del ejemplo 5.6.

Podemos comprobar, además, que no se cumplen de forma aproximada las condiciones de KKT. Concretamente, que no se cumplen las condiciones (5.3) y (5.4).

En la figura 5.15 puede observarse que **o.firstorderopt**=1.732×10^4, lo que significa que

$$\max \left\{ \begin{array}{c} \left\| \nabla f\left(x\right) + \sum_{i=1}^{m} \lambda_i \nabla g_i\left(x\right) + \sum_{j=1}^{p} \mu_j \nabla h_j\left(x\right) \right\|_{\infty}, \\ \left| \lambda_i g_i\left(x\right) \right|, \ i = 1, ..., m \end{array} \right\} = 1.732 \times 10^4.$$

En la misma figura puede observarse que el número de iteraciones empleadas es de 20 y el de evaluaciones de la función objetivo es 404 (cuando el límite está en $100n = 400$).

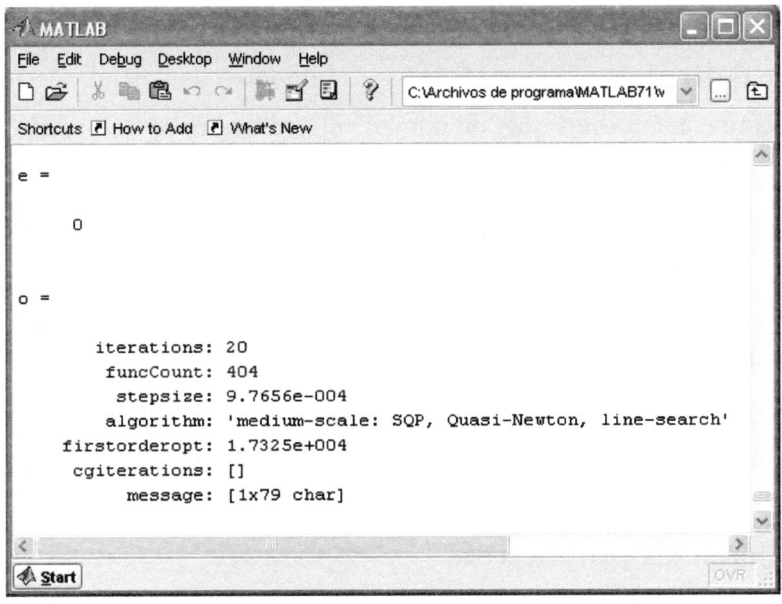

Figura 5.15: Valores de 'exitflag' y 'output' en el ejemplo 5.6.

(ii) En general, la asignación de nuevos valores a los parámetros contenidos en **options** se hace mediante la función **optimset.** La figura 5.16 muestra la sintaxis empleada en la asignación de los valores 1000 y 900 a los parámetros **MaxFunEvals** y **MaxIter.** La sintaxis sería análoga si se quisieran modificar **TolFun** o **TolCon.** Nótese que mediante la sintaxis:

>> options=optimset('Nombre del parámetro', asignación,...)

se crean nuevas asignaciones para los parámetros aquí nombrados, dejando las

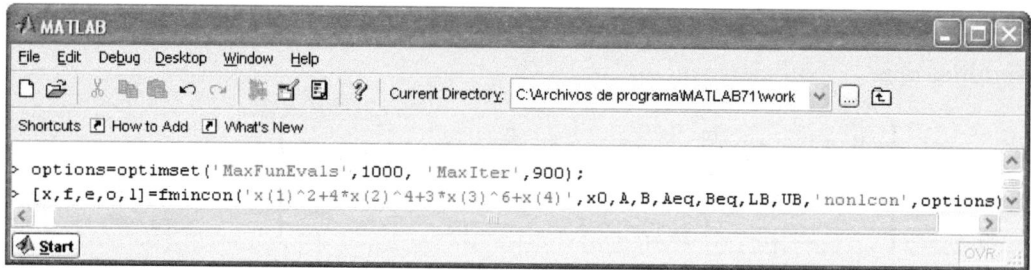

Figura 5.16: Asignación de nuevos valores a los parámetros mediante **optimset**.

asignaciones por defecto para el resto de parámetros. Posteriormente, ha de introducirse **options** en el lugar 10 de los argumentos de entrada de **fmincon**.

Finalmente comentamos que, de nuevo, valores positivos de **exitflag** (el tercero de los argumentos de salida de **fmincon**) se corresponden con reglas de parada satisfactorias (por ejemplo, exitflag=1 significa que se cumple la aproximación de las condiciones de KKT especificadas en (5.3), (5.4), (5.5) y (5.6)), el valor nulo significa que se ha excedido el número máximo de evaluaciones de la función objetivo o el número máximo de iteraciones. Por su parte, valores negativos indican que la solución propuesta no es satisfactoria (por ejemplo, exitflag=-2 significa que no se ha encontrado una solución factible).

5.2.4. Ejercicios propuestos

Ejercicio 5.1 Se desea minimizar la cantidad de cartón (en m^2) empleado en la elaboración de una caja de dimensiones x_1, x_2 y x_3 (donde x_1 y x_2 representan las dimensiones de la base y x_3 la altura), suponiendo que desea albergarse un volumen de al menos 1 m^3. Además, por razones de resistencia de la caja, debe ponerse doble capa de cartón en su base. Se pide:

(i) Plantear el modelo que resuelve esta cuestión.

(ii) Resolver el modelo anterior con ayuda de la función **fmincon** partiendo de diferentes semillas (ensayar con 5 semillas distintas); en cada caso comentar si la solución propuesta por MATLAB verifica aproximadamente las condiciones de KKT.

(iii) ¿Cómo cambiaría el valor óptimo del problema si se relajara ligeramente la restricción de volumen (esto es, si se deseara albergar un volumen de al menos $1 - \varepsilon$, con $\varepsilon > 0$ suficientemente pequeño)?

Ejercicio 5.2 Se pretende construir un depósito con forma de cilindro sin tapadera para albergar un volumen de al menos 2 m^3 y se desea determinar las dimensiones óptimas del cilindro en el sentido de minimizar la cantidad de material necesario para su construcción. Se pide:

(i) Plantear el modelo de optimización correspondiente.

(ii) Encontrar con ayuda de **fmincon** alguna solución que verifique las condiciones de KKT (aproximadamente).

(iii) ¿Cómo repercutiría en el valor óptimo del problema una ligera variación en el volumen mínimo que se desea albergar?

Ejercicio 5.3 Se desea determinar el punto más cercano y el más alejado de $(0, 2, 2)$ a la región

$$A = \left\{ (x, y, z) \mid x^2 + y^2 + z^2 \leq 2,\ x^2 + y^2 \leq 1,\ x + y + z \geq 0 \right\}.$$

Para ello se pide:

(i) Plantear los problemas de optimización que resuelven estas dos cuestiones.

(ii) Resolver (de forma aproximada) los dos problemas anteriores con ayuda de **fmincon.**

(iii) Indicar en cada caso los valores correspondientes de los multiplicadores de KKT.

Parte III

Aplicaciones

Capítulo 6

Aplicaciones de la Programación Lineal

6.1. Introducción: resultados básicos de Programación Lineal y primeros ejemplos

Un problema de PL puede escribirse de la siguiente forma:

$$(P) \quad \begin{aligned} Min \quad & f(x) = c'x \\ s.a \quad & a_j'x \leq b_j, \; j \in D, \\ & a_i'x = b_i, \; i \in I, \end{aligned} \tag{6.1}$$

donde $D, I \subset \mathbb{N}, D \cap I = \varnothing, \; |D| < \infty, |I| < \infty, \; c, a_k \in \mathbb{R}^n, \; b_k \in \mathbb{R}, \; k \in D \cup I$.

Así, el conjunto factible de (P) quedaría

$$F = \left\{ x \in \mathbb{R}^n \mid a_j'x \leq b_j, \; j \in D, \; a_i'x = b_i, \; i \in I \right\}.$$

Las $|I|$ restricciones de igualdad se pueden desdoblar en $2\,|I|$ restricciones de desigualdad, por lo que cuando sea necesario, podremos suponer sin pérdida de generalidad que no existen restricciones de igualdad en el problema. Por tanto en la PL, el conjunto factible resulta ser la intersección de semiespacios cerrados, esto es, un poliedro (véase la ilustración de la figura 6.1 para un poliedro acotado y otro no acotado).

A continuación, se enuncian un par de resultados básicos de la PL que serán de utilidad para las aplicaciones de las secciones siguientes.

Conjunto factible acotado   Conjunto factible no acotado

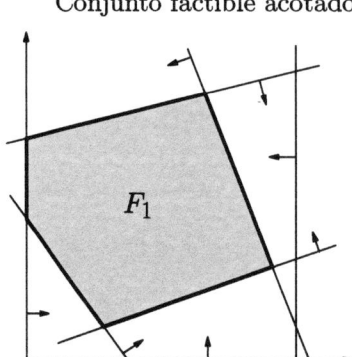
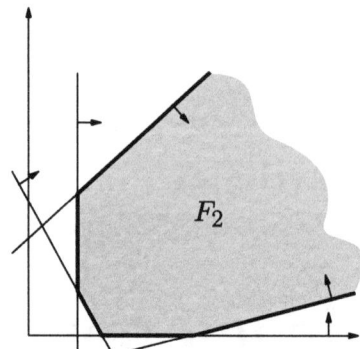

Figura 6.1: Conjunto factible de un problema de PL.

Puesto que la linealidad es una cualificación de restricciones, y los problemas de PL son un caso particular de los problemas convexos, sabemos (veáse la sección 3.5.2) que coincidirán los óptimos globales, óptimos locales y puntos de KKT del problema (6.1): $\mathcal{G} = \mathcal{L} = \mathcal{P}_{KKT}$. Teniendo en cuenta la forma que adoptan las condiciones de KKT para el caso particular de la PL, se tiene el siguiente teorema:

Teorema 6.1 *Dado el problema de PL (6.1) y dado $\bar{x} \in F$, son equivalentes:*

(i) $\bar{x}$ es óptimo local;

(ii) $\bar{x}$ es óptimo global;

(iii) $\bar{x}$ es punto de KKT, esto es, existen $\lambda_j \geq 0$, $j \in D$, $\lambda_i \in \mathbb{R}$, $i \in I$ tales que:

$$\left. \begin{array}{l} -c = \sum\limits_{j \in D} \lambda_j a_j + \sum\limits_{i \in I} \lambda_i a_i, \\ \lambda_j(a'_j \bar{x} - b_j) = 0, \ j \in D. \end{array} \right\}$$

Es bien sabido que en PL la resolubilidad y la acotación son propiedades equivalentes. El siguiente teorema recoge este enunciado añadiendo además una caracterización algebraica de estas propiedades.

Teorema 6.2 *Dado el problema de PL (6.1) con conjunto factible no vacío, son equivalentes:*

(i) (P) es resoluble;

(ii) (P) es acotado $(-\infty < v < +\infty)$;

(iii) Existen $\lambda_j \geq 0$, $j \in D$, $\lambda_i \in \mathbb{R}$, $i \in I$ tales que $-c = \sum_{j \in D} \lambda_j a_j + \sum_{i \in I} \lambda_i a_i$.

Observación 6.1 *En un problema de programación lineal con $c \neq 0_n$, los óptimos, si existen, se alcanzan siempre en la frontera, donde existe alguna restricción activa. Este hecho es consecuencia directa de las condiciones de KKT, que en PL caracterizan la optimalidad, como se enuncia en el teorema 6.1.*

Resolución gráfica de los problemas de PL bidimensionales

Puesto que son representables en el plano, los problemas de PL bidimensionales admiten una resolución gráfica de forma sencilla. Los pasos a seguir son los siguientes:

1. Se representan las rectas que definen las restricciones y se localiza el conjunto factible.

2. Se representan el gradiente, c, y los conjuntos de nivel (líneas rectas perpendiculares a c) de la función objetivo.

3. Finalmente, en términos informales, la solución o soluciones del problema (P) se encontrarán en el conjunto de nivel de valor más bajo que intersecta al conjunto factible.

A continuación, presentamos tres ejemplos con la finalidad de ilustrar diferentes aspectos de la PL. El primero, además de por la modelización en sí misma, se introduce con el objetivo de ilustrar la resolución gráfica de problemas bidimensionales. El segundo presenta una ilustración del teorema 6.2 de caracterización de la resolubilidad. El tercero constituye un problema clásico de aplicación de la PL, donde se hace hincapié en la modelización y en la comprobación teórica de la resolubilidad (de nuevo como ilustración del teorema 6.2)

6.1.1. Un modelo básico del consumidor

Sea un consumidor con renta m que tiene que elegir las cantidades de los bienes B_1 y B_2 que desea consumir, de modo que maximice su función de utilidad u y no sobrepase su renta m. Se considera la siguiente notación:

x_1: cantidad del bien 1 ($x_1 \geq 0$),

x_2: cantidad del bien 2 ($x_2 \geq 0$),

p_1: precio unitario del bien 1 ($p_1 > 0$),

p_2: precio unitario del bien 2 ($p_2 > 0$).

Supondremos que las preferencias del consumidor pueden ser representadas por una función de utilidad lineal:

$$u(x_1, x_2) = c_1 x_1 + c_2 x_2.$$

Supongamos, además, que existe un impuesto sobre el bien 1 de $t > 0$ unidades por cada unidad consumida que exceda la cantidad $\bar{x}_1$ (con $\bar{x}_1 \leq \frac{m}{p_1}$).

Ahora pasamos a resolver el problema, calculando, en primer lugar, el conjunto factible. Para ello solo hay que tener en cuenta que el gasto debe ser menor que la renta del consumidor, distinguiendo además cuando se aplica el impuesto:

- Si $x_1 \leq \bar{x}_1$ entonces debe ser $p_1 x_1 + p_2 x_2 \leq m$.

- Si $x_1 > \bar{x}_1$ entonces debe ser $p_1 \bar{x}_1 + (p_1 + t)(x_1 - \bar{x}_1) + p_2 x_2 \leq m$, o lo que es lo mismo $p_1 x_1 + t(x_1 - \bar{x}_1) + p_2 x_2 \leq m$.

Por tanto, el conjunto factible se puede describir como

$$F = \left\{ x \in \mathbb{R}^2 \mid x_1 \leq \bar{x}_1, \ p_1 x_1 + p_2 x_2 \leq m \right\} \cup$$
$$\left\{ x \in \mathbb{R}^2 \mid x_1 > \bar{x}_1, \ p_1 x_1 + t(x_1 - \bar{x}_1) + p_2 x_2 \leq m \right\}.$$

Veamos que F coincide con el siguiente conjunto expresado ya en el formato de la PL:

$$\widetilde{F} = \left\{ (x_1, x_2) \in \mathbb{R}^2 \mid p_1 x_1 + p_2 x_2 \leq m, \ p_1 x_1 + t(x_1 - \bar{x}_1) + p_2 x_2 \leq m \right\}.$$

Como la inclusión $\widetilde{F} \subset F$ es inmediata, solo queda probar que $F \subset \widetilde{F}$:

- Si $x_1 \leq \bar{x}_1$ y $p_1 x_1 + p_2 x_2 \leq m$, como $t(x_1 - \bar{x}_1) \leq 0$, se tiene $p_1 x_1 + t(x_1 - \bar{x}_1) + p_2 x_2 \leq p_1 x_1 + p_2 x_2 \leq m$.

- Si $x_1 > \bar{x}_1$ y $p_1 x_1 + t(x_1 - \bar{x}_1) + p_2 x_2 \leq m$, como $t(x_1 - \bar{x}_1) > 0$, se tiene $p_1 x_1 + p_2 x_2 < p_1 x_1 + t(x_1 - \bar{x}_1) + p_2 x_2 \leq m$.

Por tanto, el problema que tiene que resolver el consumidor quedaría

$$(P) \quad Min \quad -u(x_1, x_2) = -c_1 x_1 - c_2 x_2$$
$$s.a \quad p_1 x_1 + p_2 x_2 \leq m,$$
$$p_1 x_1 + t(x_1 - \bar{x}_1) + p_2 x_2 \leq m,$$
$$x_1, x_2 \geq 0.$$

Seguidamente indicamos el conjunto de soluciones de (P) distinguiendo cinco casos (ilustrados en las figuras 6.2, 6.3 y 6.4):

(i) En el caso $\frac{c_1}{c_2} < \frac{p_1}{p_2}$, la solución es $(0, \frac{m}{p_2})'$.

(ii) Si $\frac{c_1}{c_2} = \frac{p_1}{p_2}$, el conjunto de soluciones es el segmento $[(0, \frac{m}{p_2})', (\bar{x}_1, \frac{m-p_1\bar{x}_1}{p_2})']$.

(iii) Si $\frac{p_1}{p_2} < \frac{c_1}{c_2} < \frac{p_1+t}{p_2}$, la solución es $(\bar{x}_1, \frac{m-p_1\bar{x}_1}{p_2})'$.

(iv) Si $\frac{c_1}{c_2} = \frac{p_1+t}{p_2}$, el conjunto de soluciones es $[(\bar{x}_1, \frac{m-p_1\bar{x}_1}{p_2})', (\frac{m+t\bar{x}_1}{p_1+t}, 0)']$.

(v) Si $\frac{p_1+t}{p_2} < \frac{c_1}{c_2}$, la solución es $(\frac{m+t\bar{x}_1}{p_1+t}, 0)'$.

Las líneas discontinuas representan los conjuntos de nivel de la función objetivo; un aumento de grosor indica una disminución del valor de la función.

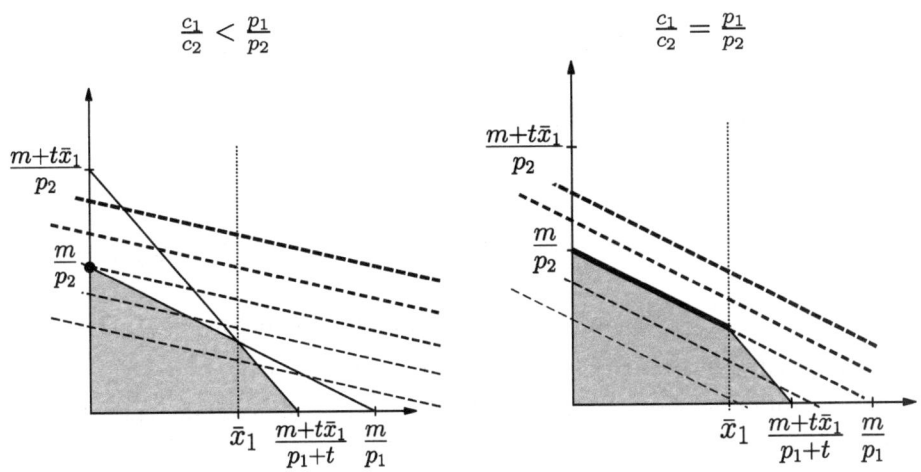

Figura 6.2: Casos (i) y (ii).

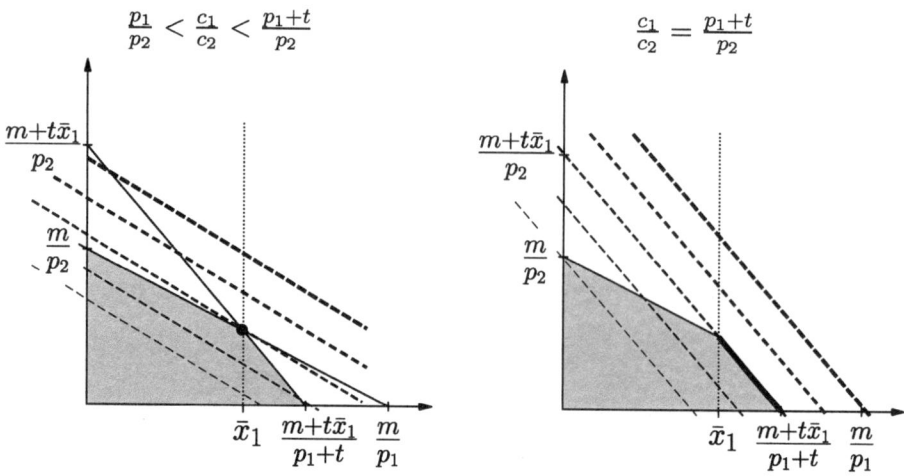

Figura 6.3: Casos (iii) y (iv).

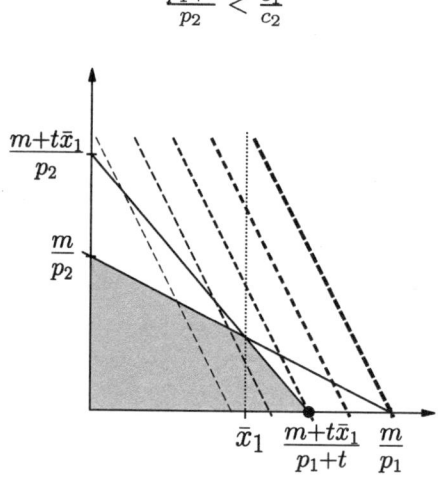

Figura 6.4: Caso (v).

6.1.2. Resolubilidad con conjunto factible no acotado

Se sabe que el conjunto factible de un problema de PL es siempre cerrado, por ser la intersección de semiespacios cerrados (véase el ejemplo 1.9). Si además es acotado, el conjunto factible será compacto y por el Teorema de Weierstrass se sabe que existe al menos un mínimo. Por tanto, el problema será resoluble.

Cuando su conjunto factible no es acotado, el problema puede no ser resoluble. Vamos a ver esto en los dos problemas siguientes:

1. Sean $a_1 = (-2, 1)'$, $a_2 = (-1, 2)'$, $a_3 = (-1, -2)'$, $c = (1, 1)'$, $b_1 = 0$, $b_2 = 10$, $b_3 = -4$, $F = \{x \in \mathbb{R}^2 \mid a_1'x \leq 0, a_2'x \leq 10, a_3'x \leq -4\}$ y el problema

$$(P_1) \quad Min \quad c'x$$
$$s.a \quad x \in F.$$

Aplicando el teorema 6.2, (P_1) tendrá solución si, y solo si, existen $\lambda_1, \lambda_2, \lambda_3 \geq 0$ tales que

$$-c = \lambda_1 a_1 + \lambda_2 a_2 + \lambda_3 a_3. \tag{6.2}$$

Pero observemos que la ecuación (6.2) define el sistema

$$\begin{cases} -2\lambda_1 - \lambda_2 - \lambda_3 = -1, \\ \lambda_1 + 2\lambda_2 - 2\lambda_3 = -1, \end{cases}$$

que es compatible indeterminado. Una de las infinitas soluciones es $\lambda_1 = \frac{1}{5}$, $\lambda_2 = 0$, $\lambda_3 = \frac{3}{5}$. Por el hecho de existir una solución del sistema (6.2) con todas las coordenadas no negativas, el problema (P_1) es resoluble.

Se puede resolver (P_1) gráficamente (véase la figura 6.5) y se comprueba que el óptimo del problema es $\bar{x} = (\frac{4}{5}, \frac{8}{5})'$.

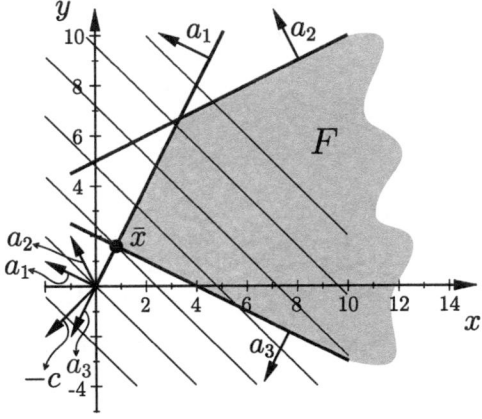

Figura 6.5: Problema resoluble con F no acotado.

Se puede utilizar el teorema 6.1 para probar que $\bar{x}$ es óptimo del problema (P_1) : Puesto que $a_1'\bar{x} = 0$, $a_2'\bar{x} = \frac{12}{5}$, $a_3'\bar{x} = -4$, las ecuaciones de complementariedad quedan

$$\lambda_1(a_1'\bar{x} - b_1) = \lambda_1(0 - 0) = 0;$$

$$\lambda_2(a_2'\bar{x} - b_2) = \lambda_2(\frac{12}{5} - 10) = 0;$$

$$\lambda_3(a_3'\bar{x} - b_3) = \lambda_3(-4 + 4) = 0.$$

Por tanto, $\lambda_2 = 0$ y λ_1, λ_3 quedan libres por el momento. Resolviendo el sistema

$$\lambda_1\begin{pmatrix} -2 \\ 1 \end{pmatrix} + \lambda_3\begin{pmatrix} -1 \\ -2 \end{pmatrix} = \begin{pmatrix} -1 \\ -1 \end{pmatrix},$$

se obtiene $\lambda_1 = \frac{1}{5}$, $\lambda_3 = \frac{3}{5}$, y entonces $-c = \frac{1}{5}a_1 + 0a_2 + \frac{3}{5}a_3$. Por tanto, $\bar{x}$ es punto de KKT como queríamos probar.

2. Sean $\tilde{c} = (-3, -1)'$, F el mismo conjunto factible del apartado 1 de este mismo ejemplo, y (P_2) el problema

$$(P_2) \quad Min \quad \tilde{c}'x$$
$$s.a \quad x \in F.$$

Por el teorema 6.2, y de la misma forma que en el apartado 1, (P_2) será resoluble si, y solo si, existen λ_1, λ_2, $\lambda_3 \geq 0$ tales que

$$\lambda_1 a_1 + \lambda_2 a_2 + \lambda_3 a_3 = -\tilde{c}. \tag{6.3}$$

La ecuación (6.3) define el sistema

$$\begin{cases} -2\lambda_1 - \lambda_2 - \lambda_3 = 3, \\ \lambda_1 + 2\lambda_2 - 2\lambda_3 = 1, \end{cases}$$

que es compatible indeterminado (con un grado de libertad). Por tanto, una vez resuelto el sistema, sus soluciones se pueden escribir en función de un parámetro α de la forma

$$\begin{pmatrix} \lambda_1 \\ \lambda_2 \\ \lambda_3 \end{pmatrix} = \frac{1}{3}\begin{pmatrix} -11 \\ 10 \\ \alpha \end{pmatrix}, \quad \alpha \in \mathbb{R},$$

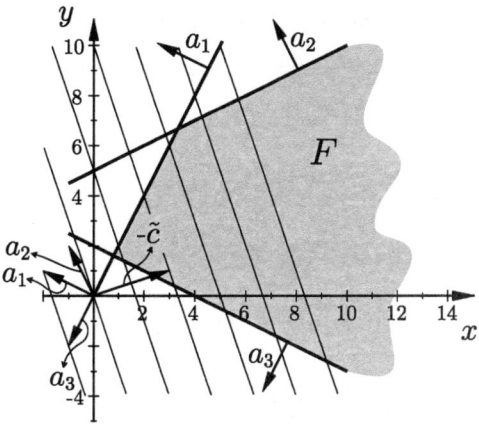

Figura 6.6: Problema no resoluble con F no acotado.

donde se observa que la primera coordenada es siempre negativa. Luego no existen parámetros λ_1, λ_2 y λ_3 que cumplan la ecuación (6.3) y sean a la vez no negativos, por lo que (P_2) no es resoluble.

Como ilustración observemos que la función objetivo de (P_2) decrece en la dirección del eje x (véase la figura 6.6). En primer lugar, se comprueba inmediatamente que $(\gamma, 0)$ es factible para cualquier $\gamma \geq 4$. Además, para cualesquiera $\gamma, \overline{\gamma} \geq 4$, con $\gamma > \overline{\gamma}$, se tiene $\quad \tilde{c}' \begin{pmatrix} \gamma \\ 0 \end{pmatrix} = -3\gamma < -3\overline{\gamma} = \tilde{c}' \begin{pmatrix} \overline{\gamma} \\ 0 \end{pmatrix}$.

6.1.3. Un problema de transporte

Se supone que cierto producto homogéneo está almacenado en distintas localizaciones, con diferentes cantidades en cada una. Se supone que existen m localizaciones y se designa por α_i (≥ 0) la cantidad disponible en cada localización i. Las cantidades de producto deben ser transportadas a diferentes destinos. Suponemos que existen n destinos y β_j (≥ 0) designa la cantidad requerida en el destino j. Emplearemos la siguiente notación:

x_{ij}: cantidad que es transportada del origen i al destino j;

c_{ij}: coste por cada unidad transportada del origen i al destino j; supondremos $c_{ij} \geq 0$ para todo $i = 1, \ldots, m$, $j = 1, \ldots, n$.

Por último, se supone que la cantidad total almacenada es mayor o igual a la cantidad total requerida: $\sum_{i=1}^{m} \alpha_i \geq \sum_{j=1}^{n} \beta_j$ (de lo contratrio el problema sería no resoluble directamente). El problema del transporte consiste en encontrar las organizaciones $(x_{ij})_{i=1,\ldots,m}^{j=1,\ldots,n}$, que satisfacen las demandas de cada localización, al tiempo que se minimiza el coste del transporte.

Dada la organización $(x_{ij})_{i=1,\ldots,m}^{j=1,\ldots,n}$, el coste que suponen los transportes a realizar es

$$\sum_{\substack{i=1,\ldots,m \\ j=1,\ldots,n}} c_{ij} x_{ij}.$$

La satisfacción de la demanda se traduce en la restricción $\sum_{i=1}^{m} x_{ij} = \beta_j$ (es decir, la suma de todas las cantidades que llegan al destino j debe ser β_j). Además, hay que tener en cuenta que cada origen i no puede disponer de más cantidad de producto que la que tiene almacenada, lo que se traduce en la restricción: $\sum_{j=1}^{n} x_{ij} \leq \alpha_i$ (es decir, la suma de todas las cantidades de producto que salen del origen i no puede superar α_i). Finalmente, se tiene en cuenta también la no negatividad de las variables para que el problema tenga sentido. Por tanto, el problema de minimización se puede formular como

$$
\begin{aligned}
(P) \quad Min \quad & \sum_{\substack{i=1,\ldots,m \\ j=1,\ldots,n}} c_{ij} x_{ij} \\
s.a \quad & \sum_{j=1}^{n} x_{ij} \leq \alpha_i, \ i = 1, \ldots, m, \\
& \sum_{i=1}^{m} x_{ij} = \beta_j, \ j = 1, \ldots, n, \\
& x_{ij} \geq 0, i = 1, \ldots, m, \ j = 1, \ldots, n.
\end{aligned}
$$

Aplicando el teorema 6.2 se puede comprobar que el problema del transporte siempre es resoluble: las $m + n$ restricciones,

$$x_{ij} \geq 0, \ i = 1, \ldots, m, \ j = 1, \ldots, n,$$

garantizan de forma evidente que se cumpla la condición (iii) del teorema 6.2 (recuérdese que los c_{ij} son no negativos). Solo falta probar que el conjunto factible es no vacío. Pero para probar esto basta tomar

$$\hat{x}_{ij} := \frac{\alpha_i \beta_j}{\sum_{i=1}^{m} \alpha_i}.$$

De este modo,

$$\sum_{j=1}^{n}\hat{x}_{ij} = \alpha_i \frac{\sum_{j=1}^{n}\beta_j}{\sum_{i=1}^{m}\alpha_i} \leq \alpha_i;$$

$$\sum_{i=1}^{m}\hat{x}_{ij} = \beta_j \frac{\sum_{i=1}^{m}\alpha_i}{\sum_{i=1}^{m}\alpha_i} = \beta_j.$$

Lo que quiere decir que $(\hat{x}_{ij})_{i=1,...,m}^{j=1,...,n}$ pertenece al conjunto factible del problema del transporte.

6.2. Regresión lineal: Modelos MINMAD y MIN-MAXAD

6.2.1. Planteamiento del modelo

La finalidad de esta práctica es determinar la ecuación del plano (de regresión)

$$Y = \alpha_0 + \alpha_1 X_1 + ... + \alpha_n X_n,$$

que mejor se ajusta (en el sentido que precisamos más adelante) a la nube de puntos

$$\{(y_j, x_{1j}, x_{2j}, ..., x_{nj}), \ j = 1, ..., k\}.$$

Para ello, consideramos el vector de parámetros $\alpha = (\alpha_0, \alpha_1, ..., \alpha_n) \in \mathbb{R}^{n+1}$ y definimos para cada $\alpha \in \mathbb{R}^{n+1}$ el correspondiente vector de residuos

$$\varepsilon(\alpha) := (\varepsilon_j(\alpha))_{j=1,...,k},$$

con

$$\varepsilon_j(\alpha) := y_j - (\alpha_0 + \alpha_1 x_{1j} + ... + \alpha_n x_{nj}), \ j = 1, ..., k.$$

A efectos interpretativos, en ocasiones nos referiremos a $(y_j)_{j=1,...,k}$ como el vector de observaciones experimentales de la variable Y, variable dependiente en la ecuación del plano de regresión, y a $(x_{ij})_{j=1,...,k}$ como el vector de observaciones experimentales de la variable independiente X_i, con $i = 1, ..., n$. De este modo, para cada $j = 1, ..., k$, puede interpretarse $\alpha_0 + \alpha_1 x_{1j} + ... + \alpha_n x_{nj}$ como el valor estimado de Y (el determinado mediante el plano de regresión) a partir de los valores $x_{1j}, ..., x_{nj}$ de las variables $X_1, ..., X_n$ (véase una ilustración del caso $n = 1$ en la figura 6.7).

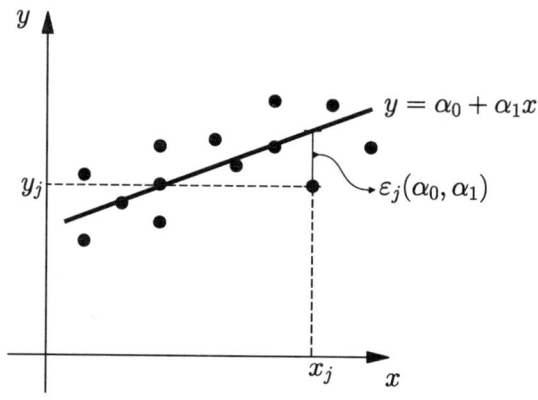

Figura 6.7: Recta de regresión $y = \alpha_0 + \alpha_1 x$.

Con la notación anterior, el problema de ajuste del plano a la nube de puntos considerada, en última instancia, conduce a determinar los valores de los escalares $\alpha_0, \alpha_1, ..., \alpha_n$ que, en términos informales, hacen "mínimo" el vector de residuos $\varepsilon(\alpha)$ (de diferencias entre los valores observados de Y y los estimados por el plano). Dependiendo de la norma elegida para "medir el tamaño" del vector de residuos se obtendrá un modelo u otro. Así, cuando se utiliza la norma euclídea, el modelo resultante es conocido como *modelo de regresión de mínimos cuadrados*, y se plantea como sigue

$$(P) \quad \underset{\alpha \in \mathbb{R}^{n+1}}{Min} \|\varepsilon(\alpha)\|_2 = \left(\sum_{j=1}^{k} \varepsilon_j(\alpha)^2 \right)^{\frac{1}{2}},$$

o equivalentemente (por ser la función $t \mapsto \sqrt{t}$ una función estrictamente creciente en $\mathbb{R}_+$)

$$(P_{mc}) \quad \underset{\alpha \in \mathbb{R}^{n+1}}{Min} \sum_{j=1}^{k} \varepsilon_j(\alpha)^2. \tag{6.4}$$

Por razones de antigüedad histórica y por las buenas propiedades estadísticas y computacionales que presenta, el de los mínimos cuadrados es un método destacado en el estudio de la regresión.

Con la finalidad de dar una interpretación estadística a la solución óptima del modelo de mínimos cuadrados (6.4), introducimos el siguiente resultado. Concretamente, se especifican ciertas hipótesis bajo las cuales la solución óptima del problema (6.4) proporciona la estimación de máxima verosimilitud para los parámetros correspondientes. En lo que sigue $N(\mu, \sigma)$ denota a la variable aleatoria normal de media μ y desviación típica σ.

Proposición 6.1 *Consideremos los siguientes elementos:*

a) Sean $x_{ij} \in \mathbb{R}$ con $i = 1, ..., n$, $j = 1, ..., k$ y $\sigma > 0$ conocidos.

b) Para cada $j = 1, ..., k$, sea $Y_j(\alpha)$ la variable aleatoria[1]

$$Y_j(\alpha) \equiv N(\alpha_0 + \alpha_1 x_{1j} + \ldots + \alpha_n x_{nj}, \sigma),$$

que depende del parámetro desconocido $\alpha = (\alpha_0, \alpha_1, \ldots, \alpha_n) \in \mathbb{R}^{n+1}$.

c) Supongamos además que las variables $Y_j(\alpha)$, $j = 1, ..., k$, son indepen-dientes.

d) Consideremos unas realizaciones concretas de las variables $Y_j(\alpha)$, $j = 1, ..., k$, denotadas por y_j, $j = 1, ..., k$, y sean

$$\varepsilon_j(\alpha) := y_j - (\alpha_0 + \alpha_1 x_{1j} + \ldots + \alpha_n x_{nj}), \ para \ j = 1, ..., k.$$

Entonces la solución óptima del problema de mínimos cuadrados (6.4) pro-porciona la estimación de máxima verosimilitud para el parámetro α.

Demostración. Nótese que la verosimilitud de la muestra $(y_j)_{j=1,...,k}$ para el parámetro $\alpha \in \mathbb{R}^{n+1}$ puede escribirse como

$$L(y_1, \ldots, y_k; \alpha) = \prod_{j=1}^{k} \frac{1}{\sqrt{2\pi}\sigma} e^{-\frac{(y_j - (\alpha_0 + \alpha_1 x_{1j} + \ldots + \alpha_n x_{nj}))^2}{2\sigma^2}} = \frac{1}{(\sqrt{2\pi}\sigma)^k} e^{-\sum_{j=1}^{k} \frac{(\varepsilon_j(\alpha))^2}{2\sigma^2}};$$

---

[1] Nótese que el hecho de que $Y_j(\alpha) \equiv N(\alpha_0 + \alpha_1 x_{1j} + \ldots + \alpha_n x_{nj}, \sigma)$ equivale a que la variable residual $E_j(\alpha) = Y_j(\alpha) - (\alpha_0 + \alpha_1 x_{1j} + \ldots + \alpha_n x_{nj})$ se distribuya como la normal de media 0 y desviación típica σ.

así, el planteamiento del problema de máxima verosimilitud puede escribirse como sigue

$$(P_{emv}) \quad \underset{\alpha \in \mathbb{R}^{n+1}}{Max} \quad \left(\frac{1}{\sqrt{2\pi}\sigma} \right)^k e^{-\sum_{j=1}^{k} \frac{(\varepsilon_j(\alpha))^2}{2\sigma^2}} .$$

Puesto que las funciones $t \longmapsto at$ (con $a > 0$) y $t \longmapsto e^t$ son estrictamente crecientes en $\mathbb{R}$, el problema (P_{emv}) es equivalente (en el sentido de que tiene los mismos óptimos locales y globales) a

$$(P'_{emv}) \quad \underset{\alpha \in \mathbb{R}^{n+1}}{Max} \quad -\sum_{j=1}^{k} (\varepsilon_j(\alpha))^2,$$

que, a su vez, resulta ser equivalente a

$$(P_{mc}) \quad \underset{\alpha \in \mathbb{R}}{Min} \sum_{j=1}^{k} \varepsilon_j(\alpha)^2,$$

con lo que concluye la demostración. ∎

El objetivo principal de esta aplicación es proponer dos métodos alternativos al de los mínimos cuadrados, que se resuelven con la ayuda de la PL.

1.- El primer método es conocido como modelo MINMAD (*Minimize the Mean of Absolute Desviation*): consiste en la resolución del problema

$$(P) \quad \underset{\alpha \in \mathbb{R}^{n+1}}{Min} \quad \frac{\sum_{j=1}^{k} |\varepsilon_j(\alpha)|}{k} ,$$

o, equivalentemente, el problema,

$$(P_1) \quad \underset{\alpha \in \mathbb{R}^{n+1}}{Min} \|\varepsilon(\alpha)\|_1 := \sum_{j=1}^{k} |\varepsilon_j(\alpha)| , \tag{6.5}$$

es decir, que se ha usado la norma $\|.\|_1$ para estimar el error.

El siguiente resultado proporciona la contrapartida de la proposición 6.1 en relación con el modelo MINMAD. En lo que sigue $\mathbf{L}(\mu, b)$ representa a la distribución de Laplace de parámetros $\mu \in \mathbb{R}$ (que coincide con su esperanza) y $b > 0$, cuya función de densidad está dada por

$$f(x) = \frac{1}{2b} e^{-\frac{|x-\mu|}{b}}, \ x \in \mathbb{R}.$$

Proposición 6.2 *Consideremos los siguientes elementos:*

a) Sean $x_{ij} \in \mathbb{R}$ con $i = 1, ..., n$, $j = 1, ..., k$ y $b > 0$ conocidos.

b) Para cada $j = 1, ..., k$, sea $Y_j(\alpha)$ la variable aleatoria

$$Y_j(\alpha) \equiv \mathbf{L}(\alpha_0 + \alpha_1 x_{1j} + \ldots + \alpha_n x_{nj}, b),$$

que depende del parámetro desconocido $\alpha = (\alpha_0, \alpha_1, \ldots, \alpha_n) \in \mathbb{R}^{n+1}$.

c) Supongamos, además, que las variables $Y_j(\alpha)$, $j = 1, ..., k$, son indepen-dientes.

d) Consideremos una realización concreta de la muestra $(Y_j(\alpha))_{j=1,...,k}$, de-notada por $(y_j)_{j=1,...,k}$, y sean

$$\varepsilon_j(\alpha) := y_j - (\alpha_0 + \alpha_1 x_{1j} + \ldots + \alpha_n x_{nj}), \;\; para \; j = 1, ..., k.$$

Entonces la solución óptima del modelo MINMAD (6.5) proporciona la es-timación de máxima verosimilitud para el parámetro α.

Demostración. Un argumento análogo al de la proposición 6.1 conduce al siguiente planteamiento del problema de estimación por máxima verosimilitud

$$(P_{emv}) \quad \underset{\alpha \in \mathbb{R}^{n+1}}{Max} \quad \left(\frac{1}{2b}\right)^k e^{-\sum_{j=1}^{k} \frac{|\varepsilon_j(\alpha)|}{b}},$$

que resulta ser equivalente al problema (6.5). ∎

Observación 6.2 *El hecho de que la variable $Y_j(\alpha)$ siga una distribución de Laplace de parámetros $\alpha_0 + \alpha_1 x_{1j} + \ldots + \alpha_n x_{nj}$ y b, es equivalente a decir que la variable residual $E_j(\alpha) := Y_j(\alpha) - (\alpha_0 + \alpha_1 x_{1j} + \ldots + \alpha_n x_{nj})$ se distribuye según una exponencial doble de parámetro b. Recuérdese que la función de den-sidad de una exponencial doble de parámetro b puede escribirse como sigue*

$$f(x) := \frac{1}{2b} e^{-\frac{|x|}{b}}, \;\; x \in \mathbb{R}.$$

Este detalle se tendrá en cuenta en la subsección 6.2.2, cuando se superpone la curva de la exponencial doble al histograma de residuos correspondientes.

2.- La segunda alternativa se conoce como modelo MINMAXAD (*Minimize the Maximum of Absolute Desviation*): en este modelo se utiliza la norma del supremo para estimar el error y el problema queda

$$(P_2) \quad \underset{\alpha \in \mathbb{R}^{n+1}}{Min} \; Max\left\{|\varepsilon_j(\alpha)|, \; j=1,\ldots,k\right\} . \tag{6.6}$$

Estas dos alternativas se pueden transformar en modelos de PL. Procedemos a explicar las tranformaciones realizadas a cada modelo:

En primer lugar, respecto del modelo MINMAD, veremos que las soluciones óptimas del problema (6.5), que venía dado por

$$(P_1) \quad \underset{\alpha \in \mathbb{R}^{n+1}}{Min} \sum_{j=1}^{k} |\varepsilon_j(\alpha)|,$$

pueden encontrarse fácilmente a través de las soluciones del nuevo problema de PL definido por

$$(PL_1) \quad \underset{u,v \in \mathbb{R}^k, \; \alpha \in \mathbb{R}^{n+1}}{Min} \; \sum_{j=1}^{k} u_j + v_j$$
$$s.a \quad \varepsilon_j(\alpha) = u_j - v_j, \; j=1,\ldots,k, \tag{6.7}$$
$$u_j, v_j \geq 0, \; j=1,\ldots,k.$$

La siguiente proposición formaliza la relación entre las soluciones óptimas de (PL_1) y las de (P_1). Dicha proposición hace uso frecuente de la siguiente observación.

Observación 6.3 *Sea $x \in \mathbb{R}$, existen dos únicos $\alpha, \beta \geq 0$ con $\alpha, \beta \in \mathbb{R}$ tales que $x = \alpha - \beta$ y $|x| = \alpha + \beta$. En efecto, dado $x \in \mathbb{R}$, los únicos $\alpha, \beta \in \mathbb{R}$ que verifican las condiciones anteriores son $\alpha = \frac{1}{2}(x + |x|)$ y $\beta = \frac{1}{2}(x - |x|)$.*

Proposición 6.3 *Se tienen las siguientes condiciones:*

(i) Si $\bar{\alpha} \in \mathbb{R}^{n+1}$ es óptimo global de (P_1), entonces existen $\bar{u}, \bar{v} \in \mathbb{R}^k$, con $\bar{u}, \bar{v} \geq 0$ tales que $(\bar{u}, \bar{v}, \bar{\alpha})$ es óptimo global de (PL_1).

(ii) Si $(\bar{u}, \bar{v}, \bar{\alpha}) \in \mathbb{R}^k \times \mathbb{R}^k \times \mathbb{R}^{n+1}$ es óptimo global de (PL_1), entonces $\bar{\alpha}$ es óptimo global de (P_1).

Demostración. (i) Supongamos que $\bar{\alpha}$ es óptimo global de (P_1). Para cada $j = 1, \ldots, k$, sean $\bar{u}_j, \bar{v}_j \geq 0$ los únicos números no negativos tales que,

$$\left. \begin{array}{l} \varepsilon_j(\bar{\alpha}) = \bar{u}_j - \bar{v}_j, \\ |\varepsilon_j(\bar{\alpha})| = \bar{u}_j + \bar{v}_j. \end{array} \right\}$$

Nótese que $(\bar{u}, \bar{v}, \bar{\alpha})$ es factible de (PL_1). Veamos que, de hecho, $(\bar{u}, \bar{v}, \bar{\alpha})$ constituye un óptimo global de (PL_1). Para ello, sea $(\hat{u}, \hat{v}, \hat{\alpha})$ un punto factible de (PL_1), esto es,

$$\varepsilon_j(\hat{\alpha}) = \hat{u}_j - \hat{v}_j, \ j = 1, \ldots, k \text{ y } \hat{u}_j, \ \hat{v}_j \geq 0, \ j = 1, \ldots, k.$$

Queremos probar que $\sum_{j=1}^{k} \bar{u}_j + \bar{v}_j \leq \sum_{j=1}^{k} \hat{u}_j + \hat{v}_j$. En efecto:

$$\sum_{j=1}^{k} \bar{u}_j + \bar{v}_j = \sum_{j=1}^{k} |\varepsilon_j(\bar{\alpha})| \leq \sum_{j=1}^{k} |\varepsilon_j(\hat{\alpha})| =$$

$$= \sum_{j=1}^{k} |\hat{u}_j - \hat{v}_j| \leq \sum_{j=1}^{k} |\hat{u}_j| + |\hat{v}_j| = \sum_{j=1}^{k} \hat{u}_j + \hat{v}_j.$$

(ii) Supongamos que $(\bar{u}, \bar{v}, \bar{\alpha})$ es óptimo global de (PL_1). Veamos que $\bar{\alpha}$ es óptimo global de (P_1). Queremos probar que $\sum_{j=1}^{k} |\varepsilon_j(\bar{\alpha})| \leq \sum_{j=1}^{k} |\varepsilon_j(\alpha)|$, para todo $\alpha \in \mathbb{R}^{n+1}$.

Sea $\tilde{\alpha} \in \mathbb{R}^{n+1}$ arbitrario. Se tiene:

$$\sum_{j=1}^{k} |\varepsilon_j(\bar{\alpha})| = \sum_{j=1}^{k} |\bar{u}_j - \bar{v}_j| \leq \sum_{j=1}^{k} \bar{u}_j + \bar{v}_j. \tag{6.8}$$

Por otro lado, asociado a $\tilde{\alpha} \in \mathbb{R}^{n+1}$ consideramos $\tilde{u}, \tilde{v} \in \mathbb{R}^k$ tales que $\varepsilon_j(\tilde{\alpha}) = \tilde{u}_j - \tilde{v}_j$ y $|\varepsilon_j(\tilde{\alpha})| = \tilde{u}_j + \tilde{v}_j$ con $j = 1, \ldots, k$. Nótese que $(\tilde{u}, \tilde{v}, \tilde{\alpha})$ es un punto factible de (PL_1).

Entonces,

$$\sum_{j=1}^{k} |\varepsilon_j(\bar{\alpha})| \leq \sum_{j=1}^{k} \bar{u}_j + \bar{v}_j \leq \sum_{j=1}^{k} \tilde{u}_j + \tilde{v}_j = \sum_{j=1}^{k} |\varepsilon_j(\tilde{\alpha})|,$$

donde la primera desigualdad viene de (6.8) y la segunda se deduce del hecho de que $(\bar{u}, \bar{v}, \bar{\alpha})$ es solución óptima de (PL_1) y $(\tilde{u}, \tilde{v}, \tilde{\alpha})$ una solución factible del mismo problema. Queda entonces probada la tesis del apartado (ii). ∎

Por último, en el modelo MINMAXAD, hemos procedido de la siguiente forma. Partimos del problema (6.6), que recordamos a continuación

$$(P_2) \quad \underset{\alpha \in \mathbb{R}^{n+1}}{Min} \ Max \left\{ |\varepsilon_j(\alpha)|, \ j = 1, \ldots, k \right\}.$$

La siguiente proposición establece que las soluciones óptimas de (P_2) pueden obtenerse a partir de las soluciones del siguiente problema, en términos de las variables $\alpha \in \mathbb{R}^{n+1}$, $d \in \mathbb{R}$:

$$(\widetilde{P}_2) \quad Min \quad d$$
$$s.a \quad |\varepsilon_j(\alpha)| \le d, \ j = 1, \ldots, k,$$

que inmediatamente conduce al problema de PL

$$(PL_2) \quad Min \quad d$$
$$s.a \quad \varepsilon_j(\alpha) \le d, \ j = 1, \ldots, k, \qquad (6.9)$$
$$-\varepsilon_j(\alpha) \le d, \ j = 1, \ldots, k.$$

Proposición 6.4 *Se tienen las siguientes condiciones:*

(i) Si $\bar{\alpha} \in \mathbb{R}^{n+1}$ es óptimo global de (P_2), entonces existe $\bar{d} \in \mathbb{R}$ tal que $(\bar{\alpha}, \bar{d})$ es óptimo global de (PL_2).

(ii) Si $(\bar{\alpha}, \bar{d}) \in \mathbb{R}^{n+1} \times \mathbb{R}$ es óptimo global de (PL_2), entonces $\bar{\alpha}$ es óptimo global de (P_2).

Demostración. (i) Sea $\bar{\alpha} \in \mathbb{R}^{n+1}$ un óptimo global de (P_2). Definimos $\bar{d} := \max\{|\varepsilon_j(\bar{\alpha})|, \ j = 1, \ldots, k\}$. Obviamente, $(\bar{\alpha}, \bar{d})$ es una solución factible de (PL_2). Veamos que $(\bar{\alpha}, \bar{d})$ es óptimo global de (PL_2). Para ello, sea $(\tilde{\alpha}, \tilde{d})$ una solución factible de (PL_2) y veamos que $\bar{d} \le \tilde{d}$. En efecto,

$$\bar{d} = \max\{|\varepsilon_j(\bar{\alpha})|, \ j = 1, \ldots, k\} \le \max\{|\varepsilon_j(\tilde{\alpha})|, \ j = 1, \ldots, k\} \le \tilde{d},$$

donde la primera desigualdad se tiene por ser $\bar{\alpha}$ un óptimo global de (P_2) y la segunda se deduce de la factibilidad de $(\tilde{\alpha}, \tilde{d})$ con respecto al problema (PL_2).

(ii) Sea $(\bar{\alpha}, \bar{d})$ un óptimo global de (PL_2) y consideremos $\tilde{\alpha} \in \mathbb{R}^{n+1}$ arbitrario. Sea

$$\tilde{d} := \max\{|\varepsilon_j(\tilde{\alpha})|, \ j = 1, \ldots, k\}.$$

Entonces, es inmediato que $(\tilde{\alpha}, \tilde{d})$ una solución factible de (PL_2), lo que implica

$$\max\{|\varepsilon_j(\bar{\alpha})|, \ j = 1, \ldots, k\} = \bar{d} \le \tilde{d} = \max\{|\varepsilon_j(\tilde{\alpha})|, \ j = 1, \ldots, k\},$$

lo que prueba que $\bar{\alpha}$ es óptimo global de (P_2). ∎

6.2.2. Resolución con MATLAB

Seguidamente implementamos las funciones que nos ayudan a resolver los modelos MINMAD y MINMAXAD para una muestra de k observaciones y n variables. Se ha añadido un pequeño comentario en cada una de ellas, que aparecerá como ayuda simplemente tecleando, en la ventana *Command Window*, help seguido del nombre de la función. Por ejemplo:

```
>> help minmad
```

En la implementación de estos modelos se ha empleado la notación:

$$X := \begin{pmatrix} x_{11} & \cdots & x_{n1} \\ \vdots & \vdots & \vdots \\ x_{1j} & \cdots & x_{nj} \\ \vdots & \vdots & \vdots \\ x_{1k} & \cdots & x_{nk} \end{pmatrix} \text{ e } Y := \begin{pmatrix} y_1 \\ \vdots \\ y_k \end{pmatrix}.$$

Comenzaremos con la implementación del modelo MINMAD en MATLAB. Partimos del problema (6.7) que recordamos a continuación

$$(PL_1) \quad \underset{u,v \in \mathbb{R}^k,\ \alpha \in \mathbb{R}^{n+1}}{Min} \quad \sum_{j=1}^{k} u_j + v_j$$

$$s.a \quad \varepsilon_j(\alpha) = u_j - v_j,\ j = 1, \ldots, k,$$

$$u_j, v_j \geq 0,\ j = 1, \ldots, k,$$

donde recordemos, además, que

$$\varepsilon_j(\alpha) := y_j - (\alpha_0 + \alpha_1 x_{1j} + \ldots + \alpha_n x_{nj}),\ j = 1, \ldots, k.$$

Nuestro objetivo inicial es adaptar el problema (PL_1) al formato de MATLAB que tiene la siguiente estructura:

$$(P) \quad \begin{aligned} Min \quad & c'x \\ s.a \quad & Ax \leq b, \\ & Aeq\ x = beq, \\ & LB \leq x \leq UB, \end{aligned} \quad (6.10)$$

donde x representa la variable de decisión del modelo, c el vector de coeficientes de la función objetivo, '$Ax \leq b$' el sistema de desigualdades lineales en formato matricial, '$Aeq\ x = beq$' el sistema de ecuaciones lineales, también en fomato matricial, y finalmente '$LB \leq x \leq UB$' las acotaciones inferior y superior de la variable (LB viene del inglés "lower bound", y UB de "upper bound").

En nuestro caso, consideramos la variable

$$x = (u, v, \alpha) \in \mathbb{R}^k \times \mathbb{R}^k \times \mathbb{R}^{n+1};$$

así el vector de coeficientes de la función objetivo de (PL_1) coincide con

$$c = (\overbrace{1, ..., 1}^{k}, \overbrace{1, ..., 1}^{k}, \overbrace{0, ..., 0}^{n+1})' \in \mathbb{R}^k \times \mathbb{R}^k \times \mathbb{R}^{n+1}.$$

Nuestro modelo incluye un sistema de ecuaciones lineales que viene dado por

$$\{u_j - v_j + \alpha_0 + \alpha_1 x_{1j} + \ldots + \alpha_n x_{nj} = y_j,\ j = 1, ..., k\},$$

así, la matriz de coeficientes del correspondiente sistema de ecuaciones quedaría

$$Aeq = \left(\begin{array}{c|c|c|c} I_k & -I_k & 1_k & X \end{array} \right)_{k \times (2k+n+1)},$$

donde I_k es la matriz identidad de orden k y $1_k = (\overbrace{1, ..., 1}^{k})'$. El vector de términos independientes está dado por

$$beq = Y,$$

y los vectores que expresan las cotas son

$$LB = \begin{pmatrix} 0_k \\ 0_k \\ (-\infty)\, 1_{n+1} \end{pmatrix} \quad \text{y } UB = (+\infty)\, 1_{2k+n+1}.$$

Nótese que para indicar que α no está acotada inferiormente, asignamos $-\infty$ a cada una de las coordenadas correspondientes de LB (así $(-\infty)\, 1_{n+1}$ representa a $(\overbrace{-\infty, ..., -\infty}^{n+1})'$). Además, puesto que ninguna de las variables está acotada superiormente, cada una de las coordenadas de UB es $+\infty$ (lo que se representa simbólicamente por $UB = (+\infty)\,1_{2k+n+1}$).

Para crear la nueva función **minmad** se han utilizado las siguientes funciones predefinidas de MATLAB:

o **ones(n,k)** crea una matriz de unos con **n** filas y **k** columnas.

o **eye(k)** crea una matriz identidad de oden **k**×**k**.

o **min(x)** y **max(x)** nos devuelve el mímimo y máximo, respectivamente, de los elementos del vector **x**. Si fuese una matriz, mostraría el mínimo y el máximo de cada una de las columnas.

o **var(x)** nos devuelve la varianza de los elementos del vector **x**. Si **x** fuese una matriz, mostraría la varianza por columnas.

o **abs(x)** muestra el valor absoluto de **x**.

o **size(X)** proporciona el número de filas y columnas, en este orden, de **X**.

La nueva función **minmad** requiere dos argumentos de entrada, que denotaremos por *dep* e *indep*, y que contienen los valores observados de la variable dependiente (Y) y las independientes ($X_1, .., X_n$) del plano de regresión; esto es,

$$dep := Y' \text{ e } indep := X',$$

(se ha optado por introducir los datos por filas para mayor comodidad del usuario).

A partir de estos datos, la función **minmad** proporciona dos salidas: *sol*, que es la solución óptima del modelo MINMAD, esto es, $sol = (\alpha_0, \alpha_1, ..., \alpha_n)'$ y *e*, el vector de residuos para los valores dados de los parámetros.

En ambas funciones se ha añadido la opción de realizar una estimación particular de y a partir de unos valores observados de las variables independientes.

La función **minmad**, se presenta a continuación:

━━━━━━━━━━━━━━━━ Inicio función **minmad** ━━━━━━━━━━━━━━━━

```
%La función minmad proporciona una alternativa al método
%de mínimos cuadrados en modelos de regresión lineal. Mien-
```

```
%tras el método de los mínimos cuadrados minimiza la Norma 2
%del vector de residuos, el minmad minimiza la suma de los
%valores absolutos de los residuos, esto es, de la Norma 1.
%Aquí se resuelve mediante su equivalente, un modelo de PL.
%La sintaxis es [sol,e]=minmad(dep,indep), donde dep es el
%vector (fila) que contiene las observaciones experimentales
%de la variable dependiente del modelo, e indep es la matriz
%que contiene por filas las observaciones experimentales de
%cada una de las variables independientes. Respecto de los
%argumentos de salida, sol es el vector que tiene los valo-
%res óptimos de los parámetros del modelo y e es el vector
%de residuos correspondiente. También se representa el his-
%tograma correspondiente a la distribución de los errores y
%se superpone la gráfica de la función de densidad (ajustada
%en escala) de la variable aleatoria exponencial doble, con
%el fin de establecer una comparativa a nivel intuitivo,
%entre ambos. Para evitar errores a la hora de introducir
%los datos se aconseja crear un M-file con dep e indep.

function [sol,e]=minmad(dep,indep)
x=indep;
[n,k]=size(x);
y=dep';
%función objetivo
c=[ones(2*k,1); zeros(n+1,1)];
x=x';
%restricciones de igualdad
Aeq=[eye(k), -eye(k), ones(k,1),x];
%términos independientes de las ecuaciones de igualdad
beq=y;
%cota inferior
LB=[zeros(2*k,1);-inf*ones(n+1,1)];
[s,t]=linprog(c,[],[],Aeq,beq,LB,[]);
```

```
sol=s((2*k+1):(2*k+n+1));
disp('desea realizar alguna estimación particular de y')
o=input('en caso afirmativo, escriba 1, en otro caso,
pulse otro número');
while o==1
 ob=input('introduzca (en un vector fila) los valores de
 la variable independiente');
 obs=[1,ob];
 disp('el valor estimado de y es:')
 z=obs*sol
 disp('desea realizar una nueva estimación')
 o=input('en caso afirmativo, escriba 1, en otro caso,
 pulse otro número')
end
disp('estos son los parámetros del plano de regresión')
disp('estimados con el método MINMAD')
%gráfico de los errores
u=s(1:k);
v=s((k+1):(2*k));
e=u-v;
subplot(2,1,1),plot(e,'r.','LineWidth',1,'MarkerSize',5);
%Regla de Sturges, para saber el nº de intervalos
q=floor(3/2+log10(n*k)/log10(2));
subplot(2,1,2);
hist(e,q);
hold on
%varianza =2/lambda^2
p=min(e):0.01:max(e);
va=var(e);
lambda=sqrt(2/va);
plot(p,((lambda/2)*exp(-lambda*abs(p)))*k,'r','LineWidth',2)
hold off
```

———————————— Fin función **minmad** ————————————

Ahora implementamos el modelo MINMAXAD en MATLAB de una muestra de k observaciones y n variables. Partimos del problema (6.9), que recordamos a continuación

$$(PL_2) \quad Min \quad d$$
$$s.a \quad \varepsilon_j(\alpha) \leq d, \; j = 1, \ldots, k,$$
$$-\varepsilon_j(\alpha) \leq d, \; j = 1, \ldots, k.$$

Seguidamente adaptamos (PL_2) al formato de MATLAB (6.10). La variable de decisión es $x = (\alpha, d) \in \mathbb{R}^{n+1} \times \mathbb{R}$; así el vector de coeficientes de la función objetivo es:

$$c = (\overbrace{0, \ldots, 0}^{n+1}, 1)' \in \mathbb{R}^{n+2}.$$

La matriz de coeficientes de las desigualdades, A, es:

$$A = \begin{pmatrix} -1_k \mid & -X \mid & -1_k \\ 1_k \mid & X \mid & -1_k \end{pmatrix}_{2k \times (n+2)}.$$

El vector de términos independientes de las desigualdades , b, es:

$$b = \begin{pmatrix} -Y \\ Y \end{pmatrix}_{2k \times 1}.$$

La función **minmaxad** es la siguiente:

———————————— Inicio función **minmaxad** ————————————

```
%La función minmaxad proporciona una alternativa al método
%de mínimos cuadrados en modelos de regresión lineal. Mien-
%tras el método de los mínimos cuadrados minimiza la Norma 2
%del vector de residuos, el minmaxad minimiza el máximo de
%los valores absolutos de los residuos (Norma supremo).
%Aquí se resuelve mediante su equivalente, un modelo de PL.
%La sintaxis es la siguiente [sol,d]=minmaxad(dep,indep),
%donde dep es el vector (fila) que contiene las observaci-
%ones de la variable dependiente del modelo, e indep es la
%matriz que contiene por filas las observaciones experimen-
%tales de cada una de las variables independientes. Respecto
```

```
%de los argumentos de salida, sol es el vector que tiene los
%valores óptimos de los parámetros del modelo y d es la nor-
%ma del vector de residuos correspondiente a dichos parámetros.
%Para evitar errores a la hora de introducir los datos es acon-
%sejable crear un M-file con dep e indep.


function [sol,d]=minmaxad(dep,indep)
x=indep;
[n,k]=size(x);
y=dep';
%función objetivo
c=[zeros(n+1,1);1];
x=x';
%restricciones de desigualdad
A=[-ones(k,1),-x, -ones(k,1); ones(k,1),x,-ones(k,1)];
%términos independientes de las ecuaciones de desigualdad
b=[-y;y];
%cota inferior
LB=[zeros(n+2,1)];
[s,t]=linprog(c,A,b,[],[],LB,[]);
sol=s(1:n+1);
disp('desea realizar alguna estimación particular de y')
 o=input('en caso afirmativo, escriba 1; en otro caso,
 pulse otro número')
while o==1
 ob=input('introduzca (en un vector fila) los valores de
 la variable independiente');
 obs=[1,ob];
 disp('el valor estimado de y es:')
 z=obs*sol
 disp('desea realizar una nueva estimación')
 o=input('en caso afirmativo, escriba 1; en otro caso,
```

```
 pulse otro número')
end
disp('estos son los parámetros del plano de regresión')
disp('estimados con el método MINMAXAD')
d=s(n+2);
```

—————————————— Fin función **minmaxad** ——————————

6.2.3. Ejercicios resueltos

Ejercicio 6.1 La siguiente tabla muestra el tiempo de permanencia en un hospital de 20 enfermos antes de ser dados de alta (**T**, en días), así como sus respectivas edades (**E**) y pesos (**P** en libras). Se pide:

(a) Ajustar un modelo lineal que explique el tiempo de permanencia en el hospital en función de la edad y el peso del paciente mediante los métodos MINMAD y MINMAXAD.

(b) Predecir el tiempo en ser dado de alta de un paciente con $(32, 157)$.

T :	45	40	39	30	35	33	41	10	3	1
E :	47	44	39	39	29	48	44	42	28	37
P :	163	171	171	133	167	180	151	169	164	165
T :	8	4	5	9	7	4	8	3	1	3
E :	39	38	34	36	41	23	38	33	35	27
P :	170	143	142	135	165	160	138	151	145	140

Solución. Con MINMAD.

El primer paso es identificar la variable dependiente y las independientes. Aquí claramente la variable dependiente es **T** y las variables independientes son **E** y **P**. Creamos un M-file que llamaremos **ejer1.m**, donde se almacenan el vector **dep** y al matriz **indep** (véase la figura 6.8).

Ejecutamos **ejer1** desde la ventana *Command Window* (figura 6.9).

La figura 6.10 muestra la ejecución de la función **minmad**. Recuérdese que se nos preguntará si deseamos hacer alguna estimación particular.

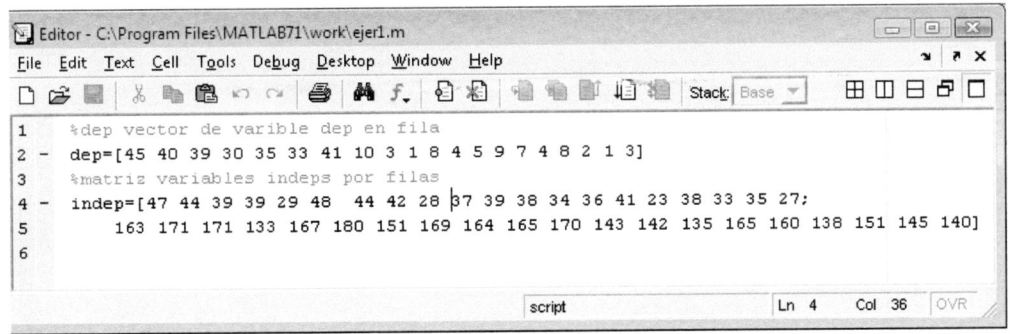

Figura 6.8: Matrices de datos en un M-file.

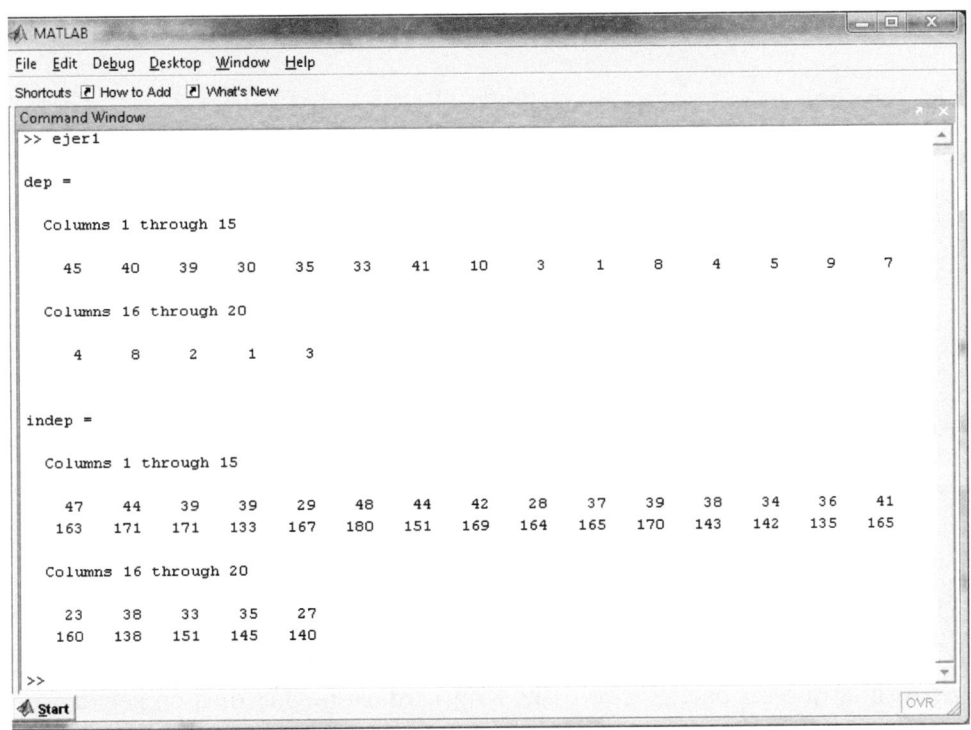

Figura 6.9: Muestra de la carga del M-file.

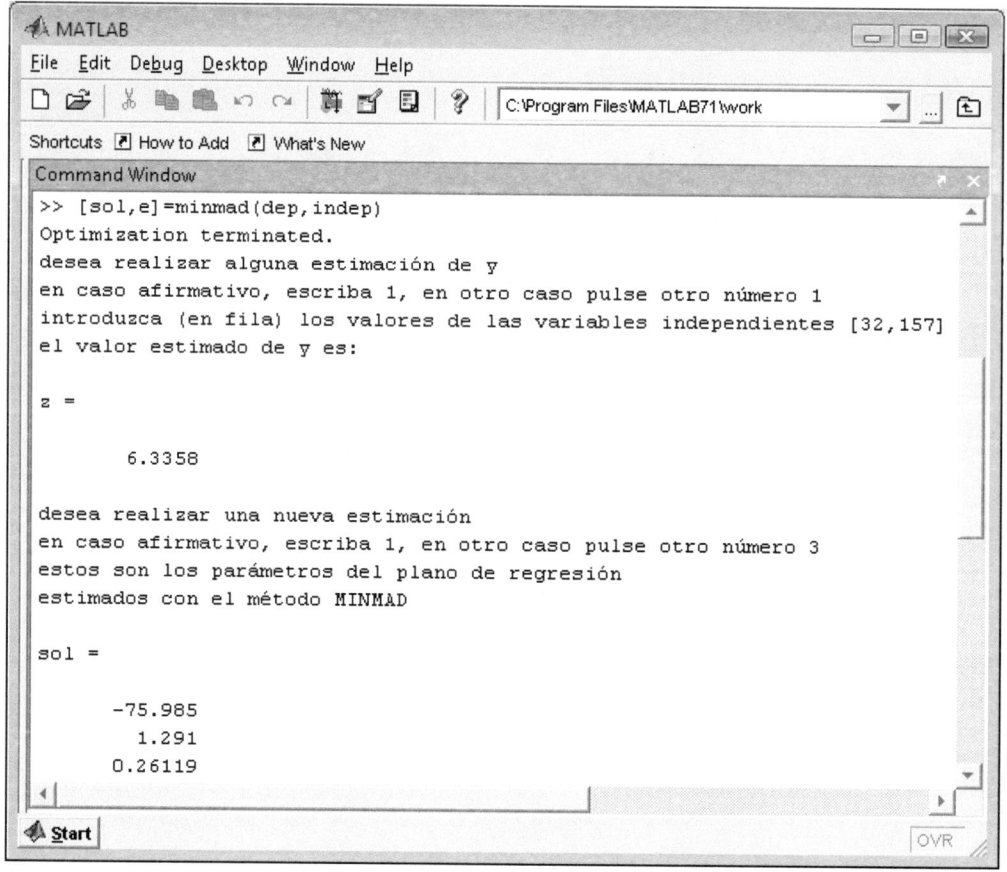

Figura 6.10: Solución con la función minmad.

Así pues, el plano de regresión quedaría (véase de nuevo la figura 6.10):

$$\mathbf{T} = -75.9851 + 1.2910\mathbf{E} + 0.2612\mathbf{P},$$

y la distribución de los errores se encuentra en la figura 6.11.

Se estima que un paciente con $(32, 157)$ tardará 6.3358 días en ser dado de alta.

En este caso el ajuste de los errores a una distribución exponencial doble no es lo suficientemente claro (en términos intuitivos) como para garantizar que la estimación sea de máxima verosimilitud (véase la proposición 6.2).

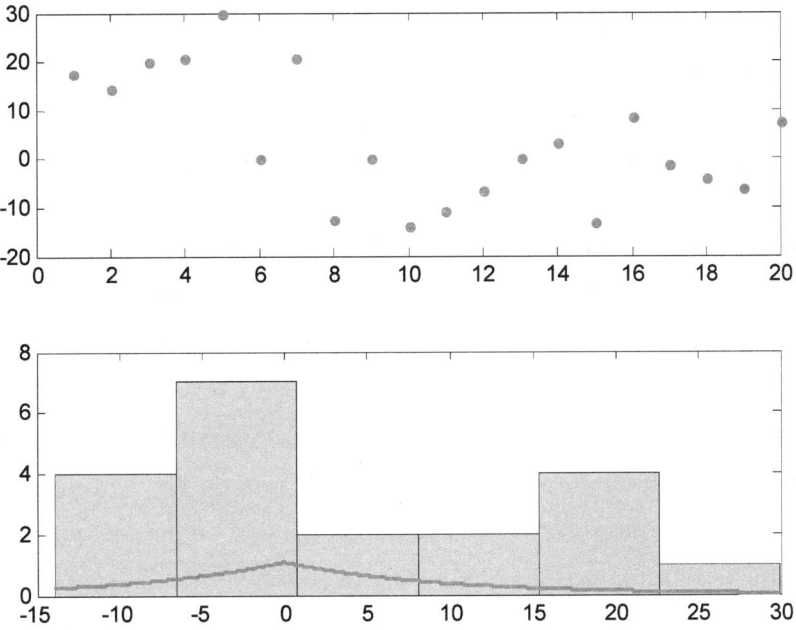

Figura 6.11: Distribución de los errores en la solución del modelo minmad.

Con el modelo MINMAXAD escribimos:

```
>> [sol,d]=minmaxad(dep,inde)
```

Y obtenemos el modelo:

$$\mathbf{T} = 0.5476\mathbf{E}.$$

Posiblemente un paciente con $(32, 157)$ tardará 17.5238 días en ser dado de alta, es decir, entre 17 y 18 días.

Ejercicio 6.2 En este ejercicio vamos a usar una base de datos externa al MAT-LAB, la base de datos del SPSS, con el propósito de usar gran cantidad de variables y de datos[2]. Concretamente, emplearemos el fichero Coches.sav y tra-

---

[2]El programa MATLAB permite insertar datos provenientes de diferentes fuentes. Además de las bases de datos del SPSS podrían utilizarse otras provenientes de EXCEL (como se

bajaremos con las variables **consumo** (litros cada 100 km), **motor** (cilindrada en CC), **acel** (aceleración de 0 a 100), **cv** (potencia en CV), **peso** (total en kg) y **año** (año de fabricación). Se desea conocer la relación que existe entre el consumo de los coches de EE.UU. y las variables **motor**, **cv**, **peso**, **acel** y **año**. Para ello utilizaremos los métodos MINMAD y MINMAXAD.

Solución. El primer paso es preparar la base de datos para poder utilizarla en MATLAB. A continuación, se explica el modo de proceder para importar una base de datos del SPSS a MATLAB. Abrimos el SPSS y seleccionamos *Abrir un origen de datos existente→Aceptar.* Seleccionamos *Coches.sav→Abrir.*

Preparamos los datos, esto es, seleccionamos las variables de interés. Podemos ver una breve descripción en *vista de variables* (una de las ventanas del SPSS) con el fin de decidir qué variable será la dependiente y cuales las independientes. A continuación, eliminamos las que no vayan a ser exportadas. En este ejemplo, la variable dependiente será el **consumo** y las variables independientes serán **motor**, **cv**, **peso**, **acel** y **año**. La variable **origen** es categórica, indica el país de procedencia de los coches, se han elegido los coches de *EE.UU.* (codificada con el número 1, como puede apreciarse en la ventana *vista de datos*). Entonces, *Datos →Seleccionar casos→Si cumple la condición* **origen**=*1→Continuar→Aceptar.* (Véanse las Figuras 6.12 y 6.13).

Ahora habrá que eliminar la variable origen y los blancos (en el sentido de celda vacía). Para eliminar un blanco desde vista de datos nos ponemos sobre fila y suprimimos, de igual forma se eliminan las variables que no vayan a ser usadas en el análisis. Para confirmar que no nos hemos olvidado ninguno, se puede comprobar mediante *Analizar→Frecuencias*, añadimos todas las variables y, en el visor de resultados se muestra si hay algún valor perdido (véase la figura 6.14).

Una vez terminado este proceso guardamos la base de datos en extensión Excel 2.1(*.xls). Ahora ya estamos en condiciones de trabajar la base de datos desde MATLAB. Abrimos MATLAB, *File→Open*, abrimos directamente el documento excel que acabamos de crear. MATLAB nos muestra *Import Wiz-*

---

mostrará más adelante en el próximo capítulo, en particuar en la aplicación de la cartera de valores).

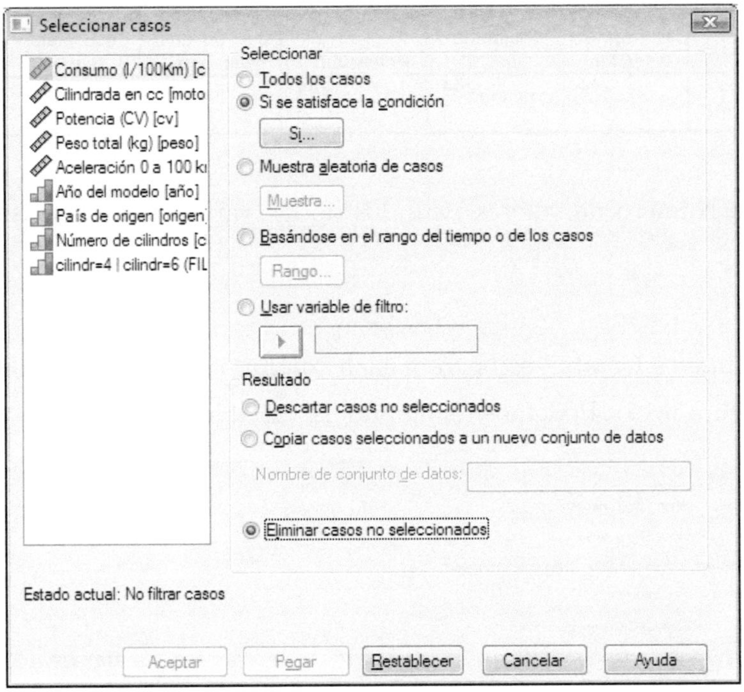

Figura 6.12: Selección de casos de interés en SPSS.

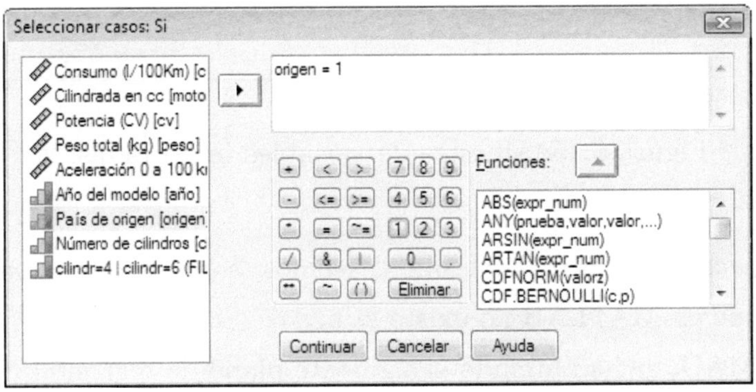

Figura 6.13: Condición de selección.

Estadísticos

		Consumo (l/100 km)	Cilindrada en CC	Potencia (CV)	Aceleración 0 a 100 km/h (segundos)	Peso total (kg)	Año del modelo
N	Válidos	244	244	244	244	244	244
	Perdidos	0	0	0	0	0	0

Figura 6.14: Número de valores perdidos de las variables de la base de datos Coches.sav.

ard, seleccionamos *Create vector from each column using column names, Finish* (véase la figura 6.15). Podemos renombrar la variables directamente pinchando

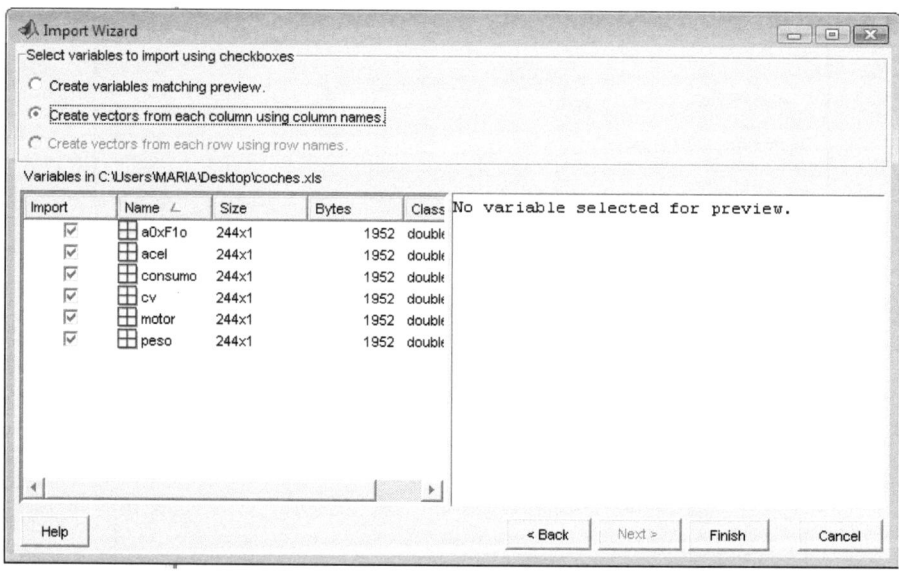

Figura 6.15: Muestra de variables importadas.

en el *Workspace* sobre la variable que deseemos, aquí hemos renombrado **año** por **any**, ya que en MATLAB no existe la ñ.

Con MINMAD, se ha obtenido el siguiente plano de regresión y la distribución de los errores (véase la figura 6.16) son:

$$\text{consumo} = 21.6682 + 0.0001\text{motor} + 0.0180\text{cv} + 0.0078\text{peso}+$$
$$+ 0.1382\text{acel} - 0.3005\text{any}.$$

En este caso particular, se aprecia intuitivamente que el ajuste a una exponencial doble es aceptable, por lo que la estimación del modelo MINMAD posiblemente tenga buenas propiedades estadísticas (proporcione el estimador de máxima verosimilitud para los parámetros correspondientes).

Con MINMAXAD, se ha obtenido el siguiente plano de regresión:

$$\textbf{consumo} = 0.0377\textbf{cv} + 0.0078\textbf{peso}.$$

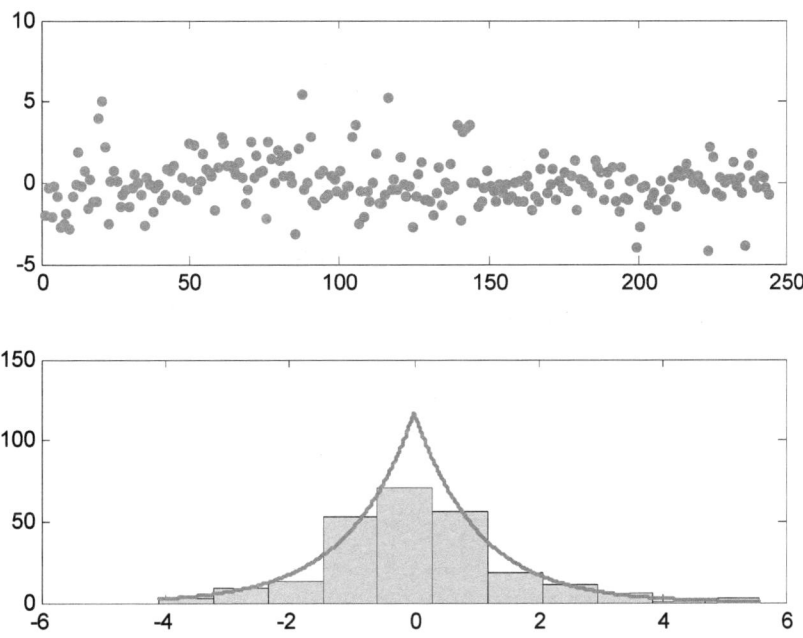

Figura 6.16: Distribución de los errores de los coches.

6.2.4.   Ejercicios propuestos

Ejercicio 6.3 El departamento de planificación de una cadena de supermercados ha observado que las ventas logradas dependen sobre todo de la antigüedad, del tamaño de la población y de la renta disponible per cápita. Se duda acerca del lugar idóneo donde abrir uno nuevo, existiendo tres emplazamientos posibles A, B y C. En los casos B y C deberían construirse de nueva planta, mientras que en A se compraría un hipermercado que viene operando desde hace 7 años. Se poseen datos acerca de 8 hipermercados de la cadena que viene operando en localidades semejantes las variables son **P**:=población en miles, **R**:=renta familiar per cápita en unidades monetarias (u.m.), **A**:=antigüedad (años) y **V**:=ventas (u.m.). Se muestran en la siguiente tabla:

P	R	A	V
98	520	10	4050
125	680	3	5200
110	650	8	5250
80	560	12	4080
150	490	2	4130
134	620	6	5700
118	580	9	5220
106	610	5	4100

Los datos relativos a la población y a la renta en cuestión son:

Localidad	P	R
A	140	517
B	116	625
C	135	550

Se pide: ajustar los datos mediante los métodos MINMAD y MINMAXAD, utilizando para ello sendos modelos de PL, y predecir donde se abrirá el próximo supermercado.

Solución. Con MINMAD, se obtiene el plano de regresión:

$$\mathbf{V} = -8137.2 + 45\mathbf{P} + 10.3\mathbf{R} + 237.7\mathbf{A}.$$

Predicciones de ventas: 5147 u.m. en A (con **P**=140, **R**=517, **A**=7), 3515.5 u.m. en B (con **P**=116, **R**=625, **A**=0) y 3597.7 u.m. en C (con **P**=135, **R**=550, **A**=0), luego el departamento de planificación escogerá el emplazamiento A ya que se espera mayor volumen de ventas.

Con MINMAXAD, se obtiene el plano de regresión:

$$\mathbf{V} = 17.1065\mathbf{P} + 3.8539\mathbf{R} + 86.7405\mathbf{A}.$$

Predicciones de ventas: 4994.6 u.m. en A (con $\mathbf{P}$=140, $\mathbf{R}$=517, $\mathbf{A}$=7), 4393 u.m. en B (con $\mathbf{P}$=116, $\mathbf{R}$=625, $\mathbf{A}$=0) y 4429 u.m. en C (con $\mathbf{P}$=135, $\mathbf{R}$=550, $\mathbf{A}$=0), luego el departamento de planificación escogerá el emplazamiento A ya que se espera mayor volumen de ventas.

En ambos métodos se elije el emplazamiento A.

Ejercicio 6.4 Se pide, a partir de la base de datos empleados.sav del SPPS, y empleando el modelo MINMAD, la relación que existe entre la variable salario actual (**salario**, medido en dolares) y salario inicial (**salini**, medido en dolares), experencia previa en meses (**expprev**) y meses de contrato (**tiempemp**), distinguiendo los siguientes casos:

a) En la muestra de hombres.

b) En la muestra de mujeres.

c) En la muestra total sin distinguir por sexo.

Solución. Usando el método MINMAD se obtiene:

    a) Para la muestra de hombres, el plano de regresión:

$$\textbf{salario} = -8870.6 + 1.9\textbf{salini} - 17.8\textbf{expprev} + 154.0\textbf{tiempemp}.$$

    b) Para la muestra de mujeres, el plano de regresión:

$$\textbf{salario} = -4520 + 1.7\textbf{salini} - 18.1\textbf{expprev} + 115.1\textbf{tiempemp}.$$

    c) Sin distinguir por sexos, el plano de regresión:

$$\textbf{salario} = -10976 + 2\textbf{salini} - 15\textbf{expprev} + 166\textbf{tiempemp}.$$

6.3. Aplicación al cálculo de la eficiencia.

Planteamiento del modelo.

Consideramos el espacio $(\mathbb{R}^n, \leq)$, donde el orden '$\leq$' está definido de la forma:

$$\forall x \forall y \; (x \leq y \iff x_s \leq y_s \; \forall s = 1, ..., n).$$

Es sabido que esta relación de orden no es total, es decir, hay elementos que no son comparables. Basta considerar en $\mathbb{R}^2$ los puntos $z^1 = (1,2)$ y $z^2 = (3,1)$ para los cuales no se cumple ninguna de las dos desigualdades $z^1 \leq z^2$ ni $z^2 \leq z^1$.

El objetivo de esta aplicación es construir una medida unidimensional, con ayuda de la programación lineal, que permita establecer un *orden total* en un conjunto dado de puntos $\{z^1, ..., z^k\}$ de $\mathbb{R}_{++}^n :=]0, +\infty[^n$. La finalidad última es seleccionar un mínimo o un conjunto de mínimos en $\{z^1, ..., z^k\}$ en base a dicho orden. La construcción que aquí se propone es una versión simplificada del modelo **BCC** de **B**anker, **C**harnes y **C**ooper, en el que la medida construida se conoce como *eficiencia*, que nosotros designaremos por $ef(\cdot)$.

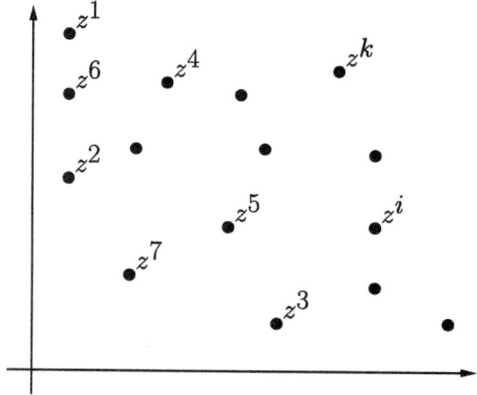

Figura 6.17: Conjunto de organizaciones a ordenar.

Hay que tener en cuenta que no se busca un orden cualquiera y sin significado (lo que por otra parte sería muy fácil), sino un orden que permita realizar interpretaciones coherentes del modelo y aplicarlo a situaciones reales. En concreto sería conveniente que el nuevo orden que establezcamos en $\{z^1, ..., z^k\}$, y que designaremos con los símbolos '$\precsim$', '$\prec$', '$\approx$', fuera compatible con el de $\mathbb{R}^n$: más precisamente, si $z^i \leq z^j$ entonces debería ser $z^i \precsim z^j$.

La construcción de la eficiencia, que iniciamos a continuación, está intuitivamente motivada por las consideraciones anteriores y otras que introduciremos posteriormente.

Dados $z^1, \ldots, z^k \in \mathbb{R}^n_{++}$, interpretamos cada z^i como el vector que contiene diferentes datos de una determinada organización (por ejemplo coste, mano de obra ...) que interesa minimizar. Así identificamos z^i con la i-ésima organización existente. A partir de las organizaciones ya existentes $z^1, \ldots, z^k$, el modelo va a admitir la existencia de otras, que forman el llamado conjunto de organizaciones posibles, F, definido de la siguiente manera.

Definición 6.1 *Dadas las organizaciones $z^1, \ldots, z^k$, se define el conjunto F de todas las organizaciones posibles como el menor conjunto convexo que verifica:*

(i) $z^i \in F$, para todo $i = 1, \ldots, k$;

(ii) Si $z \in F$ y $\tilde{z} \geq z$, entonces $\tilde{z} \in F$.

Puesto que F es convexo, del apartado (i) se deduce que F contiene a cualquier combinación convexa de $\{z^1, \ldots, z^k\}$, es decir, conv $\{z^1, \ldots, z^k\} \subset F$.

La interpretación de esto es que todas las "organizaciones intermedias" y "organizaciones peor valoradas" que otras ya existentes son posibles en el modelo que planteamos. Por ejemplo, en un mercado de oferta y demanda, esto supondría la posibilidad de realizar transferencia tecnológica entre los distintos factores que forman los planes de producción de una o varias empresas de un mismo sector, y la posibilidad de realizar siempre ofertas menos competitivas por parte de dichas empresas.

La siguiente proposición presenta una descripción explícita del conjunto F y recoge algunas de sus propiedades (véase una ilustración en la figura 6.18).

Proposición 6.5 *En el modelo propuesto se cumple*

(i) $F = \left\{ z \in \mathbb{R}^n \mid \exists \, \hat{z} \in \text{conv} \left\{ z^1, \ldots, z^k \right\} \text{ tal que } z \geq \hat{z} \right\}$

$= \text{conv} \left\{ z^1, \ldots, z^k \right\} + \mathbb{R}^n_+$;

(ii) $F \subset \mathbb{R}^n_{++}$;

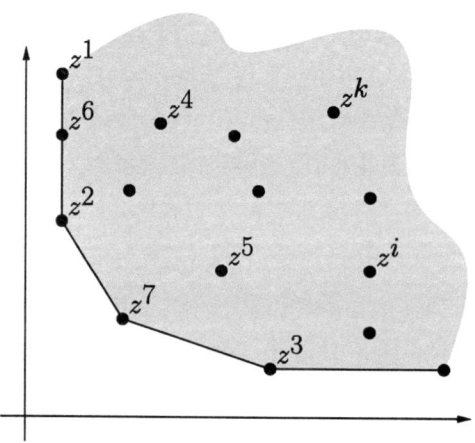

Figura 6.18: Conjunto de organizaciones F.

(iii) F *es cerrado*;

(iv) Si $z \in F$ *y* $\tilde{z} > z$ *(esto es,* $\tilde{z}_s > z_s$ *para todo* $s \in \{1, ..., n\}$*), entonces* $\tilde{z} \in \text{int}(F)$.

Demostración. (i) Definimos

$$\widehat{F} := \left\{ z \in \mathbb{R}^n \mid \exists \, \hat{z} \in \text{conv}\left\{ z^1, \ldots, z^k \right\} \text{ tal que } z \geq \hat{z} \right\}. \tag{6.11}$$

Comprobemos que $F = \widehat{F}$.

Veamos que se cumple el contenido '$\widehat{F} \subset F$'. Si $z \in \widehat{F}$ entonces existe un $\hat{z} \in \text{conv}\left\{ z^1, \ldots, z^k \right\}$ tal que $z \geq \hat{z}$, y puesto que $\text{conv}\left\{ z^1, \ldots, z^k \right\} \subset F$, se tiene que $\hat{z} \in F$. Como $z \geq \hat{z}$, por (ii) de la definición de F se tiene que $z \in F$.

A continuación, demostramos el contenido '$F \subset \widehat{F}$'. Basta probar que $\widehat{F}$ es convexo y que cumple (i) y (ii) de la definición de F (cambiando F por $\widehat{F}$), pues en dicho caso, por ser F el menor convexo que cumple (i) y (ii), se tendrá $F \subset \widehat{F}$. Es inmediato comprobar que $\widehat{F}$ cumple (i) y (ii). Por otro lado, dados $z, \tilde{z} \in \widehat{F}$ y $\alpha \in [0, 1]$, se tiene:

$$z \geq \lambda_1 z^1 + \ldots + \lambda_k z^k,$$
$$\tilde{z} \geq \mu_1 z^1 + \ldots + \mu_k z^k,$$

para ciertos $\lambda_1, \ldots, \lambda_k, \ \mu_1, \ldots, \mu_k \geq 0$, con $\sum_{i=1}^k \lambda_i = \sum_{i=1}^k \mu_i = 1$.

Luego

$$\alpha z + (1 - \alpha)\tilde{z} \geq (\alpha\lambda_1 + (1 - \alpha)\mu_1)z^1 + \ldots + (\alpha\lambda_k + (1 - \alpha)\mu_k)z^k \in$$
$$\in \text{conv}\left\{z^1, \ldots, z^k\right\},$$

ya que $\sum_{i=1}^{k}(\alpha\lambda_i + (1 - \alpha)\mu_i) = \alpha + (1 - \alpha) = 1$. Por tanto $\widehat{F}$ es convexo.

En consecuencia, hemos probado que $F = \widehat{F}$. Finalmente, se comprueba de forma directa que $\widehat{F}$ (definido en (6.11)) puede expresarse como

$$\widehat{F} = \text{conv}\left\{z^1, \ldots, z^k\right\} + \mathbb{R}_+^n.$$

(ii) Es inmediato al tener por una parte $F = \text{conv}\left\{z^1, \ldots, z^k\right\} + \mathbb{R}_+^n$, y por otra $\text{conv}\left\{z^1, \ldots, z^k\right\} \subset \mathbb{R}_{++}^n$ al cumplirse $\left\{z^1, \ldots, z^k\right\} \subset \mathbb{R}_{++}^n$ y ser $\mathbb{R}_{++}^n$ convexo.

(iii) Sabemos que $\text{conv}\left\{z^1, \ldots, z^k\right\}$ es compacto, y que $\mathbb{R}_+^n$ es cerrado. Como la suma de un conjunto compacto y un cerrado da como resultado un cerrado, por (i) se tiene que F es cerrado.

(iv) Sean $z \in F$ y $\tilde{z} > z$. Tomemos $\varepsilon := \min_{s=1,\ldots,n}(\tilde{z}_s - z_s)$. Evidentemente será $\varepsilon > 0$. Vamos a comprobar que $B_2(\tilde{z}, \frac{\varepsilon}{2}) \subset F$:

Si tomamos $\hat{z} \in B_2(\tilde{z}, \frac{\varepsilon}{2})$ entonces, para todo $s \in \{1, \ldots, n\}$ se tiene:

$$\hat{z}_s - \tilde{z}_s > -\frac{\varepsilon}{2} \implies \hat{z}_s - z_s = \hat{z}_s - \tilde{z}_s + \tilde{z}_s - z_s > -\frac{\varepsilon}{2} + \tilde{z}_s - z_s > -\frac{\varepsilon}{2} + \varepsilon > 0 \implies \hat{z}_s > z_s,$$

por lo que $\hat{z} \in F$. $\blacksquare$

Volviendo de nuevo a las propiedades convenientes para nuestro modelo, el orden construido no debería despreciar a la ligera puntos válidos para ser mínimo: por ejemplo, dados los puntos $z^1 = (3, 3)'$, $z^2 = (1, 2)'$, $z^3 = (2, 1)'$, no parece conveniente la ordenación

$$z^2 \prec z^3 \prec z^1,$$

pues el orden usual de $\mathbb{R}^n$ (con $n > 1$) no proporciona ningún motivo para considerar z^2 "inferior" a z^3. Parece más razonable la ordenación

$$z^2 \approx z^3 \prec z^1.$$

Para formalizar esta idea, introducimos la noción de punto no dominado.

Definición 6.2 (punto no dominado) *Se dirá en nuestro modelo que* $z \in F$ *es un* punto no dominado *si no existe* $\tilde{z} \in F$ *que cumpla* $\tilde{z} \leq z$ *a la vez que* $\tilde{z}_s < z_s$ *para algún* $s \in \{1, \ldots, n\}$.

Formalmente, el párrafo previo a la definición se traduce en que todo punto no dominado debería encontrarse en el conjunto de mínimos de la nueva ordenación, propiedad que verificará el modelo, como muestra la proposición 6.7 (iii). Otra propiedad deseable sería el recíproco de la anterior, a saber, que todo mínimo de la nueva ordenación fuera punto no dominado. Pero veremos que el modelo tiene sus limitaciones y el conjunto de mínimos podrá contener puntos dominados.

El modelo BCC simplificado establece un orden de preferencias "midiendo" cuanto se aleja cada alternativa de $\mathrm{bd}(F)$. Pero en lugar de utilizar la distancia euclídea se usará una distancia radial de la forma que vamos a ver a continuación.

Proposición 6.6 *Sean* $\{z^1, \ldots, z^k\} \subset \mathbb{R}^n_{++}$ *y* $F = \mathrm{conv}\{z^1, \ldots, z^k\} + \mathbb{R}^n_+$. *Para cualquier* $z \in F$ *el conjunto*

$$]0_n, z] \cap \mathrm{bd}(F) := \{\alpha z \mid 0 < \alpha \leq 1\} \cap \mathrm{bd}(F)$$

se reduce a un punto $\tilde{z} \neq 0_n$.

Demostración. Definimos $A := \{\alpha \in \,]0,1] \mid \alpha z \in F\}$. A contiene al 1 y es acotado inferiormente por definición, luego sabemos que existe el ínfimo, $\tilde{\alpha} := \inf A$, por el axioma del supremo de $\mathbb{R}$; claramente se cumplirá $\tilde{\alpha} \leq 1$ por la definición de ínfimo. Además $\tilde{\alpha} \neq 0$, pues de lo contrario podríamos encontrar una sucesión $\alpha_r \to 0$, $\alpha_r \in A$, para todo $r \in \mathbb{N}$. Por tanto, se tendría $\alpha_r z \in F$ para todo r, $\alpha_r z \to 0_n$ y, como por el apartado (iii) de la proposición 6.5, F es cerrado, se tendría que $0_n \in F$, lo que contradice el apartado (ii) de la proposición 6.5. Por tanto, podemos asegurar que $0 < \tilde{\alpha} \leq 1$.

Veamos que $\tilde{z} := \tilde{\alpha} z$ es el único elemento de $]0_n, z] \cap \mathrm{bd}(F)$. En primer lugar, comprobaremos que $\tilde{z} \in \mathrm{bd}(F)$, encontrando dos sucesiones que convergen al punto $\tilde{z}$, una contenida en F y la otra en su complementario. La definición de $\tilde{\alpha}$ nos permite escribir $\tilde{\alpha} = \lim_r \alpha_r$, con $\alpha_r \in A$, para todo r, lo que implica

$$\tilde{z} = \tilde{\alpha} z = \lim_r \alpha_r z.$$

Puesto que $\alpha_r z \in F$ para todo r y F es cerrado, se tiene que $\widetilde{\alpha} z \in F$. Además, teniendo en cuenta que $0 < \widetilde{\alpha} \leq 1$, esto quiere decir que $\widetilde{\alpha} \in A$, es decir, $\widetilde{\alpha} = \min(A)$.

Por otro lado, podemos escribir

$$\tilde{z} = \lim_r \left(\widetilde{\alpha} - \frac{1}{r}\right) z,$$

donde, de nuevo por la definición de $\widetilde{\alpha}$ y teniendo en cuenta que $\widetilde{\alpha} > 0$, se tiene $0 < \widetilde{\alpha} - \frac{1}{r} \notin A$ para r suficientemente grande, pongamos para $r \geq r_0$; luego, $\left(\widetilde{\alpha} - \frac{1}{r}\right) z \notin F$ para $r \geq r_0$. Así pues, podemos concluir que $\tilde{z} \in \mathrm{bd}(F)$. Además, $\tilde{z}$ es el único punto de $]0_n, z] \cap \mathrm{bd}(F)$. En efecto, dado otro $\widehat{\alpha} z \in]0_n, z] \cap \mathrm{bd}(F)$ se tiene que $\widehat{\alpha} z \in F$, pues F es cerrado y obviamente $\widehat{\alpha} \in]0, 1]$, y por tanto $\widehat{\alpha} \in A$. Así pues, $\widehat{\alpha} \geq \widetilde{\alpha}$. Pero si $\widehat{\alpha} > \widetilde{\alpha}$ entonces $\widehat{\alpha} z > \tilde{z}$ (recordemos que todas las componentes de los z son positivas), con $\tilde{z} \in F$, y por el apartado (iv) de la proposición 6.5 se tiene que $\widehat{\alpha} z \in \mathrm{int}(F)$, lo que contradice la hipótesis inicial de que $\widehat{\alpha} z \in \mathrm{bd}(F)$ (la frontera, el interior y el exterior de un conjunto forman una partición del espacio). Para evitar la contradicción debe ser $\widehat{\alpha} = \widetilde{\alpha}$. ∎

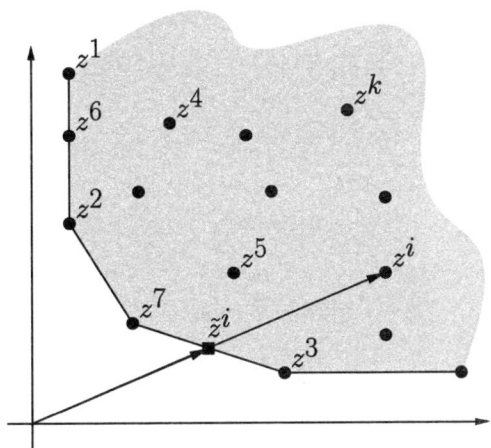

Figura 6.19: Ilustración de la proposición 6.5.

La proposición anterior permite introducir la siguiente definición.

Definición 6.3 *Dados $\{z^1, \ldots, z^k\} \subset \mathbb{R}^n_{++}$ y $F = \mathrm{conv}\{z^1, \ldots, z^k\} + \mathbb{R}^n_+$, para* *cada $z \in F$ definimos la eficiencia de z, denotada por* $\mathrm{ef}\,(z)$, *como*

$$\mathrm{ef}\,(z) = \frac{\|\tilde{z}\|}{\|z\|},$$

siendo $\tilde{z} \neq 0_n$ el único elemento de $]0_n, z] \cap \mathrm{bd}(F)$.

Obsevemos que por definición la eficiencia será un valor comprendido en el intervalo $]0, 1]$. Además, pueden existir perfectamente varios puntos con la misma eficiencia.

Utilizando la eficiencia, se define en $\{z^1, \dots, z^k\}$ un orden, que designaremos por '$\precsim$' de la siguiente forma:

$$z^i \precsim z^j \iff \mathrm{ef}(z^i) \geq \mathrm{ef}(z^j),$$

lo que quiere decir que en el modelo construido se buscan los puntos con mayor eficiencia (los menores respecto al nuevo orden).

Por otro lado, la demostración de la proposición 6.6 nos proporciona la siguiente fórmula

$$\begin{aligned}
\mathrm{ef}\,(z) = \frac{\|\tilde{z}\|}{\|z\|} &= \inf\{\alpha \in \,]0,1] \mid \alpha z \in F\} = \\
&= \min\{\alpha \in \,]0,1] \mid \alpha z \in F\}.
\end{aligned} \tag{6.12}$$

Por tanto, para cada $i \in \{1, \dots, k\}$ se tiene:

$$\mathrm{ef}\,(z^i) = \frac{\|\tilde{z}^i\|}{\|z^i\|} = \min\{\alpha \in \,]0,1] \mid \alpha z^i \in F\}.$$

De hecho, nótese que la condición $\alpha \in \,]0,1]$ es redundante en el sentido de que

$$\min\{\alpha \in \,]0,1] \mid \alpha z^i \in F\} = \min\{\alpha \in \mathbb{R} \mid \alpha z^i \in F\},$$

puesto que $1 \in \{\alpha \in \mathbb{R} \mid \alpha z^i \in F\}$ y, por otro lado, se comprueba fácilmente que si $\alpha z^i \in F$, entonces $\alpha > 0$ (recuérdese que $F \subset \mathbb{R}^n_{++}$).

En otros términos, fijado $i \in \{1, \dots, k\}$, la eficiencia de z^i coincide con el valor óptimo del siguiente problema de PL:

$$\begin{aligned}
(P_i) \quad &Min \quad e \\
&s.a \quad ez^i \in F.
\end{aligned}$$

Teniendo en cuenta que $F = \text{conv}\left\{z^1, \ldots, z^k\right\} + \mathbb{R}^n_+$, podemos expresar el problema de minimización anterior como el siguiente problema de variables $\lambda_1, \ldots, \lambda_k, e$:

$$(P_i) \quad Min \quad e$$

$$s.a \quad ez^i \geq \sum_{r=1}^{k} \lambda_r z^r,$$

$$\sum_{r=1}^{k} \lambda_r = 1,$$

$$\lambda_r \geq 0, \; r = 1, 2, \ldots, k.$$

Cálculo de la eficiencia mediante un modelo de PL

Con lo que hemos visto, dada una colección de puntos $\left\{z^1, \ldots, z^k\right\} \subset \mathbb{R}^n_{++}$, el cálculo de la eficiencia del punto z^i, $\text{ef}\left(z^i\right)$, se reduce a la resolución del siguiente problema de PL, que viene de expresar coordenada a coordenada la desigualdad vectorial del problema anterior:

$$(P_i) \quad Min \quad e$$

$$s.a \quad ez^i_s \geq \sum_{r=1}^{k} \lambda_r z^r_s, \; s = 1, \ldots, n,$$

$$\sum_{r=1}^{k} \lambda_r = 1, \tag{6.13}$$

$$\lambda_r \geq 0, \; r = 1, 2, \ldots, k.$$

Observemos que por el hecho de haber planteado el modelo desde un principio con el objetivo de establecer un orden total en $\left\{z^1, \ldots, z^k\right\}$ para seleccionar unos mínimos, y por la forma en que se ha definido el concepto de punto dominado, a la hora de aplicar el modelo será necesario que la valoración en la situación real de las organizaciones decrezca con el aumento de la magnitud de sus componentes. En los ejemplos prácticos se propondrán varios métodos razonables para transformar, cuando sea necesario, los datos reales conforme a la apreciación anterior.

Finalmente, vamos a probar que la eficiencia cumple aquellas propiedades deseables, indicadas a lo largo de la construcción del modelo.

Proposición 6.7 *Sean* $\left\{z^1, \ldots, z^k\right\} \subset \mathbb{R}^n_{++}$, *F el conjunto de la Definición 6.1 y* $\text{ef}(\cdot)$ *la eficiencia definida en F. Entonces se cumple:*

(i) Para cualesquiera $i, j \in \{1, \ldots, k\}$, $z^i \leq z^j$ implica $\mathrm{ef}(z^i) \geq \mathrm{ef}(z^j)$ (es decir, $z^i \precsim z^j$).

(ii) Para todo $z \in F$, $\mathrm{ef}(z) = 1$ si, y solo si, $z \in \mathrm{bd}(F)$.

(iii) Para cualquier punto $z \in F$ no dominado se tiene que $\mathrm{ef}(z) = 1$; el recíproco no se cumple en general.

Demostración. (i) Sean $i, j \in \{1, \ldots, k\}$ tales que $z^i \leq z^j$. Conservando la notación anterior, sea $\tilde{z}^i$ el único elemento de $]0_n, z^i[\cap\mathrm{bd}(F)$, y definamos análogamente $\tilde{z}^j$. Definimos $A := \{\lambda \in [0, 1] \mid \lambda z^j \geq \tilde{z}^i\}$. Nótese que A es cerrado por ser la antiimagen del cerrado $\mathbb{R}^n_- := \{x \in \mathbb{R}^n \mid x_s \leq 0, \ s = 1, ..., n\}$ mediante la función continua $g : [0, 1] \to \mathbb{R}^n$ dada por $g(\lambda) = \tilde{z}^i - \lambda z^j$.

Además, es evidente que $1 \in A$, pues $z^j \geq z^i \geq \tilde{z}^i$. Por tanto, podemos afirmar que A es no vacío y compacto, por tratarse de un cerrado contenido en el compacto $[0, 1]$. Además $0 \notin A$ por ser $\tilde{z}^i \in \mathbb{R}^n_{++}$. En consecuencia, podemos afirmar que existe el valor

$$\hat{\lambda} := \min\left\{\lambda \in [0, 1] \mid \lambda z^j \geq \tilde{z}^i\right\} > 0.$$

Ahora definimos $\hat{z}^j := \hat{\lambda} z^j$. Puesto que $\hat{\lambda} z^j \geq \tilde{z}^i \in F$, se tiene que $\hat{z}^j \in F$. Definimos $\bar{z}^j := \dfrac{1}{\mathrm{ef}(z^i)}\hat{z}^j$. Vamos a comprobar que $\dfrac{1}{\mathrm{ef}(z^i)} = \min\{\lambda \geq 0 \mid \lambda\hat{z}^j \geq z^i\}$ (con lo que de la misma forma que acabamos de ver, también se tendrá $\bar{z}^j \in F$). Realizaremos la prueba en dos pasos:

(a) $\dfrac{1}{\mathrm{ef}(z^i)}\hat{z}^j = \dfrac{\hat{\lambda}}{\mathrm{ef}(z^i)}z^j \geq \dfrac{1}{\mathrm{ef}(z^i)}\tilde{z}^i = z^i$, por la definición de $\hat{\lambda}$ y de $\mathrm{ef}(z^i)$.

(b) Supongamos, con el objetivo de llegar a una contradicción, que existe $0 < \bar{\lambda} < \dfrac{1}{\mathrm{ef}(z^i)}$ tal que $\bar{\lambda}\hat{z}^j \geq z^i$. En dicho caso se tiene $\bar{\lambda}\mathrm{ef}(z^i)\hat{\lambda} < \hat{\lambda}$ y $\bar{\lambda}\mathrm{ef}(z^i)\hat{\lambda}z^j = \bar{\lambda}\mathrm{ef}(z^i)\hat{z}^j \geq \mathrm{ef}(z^i)z^i = \tilde{z}^i$, lo que constituye una contradicción con la definición de $\hat{\lambda}$. Hemos probado que $\dfrac{1}{\mathrm{ef}(z^i)} = \min\{\lambda \geq 0 \mid \lambda\hat{z}^j \geq z^i\}$. Pero entonces, como $\dfrac{1}{\hat{\lambda}}\hat{z}^j = z^j \geq z^i$, debe ser $\dfrac{1}{\mathrm{ef}(z^i)} \leq \frac{1}{\hat{\lambda}}$ y por tanto

$$\hat{\lambda} \leq \mathrm{ef}(z^i).$$

Ahora observemos que, como $\hat{z}^j = \hat{\lambda}z^j$, $\tilde{z}^j = \mathrm{ef}(z^j)z^j$ y $z^j \in \mathbb{R}^n_{++}$, si fuera $\hat{\lambda} < \mathrm{ef}(z^j)$ se tendría $\hat{z}^j < \tilde{z}^j$ y por el apartado (iv) de la proposición 6.5 sería $\tilde{z}^j \in \mathrm{int}(F)$, lo cual es una contradicción, pues por definición sabemos

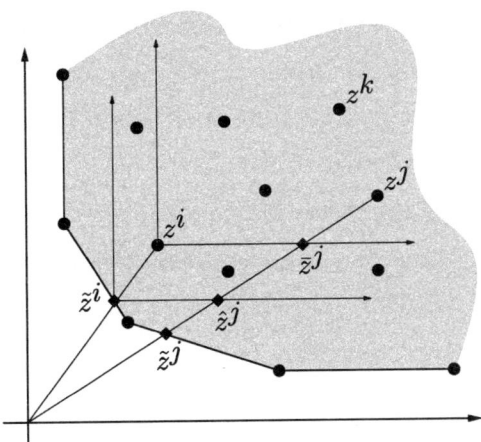

Figura 6.20: La eficiencia preserva el orden parcial de $\mathbb{R}^n$.

que $\tilde{z}^j \in \mathrm{bd}(F)$. Por tanto, debe ser $\hat{\lambda} \geq \mathrm{ef}(z^j)$, y teniendo en cuenta que era $\hat{\lambda} \leq \mathrm{ef}(z^i)$, se tiene $\mathrm{ef}(z^j) \leq \mathrm{ef}(z^i)$. Esto concluye la demostración del primer apartado.

(ii) Si $\mathrm{ef}(z) = 1$ entonces, de acuerdo con nuestra notación, $z = \tilde{z} \in \mathrm{bd}(F)$.

Recíprocamente, dado $z \in \mathrm{bd}(F)$ se tiene que $z \in]0_n, z]\cap \mathrm{bd}(F)$. Esto quiere decir que z es el único punto de dicha intersección y por definición de eficiencia se tiene:

$$\mathrm{ef}(z) = \frac{\|z\|}{\|z\|} = 1.$$

(iii) Sea $z \in F$ no dominado, y supongamos, con el objetivo de llegar a un absurdo, que $\mathrm{ef}(z) < 1$. Si defininimos $\tilde{z} := \mathrm{ef}(z)z$ se tiene por un lado que $\tilde{z} \in F$ por la ecuación (6.12), y por otro que $\tilde{z} < z$. Esto quiere decir que z es dominado, lo que contradice la hipótesis inicial. Por tanto, $\mathrm{ef}(z) = 1$.

Para comprobar que el recíproco no se cumple en general, basta considerar un ejemplo en $\mathbb{R}^2$ en el que existan dos puntos distintos en la frontera de F, pero que coincidan en una de sus componentes. ∎

6.3.1. Resolución con MATLAB

En esta aplicación se ha implementado la función en MATLAB que nos ayuda a resolver el modelo de la eficiencia, para una muestra de k observaciones

$z^1, \ldots, z^k$ en $\mathbb{R}_{++}$. Concretamente diseñaremos una función en MATLAB que tenga como entrada la matriz $Z = \left(z^1, \ldots, z^k\right)$, esto es, la matriz que contiene a los vectores $z^1, \ldots, z^k$ por columnas. Como salida proporcionará un vector, denotado por ef, cuyas coordenadas son las respectivas eficiencias de los z^i. Seguidamente, describimos los pasos dados para la determinación de ef. El cálculo de la coordenada i-ésima de ef, esto es, la eficiencia de z^i, se hace mediante la resolución del problema (6.13) que puede adaptarse al formato del MATLAB (6.10) que recordamos a continuación:

$$
\begin{aligned}
(P) \quad &Min \quad c'x \\
&s.a \quad Ax \leq b, \\
&\qquad Aeq\, x = beq, \\
&\qquad LB \leq x \leq UB,
\end{aligned}
$$

a través de las siguientes asignaciones. En primer lugar, hemos de tener en cuenta que las variables de nuestro problema (6.13) son $\lambda_1, \ldots, \lambda_k, e$, que elegiremos en este orden, esto es, $x = (\lambda_1, \ldots, \lambda_k, e)$.

En consecuencia, el vector de coeficientes de la función objetivo es:

$$
c = \left(\overbrace{0, \ldots, 0}^{k}, 1 \right)'_{k+1}.
$$

La matriz de coeficientes de las desigualdades, A, es:

$$
A = \left(Z \mid -z^i \right)_{n \times (k+1)}.
$$

El vector de términos independientes de la matriz de desigualdades es $b = 0_n$. La matriz de coeficientes de las igualdades, Aeq, es:

$$
Aeq = \left(\overbrace{1, \ldots, 1}^{k} \right)_{k}.
$$

El vector de términos independientes de la matriz de igualdades, beq, es:

$$
beq = (1).
$$

A continuación, mostramos la función **eficiencia**.

─────────── Inicio función **eficiencia** ───────────

```
%Esta función trata de diseñar una ordenación entre un serie
%de puntos en R^n, (nótese que (R^n ,<=) no es un orden total)
%a través de una medida unidimensional llamada eficiencia. La
%colección de puntos objeto de nuestro estudio se introduce
%en una matriz Z. Así, la sintaxis de la presente función es
%[ef]=eficiencia(Z) donde Z es la matriz que contiene por
%columnas la colección de puntos a los que se desea calcular
%la eficiencia. Por su parte ef es el vector cuya i-ésima
%coordenada coincide con la eficiencia del i-ésimo punto.
```

```
function [ef]=eficiencia(Z)
[n,m]=size(Z);
for i=1:n
 A=[Z',-Z(i,:)'];
 b=zeros(m,1);
 c=[zeros(1,n),1];
 Aeq=[ones(1,n),0];
 beq=1;
 LB=zeros(1,n+1);
 UB=[];
 ef(i,:)=linprog(c,A,b,Aeq,beq,LB,UB);
end
ef=ef(:,n+1);
disp('eficiencia : ')
```

─────────── Fin función **eficiencia** ───────────

6.3.2. Ejercicios resueltos

Ejercicio 6.5 Entre todos los huertos solares españoles se ha seleccionado una muestra aleatoria de 12 de ellos, y nos disponemos a realizar un estudio de

eficiencia, para evaluar de calidad de dichas instalaciones, y establecer una ordenación entre ellos. Los datos se muestran en la siguiente tabla (han sido con-
sultados en la página web www.huertasolares.es, en 2009):

kW	coste	benefi	Lugar	kW	coste	benefi	Lugar
100	796.0	81.049	Badajoz	31.5	233.1	23.661	Toledo
100	748.5	64.907	Alicante	113.4	895.86	91.504	Sevilla
25	188	18.7	Málaga	100	745.92	84	Valladolid
5	41.935	3.455	Ciudad Real	95	534.371	63.679	Madrid
7.5	57.675	5.46	Tudela	100	878.85	87.642	Huelva
10	86.2	8.905	Cuenca	50	394.5	29.34	Rioja

En cada uno de los huertos solares se han analizado 3 características que se
representan por **kW** (kW/h producidos al día, en horas de sol), **coste** (coste
inicial de la instalación en miles de euros) y **benefi** (es el beneficio en miles
euros al año).

Solución.

En primer lugar, para establecer una ordenación, basada en el estudio de la
eficiencia, puesto que el modelo presentado está basado en la idea de minimizar
en cada uno de los objetivos trabajaremos con los inversos de **kW** y **benefi**. Además, por cuestiones computacionales, multiplicaremos cada uno de estos
inversos por 100 (de este modo, informalmente hablando, los datos de las diferentes columnas presentan magnitudes similares). Nótese que $Max\ f(x) \iff$
$Min\ \frac{1000}{f(x)}$. Así, los datos que manejaremos finalmente se presentan en la siguiente tabla:

(1/kW) x 1000	coste	(1/benefi) x 1000	Lugar
10	796.0	12.34	Badajoz
10	748.5	15.41	Alicante
40	188	53.48	Málaga
200	41.935	289.44	Ciudad Real
125	57.675	183.15	Tudela
100	86.2	112.30	Cuenca
31.25	233.1	42.26	Toledo
8.85	895.86	10.93	Sevilla
10	745.92	11.90	Valladolid
10.53	534.371	15.70	Madrid
10	878.85	11.41	Huelva
20	394.5	34.08	La Rioja

Creamos una matriz Z en MATLAB (véase la figura 6.21).

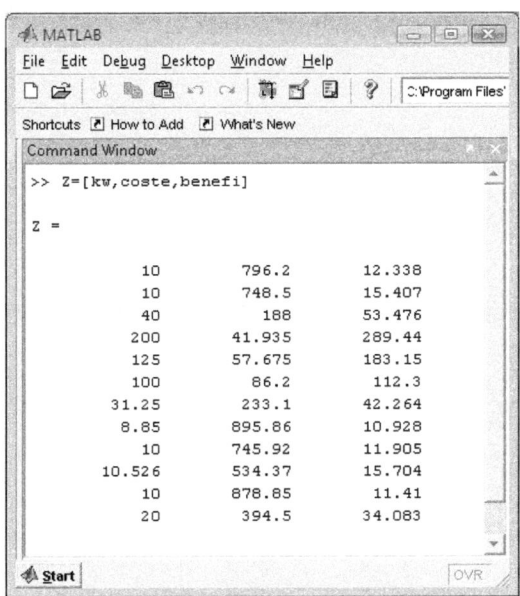

Figura 6.21: Creamos una matriz Z.

Introducimos dicha matriz Z como argumento de entrada en la función **eficiencia** (véase la figura 6.22).

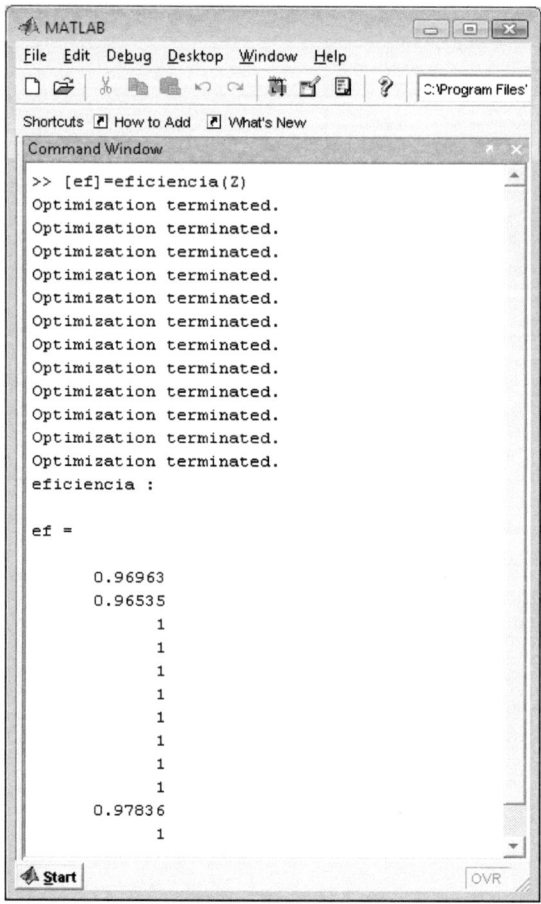

Figura 6.22: Uso de la función eficiencia.

Finalmente, se obtienen los siguientes resultados (véase de nuevo la figura 6.22):

Lugar	EFICIENCIA	Lugar	EFICIENCIA
Badajoz	0.9696	Toledo	1
Alicante	0.9653	Sevilla	1
Málaga	1	Valladolid	1
Ciudad Real	1	Madrid	1
Tudela	1	Huelva	0.9783
Cuenca	1	La Rioja	1

Ejercicio 6.6 La figura 6.23 muestra una colección de universidades públicas españolas junto con los datos relativos a ciertos indicadores, extraidos del informe *"La universidad en cifras 2008"*, CRUE, dirigido por Juan Hérnandez Armenteros (que puede consultarse en http://www.crue.org/export/ sites/Crue/ Publicaciones/ Documentos/ UEC/UEC_2008.pdf). A partir de estos datos, correspondientes al curso académico 2006/2007, se desea realizar un estudio comparativo entre dichas universidades basado en el modelo de eficiencia descrito en la presente sección y en las nuevas variables que se definen en los párrafos siguientes, las cuales vienen recogidas en la figura 6.24.

A continuación, describimos brevemente las variables que aparecen en la figura 6.23:

PDI:= personal docente e investigador.

PAS:= personal de administración y servicios.

Beneficio:= beneficio anual en millones de euros.

Precre:= precio medio del crédito.

Alumci:= alumnos matriculados en 1.er y 2.º ciclo.

Tituofre:= n.^{o} de titulaciones ofrecidas.

Posgrad:= n.^{o} alumnos posgrado.

Ntilposg:= n.^{o} de titulaciones posgrado ofrecidas.

Universidad	Alumci	Tituofre	Precre	PDI	PAS	Beneficio	Posgrad	Ntilposg
U. Almería	10807	33	12.11	817	461	13.93394	622	44
U. Cádiz	16941	58	12.65	1542	693	19.29051	585	44
U. Córdoba	14825	40	12.78	1186	660	12.49236	912	41
U. Granada	54546	95	13.38	3498	1970	41.10581	3310	173
U. Huelva	9944	38	12.77	848	424	4.21742	664	53
U. Jaén	13880	40	13.38	943	420	7.74095	563	34
U. Málaga	32956	62	12.77	2124	1301	42.96995	1590	157
U. Pablo de Olavide	8285	16	12.78	692	366	6.83257	513	29
U. Sevilla	55139	68	12.78	4195	2223	27.30482	3623	201
U. Oviedo	25976	64	18.72	2078	994	8.62263	1369	49
U. Islas Baleares	11605	37	19.67	1147	480	32.7476	138	10
U. La Laguna	22412	55	12.84	1813	826	11.34237	1365	89
U. Las Palmas	21015	62	11.56	1563	784	3.76128	1370	62
U. Cantabria	10306	34	18.07	1112	550	10.36385	1331	58
U. Castilla la Mancha	26641	92	18.75	2199	1058	7.31109	1550	84
U. Valladolid	25671	92	16.59	2519	978	0.68819	1644	88
U. Lleida	6783	40	16.21	825	402	4.29964	474	33
U. P. Cataluña	26651	54	18.3	2565	1388	12.65494	5374	184
U. Pompeu Fabra	8462	19	16.36	1086	580	7.25967	2034	80
U. Rovira i Virgili	11331	47	16.21	988	457	12.68241	855	44
U. Alicante	25629	45	12.48	2104	1138	9.12592	1378	51
U. Jaume I Castellón	12277	28	11.94	1093	562	6.77348	526	41
U. Miguel Hernández	10212	33	13.46	955	350	27.30041	757	32
U. P. Valencia	32597	50	11.31	2790	1500	11.64693	3202	128
U. Valencia	45574	66	11.51	3564	1686	26.37141	3951	182
U. Extremadura	22641	85	15.3	1832	803	16.61372	1282	48
U. La Coruña	20715	46	10.96	1390	755	6.67666	1369	44
U. Santiago de Comp.	27785	60	10.96	2177	1132	24.0116	2180	94
U. Vigo	20587	51	10.96	1581	657	19.42547	1268	76
U. Autónoma Madrid	26446	45	17.3	2499	951	19.7297	5557	130
U. Carlos III Madrid	17016	50	14.93	1666	670	2.38777	1323	63
U. P. Madrid	36801	47	18.58	3309	2247	5.50173	3532	207
U. Rey Juan Carlos	18171	50	17.27	1280	505	10.84631	497	39
U. Murcia	25817	59	18.3	2087	1052	6.09256	1662	99
U. P. Cartagena	5746	21	16.79	537	331	5.49396	290	20
U. Pública Navarra	7357	25	18.2	813	474	3.03013	492	37
U. País Vasco	44896	113	14.09	4602	1583	62.40071	2404	105

Figura 6.23: Tabla de los datos iniciales del informe "La universidad en cifras".

A partir de las variables anteriores, a continuación definimos unas nuevas, y trabajaremos bajo el supuesto de que estamos interesados en los valores que minimizan cada una de estas nuevas variables. De este modo, encontramos una formulación adaptada al modelo de eficiencia que se describe en la presente sección (véase, en particular, la subsección 6.3).

Rposgrad:= Ntilposg/Posgrad.

Titaluci:= Tituofre/Alumci.

Alupdi:= Alumci/PDI.

Pdipas:= PDI/PAS.

Benefimin:= 63−Beneficio.

Los valores numéricos de estas variables se encuentran en la figura 6.24. Respecto de la última variable **Benefimin**, comentamos que su definición viene motivada por un procedimiento empleado en el contexto de la Programación Multiobjetivo denominado *método de la programación por metas*. En primer lugar, el método consiste en elegir un valor mayor ("mejor") que todos los existentes (*valor utópico* en el contexto de la programación por metas), que en este caso ha sido 63 millones. Posteriormente, se anotan las distancias entre cada uno de los valores existentes y dicho valor utópico. En este caso, basta restar a 63 cada uno de dichos valores. De este modo, se ha definido una nueva variable, la cual estamos interesados en minimizar en vez de maximizar[3].

---

[3]Recordemos que otra forma de conseguir este propósito es lo descrito en el ejercicio anterior, que consiste en invertir las cantidades originales.

Universidad	Precre	Beneficio	Pdipas	Alupdi	Titaluci	Rposgrad	Benefimin
U. Almería	12.11	13.93394	1.77	13.23	0.00305	0.07074	49.06606
U. Cádiz	12.65	19.29051	2.23	10.99	0.00342	0.075214	43.70949
U. Córdoba	12.78	12.49236	1.8	12.5	0.0027	0.044956	50.50764
U. Granada	13.38	41.10581	1.78	15.59	0.00174	0.052266	21.89419
U. Huelva	12.77	4.21742	2	11.73	0.00382	0.079819	58.78258
U. Jaén	13.38	7.74095	2.25	14.72	0.00288	0.060391	55.25905
U. Málaga	12.77	42.96995	1.63	15.52	0.00188	0.098742	20.03005
U. Pablo de Olavide	12.78	6.83257	1.89	11.97	0.00193	0.05653	56.16743
U. Sevilla	12.78	27.30482	1.89	13.14	0.00123	0.055479	35.69518
U. Oviedo	18.72	8.62263	2.09	12.5	0.00246	0.035793	54.37737
U. Islas Baleares	19.67	32.7476	2.39	10.12	0.00319	0.072464	30.2524
U. La Laguna	12.84	11.34237	2.19	12.36	0.00245	0.065201	51.65763
U. Las Palmas	11.56	3.76128	1.99	13.45	0.00295	0.045255	59.23872
U. Cantabria	18.07	10.36385	2.02	9.27	0.0033	0.043576	52.63615
U. Castilla la Mancha	18.75	7.31109	2.08	12.12	0.00345	0.054194	55.68891
U. Valladolid	16.59	0.68819	2.58	10.19	0.00358	0.053528	62.31181
U. Lleida	16.21	4.29964	2.05	8.22	0.0059	0.06962	58.70036
U. P. Cataluña	18.3	12.65494	1.85	10.39	0.00203	0.034239	50.34506
U. Pompeu Fabra	16.36	7.25967	1.87	7.79	0.00225	0.039331	55.74033
U. Rovira i Virgili	16.21	12.68241	2.16	11.47	0.00415	0.051462	50.31759
U. Alicante	12.48	9.12592	1.85	12.18	0.00176	0.03701	53.87408
U. Jaume I Castellón	11.94	6.77348	1.94	11.23	0.00228	0.077947	56.22652
U. Miguel Hernández	13.46	27.30041	2.73	10.69	0.00323	0.042272	35.69959
U. P. Valencia	11.31	11.64693	1.86	11.68	0.00153	0.039975	51.35307
U. Valencia	11.51	26.37141	2.11	12.79	0.00145	0.046064	36.62859
U. Extremadura	15.3	16.61372	2.28	12.36	0.00375	0.037441	46.38628
U. La Coruña	10.96	6.67666	1.84	14.9	0.00222	0.03214	56.32334
U. Santiago de Comp.	10.96	24.0116	1.92	12.76	0.00216	0.043119	38.9884
U. Vigo	10.96	19.42547	2.41	13.02	0.00248	0.059937	43.57453
U. Autónoma Madrid	17.3	19.7297	2.63	10.58	0.0017	0.023394	43.2703
U. Carlos III Madrid	14.93	2.38777	2.49	10.21	0.00294	0.047619	60.61223
U. P. Madrid	18.58	5.50173	1.47	11.12	0.00128	0.058607	57.49827
U. Rey Juan Carlos	17.27	10.84631	2.53	14.2	0.00275	0.078471	52.15369
U. Murcia	18.3	6.09256	1.98	12.37	0.00229	0.059567	56.90744
U. P. Cartagena	16.79	5.49396	1.62	10.7	0.00365	0.068966	57.50604
U. Pública Navarra	18.2	3.03013	1.72	9.05	0.0034	0.075203	59.96987
U. País Vasco	14.09	62.40071	2.91	9.76	0.00252	0.043677	0.59929

Figura 6.24: Tabla del Ejercicio 6.6 con las nuevas variables creadas, sobre las que haremos el estudio de la eficiencia.

Solución. Mediante la función **eficiencia** hemos obtenido los siguientes resultados:

Universidad	Eficiencia	Universidad	Eficiencia
U. Almería	0.9946	U. Rovira i Virgili	0.8851
U. Cádiz	0.9856	U. Alicante	1
U. Córdoba	0.9910	U. Jaume I de Castellón	0.9980
U. Granada	1	U. Miguel Hernández	0.9720
U Huelva	0.9456	U. Politécnica de Valencia	1
U. Jaén	0.8364	U. Valencia	1
U. Málaga	1	U. Extremadura	0.9338
U. Pablo de Olavide	0.9608	U. La Coruña	1
U. Sevilla	1	U. Santiago de Compostela	1
U. Oviedo	0.9219	U. Vigo	1
U. Islas Baleares	0.9473	U. Autónoma Madrid	1
U. La Laguna	0.9171	U. Carlos III Madrid	0.9391
U. Las Palmas	0.9540	U. Politécnica Madrid	1
U. Cantabria	0.9427	U. Rey Juan Carlos	0.7728
U. Castilla la Mancha	0.8541	U. Murcia	0.8662
U. Valladolid	0.8879	U. Politécnica Cartagena	0.9974
U. Lleida	0.9849	U. Pública Navarra	1
U. Politécnica Cataluña	1	U. País Vasco	1
U. Pompeu Fabra	1		

6.3.3. Ejercicios

Ejercicio 6.7 Se desea construir una carretera para establecer una comunicación directa entre dos poblaciones vecinas. El Gobierno de la correspondiente Comunidad Autónoma ha convocado un concurso público de presentación de propuestas. Diferentes empresas han presentado sus proyectos, y los datos relativos al **Coste final** (en millones de euros) y **Longitud total** (en cientos de kilómetros) se muestran a continuación en la siguiente tabla:

Empresa	Coste final	Longitud total
A1	1	1
A2	2	0.75
A3	0.5	1
A4	1	2
A5	3	0.75
A6	2	2
A7	0.25	3

Se desea establecer un orden de preferencia (menor coste y menor longitud de trazado) entre las diferentes empresas.

Solución. Realizamos el estudio de la eficiencia y obtenemos:

Empresa	Eficiencia
A1	0.9286
A2	1
A3	1
A4	0.5
A5	1
A6	0.4643
A7	1

En este caso, cuatro de las siete empresas presentadas tienen eficiencia 1, y la ordenación final entre ellas es tarea del decisor correspondiente.

Ejercicio 6.8 Analizar la eficiencia, en un determinado día, de los 20 barcos pesqueros cuyos datos figuran en la siguiente tabla. Concretamente, los datos correspondientes a las variables **kg** y **horas** que recogen, respectivamente, los kilos de pesca y las horas empleadas en pesca en ese día considerado.

Barco	kg	horas	Barco	kg	horas
b_1	306	8	b_{11}	399	9
b_2	345	10	b_{12}	321	8
b_3	123	9	b_{13}	419	7
b_4	245	7	b_{14}	523	9
b_5	643	9	b_{15}	603	11
b_6	354	8	b_{16}	123	5
b_7	321	9	b_{17}	501	10
b_8	564	13	b_{18}	576	8
b_9	435	6	b_{19}	433	7
b_{10}	490	8	b_{20}	467	13

Solución. Con el fin de emplear la función de MATLAB **eficiencia** hemos de considerar una nueva variable en vez de **kg** para la cual el orden de preferencia esté dado en el sentido minimizar. A continuación, se presentan dos modos distintos de elegir dicha variable.

a) Siguiendo el mismo procedimiento empleado en la definición de la variable **Benefimin** del ejercicio 6.6, hemos definido una nueva variable con la expresión: 8191-**kg** (en este caso 8191 corresponde a la suma de los 20 datos de la variable **kg**). Así pues, a partir de la variable 8191-**kg** y **horas** se han obtenido los siguientes resultados:

Barco	Eficiencia	Barco	Eficiencia	Barco	Eficiencia	Barco	Eficiencia
b_1	0.9680	b_6	0.9736	b_{11}	0.9709	b_{16}	1
b_2	0.9620	b_7	0.9620	b_{12}	0.9698	b_{17}	0.9815
b_3	0.9400	b_8	0.9896	b_{13}	0.9895	b_{18}	1
b_4	0.9691	b_9	1	b_{14}	0.9855	b_{19}	0.9912
b_5	1	b_{10}	0.9896	b_{15}	0.9947	b_{20}	0.9772

b) Un segundo planteamiento consistiría en tomar el inverso de **kg**, como ya se hizo en el ejercicio 6.5, obteniéndose la siguiente tabla:

Barco	1/kg	horas	Barco	1/kg	horas
b_1	0.00326	8	b_{11}	0.00250	9
b_2	0.00289	10	b_{12}	0.00311	8
b_3	0.00813	9	b_{13}	0.00238	7
b_4	0.00408	7	b_{14}	0.00191	9
b_5	0.00155	9	b_{15}	0.00165	11
b_6	0.00282	8	b_{16}	0.00813	5
b_7	0.00311	9	b_{17}	0.00199	10
b_8	0.00177	13	b_{18}	0.00173	8
b_9	0.00229	6	b_{19}	0.0023	7
b_{10}	0.00204	8	b_{20}	0.00214	13

A continuación, se muestran las eficiencias de los diferentes barcos a partir de las variables **1/kg** y **horas**:

Barco	Eficiencia	Barco	Eficiencia	Barco	Eficiencia	Barco	Eficiencia
b_1	0.74695	b_6	0.7855	b_{11}	0.79131	b_{16}	1
b_2	0.69799	b_7	0.70598	b_{12}	0.74924	b_{17}	0.83661
b_3	0.61517	b_8	0.87714	b_{13}	0.91526	b_{18}	1
b_4	0.83042	b_9	1	b_{14}	0.8992	b_{19}	0.93176
b_5	1	b_{10}	0.929	b_{15}	0.93779	b_{20}	0.72628

En ambos casos los barcos más eficientes en ese día en concreto son: b_5, b_9, b_{16} y b_{18}.

Ejercicio 6.9 Ante una nueva y desconocida afección cutánea, un joven investigador en el campo de la dermatología, experimenta con un total de 350 ratas. El investigador formula 7 tipos de medicamentos, los cuales curan la afección. Como paso previo a la prueba experimental en humanos el investigador ha dividido las 350 ratas en siete grupos de 50, administrándole a cada grupo un medicamento diferente. En cada grupo se han medido las variables **temperatura** (media del aumento de la temperatura del grupo, medida en grados centígrados), **tiempo**

(media del número de días que tarda en desaparecer la afección) y **coste** (coste de producción de 100 ml del medicamento correspondiente). El investigador desea establecer una ordenación entre dichos medicamentos.

MEDICAMENTO	coste	tiempo	temperatura
1	1.13	10	0.500
2	1.34	14	0.270
3	1.23	7	0.310
4	1.45	11	0.110
5	1.51	12	0.230
6	1.54	10	0.010
7	1.09	9	0.056

Solución. Realizamos el estudio de la eficiencia y obtenemos:

MEDICAMENTO	EFICIENCIA
1	0.9646
2	0.8134
3	1
4	0.7956
5	0.7319
6	1
7	1

Nótese que tres de los medicamentos tienen eficiencia 1, por lo que la ordenación final entre ellos, de nuevo, es tarea del investigador.

Capítulo 7

Aplicaciones de la Programación No Lineal

7.1. Localización de una antena WIFI

Ilustración (véase la subsección 7.1.1 para la resolución numérica).
Consideremos una empresa formada por distintos departamentos, alojados en distintos edificios y distribuidos en un recinto como muestra la figura 7.1.

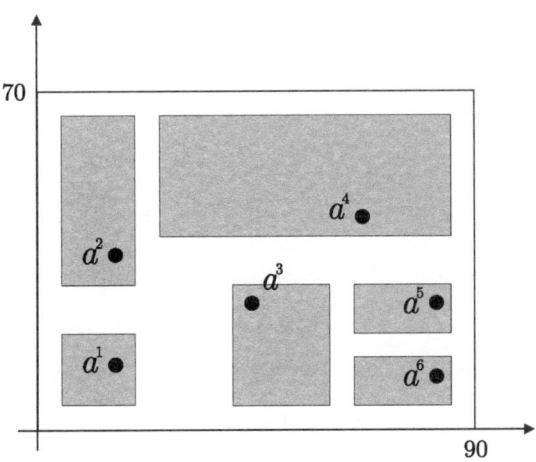

Figura 7.1: Distribución de los edificios y localizaciones.

Se precisa instalar un servicio de conexión a la red inalámbrica, WIFI, para cada uno de los departamentos, en las localizaciones $a^1, \ldots, a^6$ señaladas, y que toman las siguientes coordenadas (por comodidad se ha colocado el centro de coordenadas en la esquina inferior izquierda del recinto) en metros:

$$
\begin{aligned}
a^1 &= (16, \ 13.5)', \\
a^2 &= (16, \ 36.5)', \\
a^3 &= (44, \ 26.5)', \\
a^4 &= (66.5, \ 44)', \\
a^5 &= (82, \ 26)', \\
a^6 &= (82, \ 11)'.
\end{aligned}
\tag{7.1}
$$

Debido a las características de la antena WIFI que se va a instalar, se considera que a partir de 40 metros la señal es demasiado débil para garantizar una buena conexión. Se desea calcular el mejor lugar del recinto para instalar la antena, de modo que la calidad de la señal sea lo mejor posible para el conjunto de localizaciones.

Vamos a plantear el problema en términos matemáticos: puesto que la calidad de la señal decrece con el aumento de la distancia, el objetivo es encontrar el centro del círculo que hace menor el radio necesario para contener a todas las localizaciones, es decir, el menor círculo que contiene los puntos $a^1, \ldots, a^6$. El problema matemático que describe la situación planteada es el siguiente:

$$
(\tilde{P}_1) \quad \underset{(x,\varepsilon)\in\mathbb{R}^{2+1}}{Min} \quad \varepsilon
$$
$$
s.a \quad \left\| x - a^i \right\| \leq \varepsilon, \ i = 1, \ldots, 6.
$$

Planteamiento general. Con el objetivo de definir una función en MATLAB que no se limite solo a este ejemplo particular, vamos a plantear el modelo general y estudiar algunas de sus propiedades: dado un conjunto de puntos $\mathcal{A} = \left\{ a^1, a^2, \ldots, a^k \right\}$ del espacio $\mathbb{R}^n$ con la norma euclídea, que por simplicidad en la notación representaremos por $\|\cdot\|$, se desea encontrar la bola de mínimo radio y centro cualquiera, que contenga a todos los puntos del conjunto $\mathcal{A}$. Así pues, las variables de decisión del modelo son el centro, $x \in \mathbb{R}^n$, y el radio $\varepsilon > 0$ de dicha bola; véase la figura 7.2. Es sabido que este problema tiene solución única cuando se considera la norma euclídea (de hecho, la unicidad se mantiene en situaciones de normas más generales como se prueba en [18]). Este problema fue planteado originalmente por Sylvester en 1857 (véase [24]) para el caso de 3 puntos en el plano.

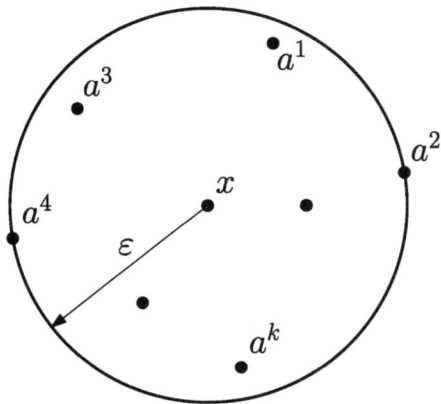

Figura 7.2: Mínimo círculo que contiene al conjunto $\left\{a^1, a^2, \ldots, a^k\right\} \subset \mathbb{R}^2$.

El objetivo de esta sección es el de plantear un problema de programación cuadrática que resuelva el problema actual de determinación de la mínima bola que contiene a $\mathcal{A}$. La resolución de dicho problema cuadrático se implementará en MATLAB.

En términos formales, el problema a resolver es el siguiente

$$(P_1) \quad \underset{(x,\varepsilon)\in\mathbb{R}^{n+1}}{Min} \quad \varepsilon$$
$$s.a \quad \left\|x - a^i\right\| \leq \varepsilon, \ i = 1, \ldots, k. \tag{7.2}$$

Puesto que la función $t \longmapsto t^2$ es estrictamente creciente en $\mathbb{R}_+$, por la proposición 3.1 (tomando $\phi(t) = t^2$ y $\phi_i(t) = t^2$, $i = 1, \ldots, k$), se tiene que el problema (P_1) es equivalente a este otro

$$(P_2) \quad \underset{(x,\varepsilon)\in\mathbb{R}^{n+1}}{Min} \quad \varepsilon^2$$
$$s.a \quad \left\|x - a^i\right\|^2 \leq \varepsilon^2 \quad i = 1, \ldots, k, \tag{7.3}$$
$$\varepsilon \geq 0.$$

Como podemos observar, el problema (7.3) no es cuadrático, pues las restricciones no son lineales; sin embargo, veremos que con un cambio de variable adecuado podemos transformarlo en un problema cuadrático convexo.

Hagamos antes un breve recordatorio acerca de los cambios de variable independiente y la relación existente entre las soluciones del problema original y del transformado. La comprobación del siguiente resultado es inmediata a partir de la biyectividad de φ.

Proposición 7.1 *Sean* $F, G \subset \mathbb{R}^n$, $f : F \longrightarrow \mathbb{R}$, $\varphi : G \longrightarrow F$ *biyectiva y* $g := f \circ \varphi$. *Sean los problemas*

$$
\begin{array}{ll}
(P) \quad Min \quad f(x) & \qquad (Q) \quad Min \quad g(z) \\
\quad\quad s.a \quad x \in F, & \qquad\quad\quad s.a \quad z \in G.
\end{array}
$$

Entonces $\bar{x}$ *es óptimo global de* (P) *si, y solo si,* $\bar{z} := \varphi^{-1}(\bar{x})$ *es óptimo global de* (Q). *Además los valores óptimos de* (P) *y* (Q) *coinciden.*

Debemos realizar un cambio en el problema (7.3) que transforme las restricciones cuadráticas en lineales. Veamos que un cambio adecuado para esto es el que proporcionan las ecuaciones

$$
\begin{cases}
z = x, \\
\lambda = \frac{1}{2}\left(\varepsilon^2 - \|x\|^2\right),
\end{cases}
\tag{7.4}
$$

puesto que dicho cambio transforma las restricciones del problema (7.3) de la siguiente manera: dado cualquier $i = 1, \ldots, k$,

$$
\left\| x - a^i \right\|^2 \leq \varepsilon^2 \Leftrightarrow \|x\|^2 - 2x'a^i + \left\| a^i \right\|^2 \leq \varepsilon^2 \Leftrightarrow
$$

$$
\Leftrightarrow x'a^i + \frac{1}{2}\left(\varepsilon^2 - \|x\|^2\right) \geq \frac{1}{2}\left\| a^i \right\|^2 \Leftrightarrow z'a^i + \lambda \geq \frac{1}{2}\left\| a^i \right\|^2.
$$

(Recuérdese que en esta aplicación $\|\cdot\|$ representa a la norma euclídea.)

Teniendo en cuenta esta cadena de equivalencias probaremos el siguiente resultado.

Lema 7.1 *Sea* F *el conjunto factible del problema de Sylvester (7.3), esto es,*

$$
F := \left\{ (x, \varepsilon) \in \mathbb{R}^{n+1} \mid \left\| x - a^i \right\|^2 \leq \varepsilon^2, \ i = 1, \ldots, k, \ \varepsilon \geq 0 \right\},
$$

y sea

$$
G := \left\{ (z, \lambda) \in \mathbb{R}^{n+1} \mid \lambda + z'a^i \geq \frac{1}{2}\left\| a^i \right\|^2, \ \forall i = 1, \ldots, k \right\}
$$

entonces $G \neq \emptyset$ y la función que define el cambio (7.4), dada por

$$\psi: \quad F \quad \longrightarrow \quad G$$
$$(x, \varepsilon) \quad \longmapsto \quad \left(x, \tfrac{1}{2}\left(\varepsilon^2 - \|x\|^2\right)\right),$$

es biyectiva.

Demostración. En primer lugar, el hecho de que $\psi(F) \subset G$ es consecuencia directa de la cadena de equivalencias dada tras la fórmula (7.4). En particular, $G \neq \emptyset$ como consecuencia de que $F \neq \emptyset$ (dado que todo conjunto finito de puntos es acotado; formalmente el par $(0, \max\{\|a^i\|, \ i = 1, \ldots, k\})$ pertenece a F).

Dados (x, ε) y $(\tilde{x}, \tilde{\varepsilon})$ de F tales que $x = \tilde{x}$ y $\tfrac{1}{2}\left(\varepsilon^2 - \|x\|^2\right) = \tfrac{1}{2}\left(\tilde{\varepsilon}^2 - \|\tilde{x}\|^2\right)$ se tiene $\varepsilon^2 = \tilde{\varepsilon}^2$, por lo que $\varepsilon = \tilde{\varepsilon}$ al ser ambos no negativos, lo que prueba la inyectividad de ψ.

Veamos que ψ es sobreyectiva. Dado (z, λ) un punto de G se verificará $\lambda + z'a^i \geq \tfrac{1}{2}\|a^i\|^2$, $\forall i = 1, \ldots, k$, o lo que es lo mismo,

$$\|a^i\|^2 - 2z'a^i \leq 2\lambda. \tag{7.5}$$

De la desigualdad anterior se deduce también que $\|z - a^i\|^2 \leq 2\lambda + \|z\|^2$, y por tanto

$$2\lambda + \|z\|^2 \geq 0,$$

lo que permite definir $x := z$ y $\varepsilon := \sqrt{2\lambda + \|z\|^2}$.

Teniendo en cuenta la ecuación (7.5), para cada $i = 1, \ldots, k$, podemos escribir

$$\|x - a^i\|^2 = \|z - a^i\|^2 = \|a^i\|^2 - 2z'a^i + \|z\|^2 \leq 2\lambda + \|z\|^2 = \varepsilon^2,$$

de donde se deduce que $(x, \varepsilon) \in F$. Entonces,

$$\psi(x, \varepsilon) = \left(x, \frac{1}{2}\left(\varepsilon^2 - \|x\|^2\right)\right) = \left(z, \frac{1}{2}\left(\left(\sqrt{2\lambda + \|z\|^2}\right)^2 - \|z\|^2\right)\right) = (z, \lambda),$$

lo que prueba la sobreyectividad de ψ. ∎

El lema anterior asegura la existencia del cambio inverso $\varphi = \psi^{-1}$ de (7.4), definido en G, dado por las ecuaciones

$$\begin{cases} x = z, \\ \varepsilon = \sqrt{2\lambda + \|z\|^2}. \end{cases} \tag{7.6}$$

Proposición 7.2 *Manteniendo la notación de la presente sección, considere-mos el problema de programación cuadrática*

$$(P_3) \quad \underset{(z,\lambda)\in\mathbb{R}^{n+1}}{Min} \quad 2\lambda + \|z\|^2$$

$$s.a \qquad \lambda + z'a^i \geq \frac{1}{2}\|a^i\|^2, \quad i = 1, \ldots, k.$$

Se tiene que (P_3) *es resoluble. Además, si* $(\bar{z}, \bar{\lambda})$ *es solución óptima de* (P_3) *entonces* $(\bar{x}, \bar{\varepsilon})$ *definido por*

$$\begin{cases} \bar{x} := \bar{z}, \\ \bar{\varepsilon} := \sqrt{2\bar{\lambda} + \|\bar{z}\|^2}, \end{cases}$$

es solución óptima del problema (P_2)*, cumpliéndose además*

$$v(P_1) = \sqrt{v(P_2)} = \sqrt{v(P_3)}.$$

Demostración. Veamos que (P_3) es resoluble. En efecto, (P_3) es consistente como consecuencia del lema anterior. En virtud del teorema 3.7, basta comprobar que (P_3) es acotado. Si $\lambda + z'a^i \geq \frac{1}{2}\|a^i\|^2$, entonces

$$2\lambda + \|z\|^2 \geq \|z\|^2 - 2z'a^i + \|a^i\|^2 = \|z - a^i\|^2 \geq 0,$$

lo que significa que la función objetivo de (P_3) está acotada inferiormente por 0 sobre el conjunto factible de (P_3). Así pues, (P_3) es acotado.

El resto de la prueba de este resultado es consecuencia directa de la proposición 7.1. ■

Observación 7.1 *Nótese que* (P_3) *es un problema cuadrático convexo (véase la sección 3.6), por lo que las condiciones de KKT son necesarias y suficientes para la optimalidad global (en virtud de la proposición 3.2), es decir,* $\mathcal{G} = \mathcal{P}_{KKT}$*. Como consecuencia directa de este hecho se tiene que el centro de la esfera mínima que contiene a* $\mathcal{A} = \{a^1, a^2, \ldots, a^k\}$ *se encuentra en la envoltura convexa de* $\mathcal{A}$*. Formalmente, se tiene que*

$$(\bar{z}, \bar{\lambda}) \in \mathcal{G} \Rightarrow \bar{z} \in \text{conv}\{a^1, a^2, \ldots, a^k\}.$$

En efecto, si $\left(\bar{z}, \bar{\lambda}\right) \in \mathcal{G} = \mathcal{P}_{KKT}$, *se tiene:*

$$-\begin{pmatrix} 2\bar{z} \\ 2 \end{pmatrix} = \sum_{i \in I\left(\bar{z}, \bar{\lambda}\right)} \alpha_i \begin{pmatrix} -a^i \\ -1 \end{pmatrix}, \ con \ \alpha_i \geq 0, \ para \ todo \ i \in I\left(\bar{z}, \bar{\lambda}\right).$$

En consecuencia $\bar{z} = \sum_{i \in I\left(\bar{z}, \bar{\lambda}\right)} \frac{\alpha_i}{2} a^i \in \text{conv}\left\{a^1, a^2, \dots, a^k\right\}, \ ya \ que \ \sum_{i \in I\left(\bar{z}, \bar{\lambda}\right)} \frac{\alpha_i}{2} = 1.$

7.1.1. Resolución con MATLAB

En primer lugar, nótese que (P_3) puede adaptarse al formato estándar de (3.5); esto es, podemos escribir

$$(P_3) \quad \underset{u \in \mathbb{R}^{n+1}}{Min} \quad \frac{1}{2} u'Qu + d'u$$
$$s.a \quad Au \leq b,$$

considerando

$$Q := 2 \left(\begin{array}{c|c} I_n & 0_n \\ \hline 0_n' & 0 \end{array} \right), \quad d := \begin{pmatrix} 0_n \\ 2 \end{pmatrix}, \quad A := - \left(\begin{array}{c|c} \begin{array}{c} (a^1)' \\ \vdots \\ (a^k)' \end{array} & 1_k \end{array} \right),$$

$$b := -\frac{1}{2} \begin{pmatrix} \|a^1\|^2 \\ \vdots \\ \|a^k\|^2 \end{pmatrix}, \quad u := (z_1, z_2, \dots, z_n, \lambda)',$$

donde recuérdese que 0_n es el vector nulo de $\mathbb{R}^n$ y que $1_k := (\overbrace{1, \dots, 1}^{(k)})'$.

A continuación, presentamos la función de MATLAB que calcula la mínima bola mediante la resolución del problema (P_3). La notación empleada ha sido la siguiente:

MP: matriz que contiene a los puntos a^i por columnas.

Q, d: Matriz y vector que definen la función objetivo de (P_3).

A, b: Matriz y vector que definen las restricciones del problema (P_3), esto es, $Au \leq b$.

x: centro de la esfera $(x_1, \dots, x_n)$ que se busca.

u: es el vector $(x_1, \dots, x_n, \lambda)$, de variables del problema (P_3).

r: radio de la bola buscada (valor óptimo de (P_1), denotado anteriormente por $\bar{\varepsilon}$).

————————————— Inicio función **esfmin**—————————————

```
%La función esfmin proporciona la mínima esfera que contiene
%al conjunto de puntos introducidos por columnas en la matriz
% MP. Como salida se obtiene el centro, x,
%y el radio, r, de la esfera buscada.

function [x,r]=esfmin(MP)
[n,k]=size(MP);
Q=2*[eye(n),zeros(n,1); zeros(1,n),0]; d=[zeros(n,1);2];
A=-[MP',ones(k,1)]; b=-0.5*(sum(MP.^2))';
[u,v]=quadprog(Q,d,A,b); x=u(1:n); r=sqrt(v);
```

————————————— Fin función **esfmin**—————————————

Resolución del problema de localización de la antena WIFI. A continuación, introducimos los datos recogidos en (7.1) y ejecutamos la función **esfmin**.

```
>> MP=[16,16,44,66.5,82,82;13.5,36.5,26.5,44,26,11]
>> [x,r]=esfmin(MP)
```

Con lo que se obtiene el resultado:

$$x = (49, 23.75), \ r = 35.3774,$$

y al ser el radio menor que 40 m quedará garantizada una buena señal en todas las localizaciones. En la figura 7.3 se muestra gráficamente la solución obtenida.

7.2. Ubicación de una antena de telefonía móvil

El problema que se aborda en esta sección constituye una ligera modificación del problema tratado en la sección anterior.

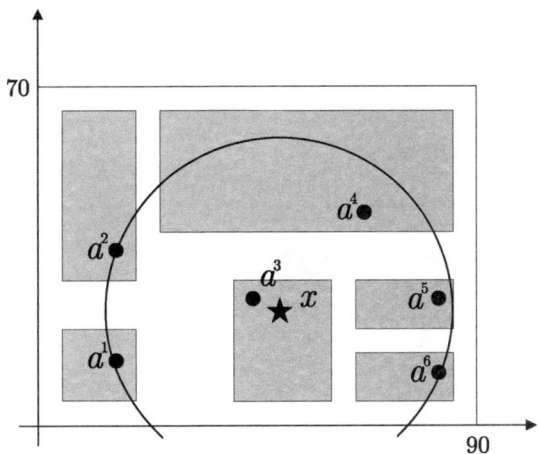

Figura 7.3: Punto óptimo para la colocación de la antena WIFI.

Ilustración. Se desea encontrar la ubicación óptima de una antena de telefonía móvil con el fin de dar cobertura a cinco áreas $A^1, ..., A^5$ que, por simplificar, suponemos circulares de 25 km de radio y centradas en los puntos $a^1, ..., a^5$ que se muestran en la siguiente tabla (los datos están dados en km y se supone previamente fijado un sistema de coordenadas):

a^1	$(68, 263)$
a^2	$(251, 340)$
a^3	$(173, 170)$
a^4	$(208, 40)$
a^5	$(312, 190)$

En la figura 7.4 se ilustra la situación actual.

Solución. El problema a resolver es el siguiente:

$$(P_1) \quad \min_{(x,\varepsilon)\in\mathbb{R}^{2+1}} \quad \varepsilon$$
$$s.a \quad \left\|x - a^i\right\| + 25 \leq \varepsilon,$$

que es equivalente a este otro

$$(P_2) \quad \min_{(x,\varepsilon)\in\mathbb{R}^{2+1}} \quad \varepsilon - 25$$
$$s.a \quad \left\|x - a^i\right\| \leq \varepsilon - 25.$$

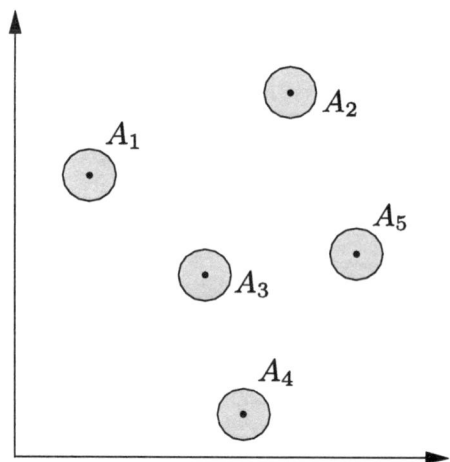

Figura 7.4: Localizaciones del problema de la antena de telefonía.

Como en la aplicación anterior, en ésta $\|\cdot\|$ representa a la norma euclídea de $\mathbb{R}^n$. Si llamamos $\delta := \varepsilon - 25$, el problema (P_2) queda como un problema estándar de la bola de mínimo radio:

$$(P_3) \quad \underset{(x,\delta)\in\mathbb{R}^{2+1}}{Min} \quad \delta$$
$$s.a \quad \left\|x - a^i\right\| \leq \delta;$$

Y si $\bar{x}^3$ es óptimo del problema (P_3) con valor $\bar{\delta}_3$, entonces el óptimo del problema original (P_1) es también $\bar{x}^3$, pero con valor $\bar{\delta}_3 + 25$.

Utilizando la función **esfmin** realizada previamente, resolvemos el problema (P_3), obteniendo la ubicación óptima de la antena en el punto $\bar{x} = (204.93, 193.52)$, con valor óptimo $\bar{\delta} = 153.55$. La figura 7.5 ilustra dicha ubicación óptima.

7.2.1. Ejercicio propuesto: Instalación de una plataforma de salvamento marítimo

Se desea instalar una plataforma de salvamento marítimo para atender posibles emergencias que se produzcan en 5 pequeñas islas cuyas posiciones en cierto sistema de coordenadas son (los datos corresponden a los centros de las islas que, por simplicidad, se suponen circulares con el mismo radio):

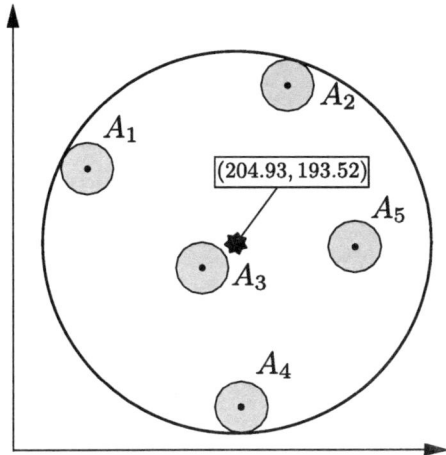

Figura 7.5: Ubicación óptima de la antena de telefonía.

Isla	Coordenadas (en km)
I_1	(36.9, 42.8)
I_2	(37.6, 30.5)
I_3	(87.8, 33.6)
I_4	(76.7, 40.8)
I_5	(57.5, 63.7)

Calcúlese la ubicación óptima de la plataforma de salvamento.

Solución. En primer lugar, nótese que el modelo es análogo al anterior, de ubicación de una antena de telefonía móvil. Nótese además, que no es necesario conocer el radio de las islas para determinar la localización óptima de la plataforma. Utilizando la función **esfmin** se obtiene que la ubicación óptima de la plataforma en el punto (62.3, 38.2).

7.3. Ajuste por mínimos cuadrados

7.3.1. Ajuste a modelos lineales sin restricciones

Recordemos que dada una nube de puntos

$$\{(y_j, x_{1j}, x_{2j}, ..., x_{nj}),\ j = 1, ..., k\} \subset \mathbb{R}^{n+1},$$

el objetivo del modelo de los mínimos cuadrados es determinar la ecuación del hiperplano

$$t = \alpha_0 + \alpha_1 s_1 + \alpha_2 s_2 + \ldots + \alpha_n s_n,$$

que minimiza la norma euclídea el vector de residuos $\varepsilon(\alpha) = (\varepsilon_j(\alpha))_{j=1,\ldots,k}$, siendo

$$\varepsilon_j(\alpha) = y_j - (\alpha_0 + \alpha_1 x_{1j} + \alpha_2 x_{2j} + \ldots + \alpha_n x_{nj}), \ j = 1, \ldots, k,$$

donde $\alpha = (\alpha_0, \alpha_1, ..., \alpha_n)' \in \mathbb{R}^{n+1}$. En otros términos, se trata de resolver el problema

$$\underset{\alpha \in \mathbb{R}^{n+1}}{Min} \ \|\varepsilon(\alpha)\|_2,$$

que resulta ser equivalente al problema

$$(P_{mc}) \underset{\alpha \in \mathbb{R}^{n+1}}{Min} \ \sum_{i=1}^{k} (\varepsilon_i(\alpha))^2.$$

Este planteamiento fue introducido anteriormente en (6.4), en la sección 6.2.

Si denotamos por $Y := (y_1, ..., y_k)'$, por $X_i := (x_{i1}, \ldots, x_{ik})'$, y por $X := (1_k|X_1|\cdots|X_n)$, se tiene que

$$\varepsilon(\alpha) = Y - \alpha_0 + \alpha_1 X_1 + \alpha_2 X_2 + \ldots + \alpha_n X_n =$$

$$= Y - (1_k|X_1|\cdots|X_n) \begin{pmatrix} \alpha_0 \\ \alpha_1 \\ \vdots \\ \alpha_n \end{pmatrix} = Y - X\alpha.$$

Entonces,

$$\varepsilon(\alpha)'\varepsilon(\alpha) = (Y - X\alpha)'(Y - X\alpha) = \alpha'X'X\alpha - 2Y'X\alpha + Y'Y,$$

que es claramente una función cuadrática en la variable vectorial α. Si adoptamos la notación $Q := 2X'X$, $c := -2X'Y$, $d := Y'Y$, el problema (P_{mc}) queda planteado como sigue:

$$(P_{mc}) \quad \underset{\alpha \in \mathbb{R}^{n+1}}{Min} \quad f(\alpha) := \tfrac{1}{2}\alpha'Q\alpha + c'\alpha + d. \tag{7.7}$$

Dado que $Q = Hf(\alpha)$, para cualquier α, es una matriz simétrica y definida o semidefinida positiva, pues

$$z'Qz = 2z'X'Xz = 2(Xz)'(Xz) \geq 0 \quad \forall z \in \mathbb{R}^{n+1},$$

se tiene que f es una función cuadrática convexa.

Proposición 7.3 *Consideremos el problema de mínimos cuadrados (P_{mc}) introducido en (7.7). Se tiene que (P_{mc}) es resoluble y el conjunto de sus óptimos globales está dado por*

$$\mathcal{G} = \left\{ \alpha \in \mathbb{R}^{n+1} \mid X'X\alpha - X'Y = 0 \right\}.$$

(Si $X'X$ es inversible, es inmediato que (P_{mc}) tiene un único óptimo global y está dado por $\bar{\alpha} = (X'X)^{-1}(X'Y)$.)

Demostración. En primer lugar, nótese que, en virtud del Teorema de Frank y Wolfe (teorema 3.7), (P_{mc}) es resoluble por tratarse de un problema acotado de programación cuadrática (véase también la observación 3.8). En efecto, (P_{mc}) es acotado pues

$$f(\alpha) = \sum_{i=1}^{k} \varepsilon_i^2(\alpha) \geq 0 \text{ para todo } \alpha \in \mathbb{R}^{n+1}.$$

Además, puesto que f es convexa, en virtud del teorema 2.1 se tiene que el conjunto de óptimos globales de (P_{mc}) está dado por

$$\begin{aligned}
\mathcal{G} &= \left\{ \alpha \in \mathbb{R}^{n+1} \mid \nabla f(\alpha) = 0_{n+1} \right\} \\
&= \left\{ \alpha \in \mathbb{R}^{n+1} \mid Q\alpha + c = 0 \right\} \\
&= \left\{ \alpha \in \mathbb{R}^{n+1} \mid X'X\alpha - X'Y = 0 \right\}.
\end{aligned}$$

∎

7.3.2. Ajuste a modelos lineales con restricciones: un problema de reacciones químicas

Ilustración (véase la resolución numérica en la subsección 7.3.3). Se han realizado 12 experimentos de obtención de determinado material a partir de cuatro compuestos A, B, C y D. En cada uno de los experimentos se han utilizado diferentes cantidades de los cuatro compuestos y se ha anotado el calor generado, K, por la reacción química. La siguiente tabla muestra los datos correspondientes a los 12 experimentos; esto es, las cantidades empleadas de A, B, C y D (medidas en gramos) y el calor generado K (medido en calorías por gramo):

K	A	B	C	D	K	A	B	C	D
107.5	13	67	8	19	102	11.9	72	9	23
112.4	6.8	33	9	15	104.2	3	51	13	46
84	2.3	59	11	27	110.7	23	46	16	22
113.8	10.1	31	24	25	75.7	2.1	45	8	54
94.1	9.9	43	15	42	77.9	7	25.5	7	61
73.2	7.8	69.9	11	7	81.9	9.8	33	7	63

Se desea ajustar un modelo lineal a estos datos, donde se exprese el calor generado K en función de las cantidades de los compuestos A, B, C y D. Esto es, se desean determinar los parámetros $\alpha_0, \alpha_1, ..., \alpha_4$ del modelo lineal:

$$K = \alpha_0 + \alpha_1 A + \alpha_2 B + \alpha_3 C + \alpha_4 D,$$

que mejor se ajusta a los datos anteriores, en el sentido de los mínimos cuadrados. Además, se sabe que los parámetros del modelo verifican las restricciones:

$$\alpha_1 + \alpha_2 + \alpha_3 \leq 4 \qquad \text{y} \qquad 2\alpha_1 - \alpha_2 = 0.$$

Planteamiento general. Manteniendo la notación de la subsección anterior, ahora suponemos adicionalmente que se conocen ciertas condiciones para los parámetros $\alpha_0, \alpha_1, ..., \alpha_n$, que formalmente se traducen como un conjunto de restricciones lineales. De este modo, planteamos el problema de mínimos cuadrados restringidos como sigue:

$$(P_{mcr}) \quad Min \quad \sum_{i=1}^{k} (\varepsilon_i(\alpha))^2$$
$$s.a \quad A\,\alpha \leq b,$$
$$A_{eq}\,\alpha = b_{eq}.$$

(7.8)

siendo A y A_{eq} matrices de órdenes $m \times (n+1)$ y $p \times (n+1)$, respectivamente, y donde $b \in \mathbb{R}^m$ y $b_{eq} \in \mathbb{R}^p$. Nótese que la función objetivo de (P_{mcr}) es la misma que la de (P_{mc}) y como antes se tiene que

$$f(\alpha) = \sum_{i=1}^{k} (\varepsilon_i(\alpha))^2 \geq 0, \text{ para todo } \alpha \in \mathbb{R}^{n+1}.$$

En particular, se tiene el siguiente resultado.

Proposición 7.4 *Consideremos el problema (P_{mcr}) introducido en (7.8). Se tiene que:*

(i) (P_{mcr}) es resoluble si, y solo si, (P_{mcr}) es consistente.

(ii) El conjunto de óptimos globales de (P_{mcr}) coincide con el de sus puntos de KKT, esto es,

$$\mathcal{G} = \mathcal{P}_{KKT}.$$

Demostración. El apartado (i) es consecuencia directa del teorema de Frank y Wolfe (teorema 3.7) teniendo en cuenta que la función objetivo de (P_{mcr}), f, está acotada inferiormente, como se ha indicado anteriormente.

Por su parte, el apartado (ii) se deduce del hecho de que (P_{mcr}) es un problema cuadrático convexo. ∎

7.3.3. Resolución con MATLAB

A continuación, implementamos la función **minres** que resuelve el modelo de los mínimos cuadrados restingidos, para una muestra de k observaciones y n variables.

$$(P_{mcr}) \quad Min \quad \alpha'Q\alpha + c'\alpha + d$$
$$s.a \quad A\,\alpha \leq b,$$
$$A_{eq}\,\alpha = b_{eq}.$$

donde

$$Q = 2X'X, \ c = -2X'Y \ \text{y} \ d = Y'Y.$$

Recuérdese que

$$X = \begin{pmatrix} 1 & x_{11} & \cdots & x_{n1} \\ \vdots & \vdots & \vdots & \vdots \\ 1 & x_{1k} & \cdots & x_{nk} \end{pmatrix}, \ Y = \begin{pmatrix} y_1 \\ \vdots \\ y_k \end{pmatrix}.$$

———————————— Inicio función **minres**————————————

```
%La función minres resuelve el problema de los mínimos cuadrados
%restringidos.
%La sintaxis es [sol, e]=minres(dep, indep, A, b, Aeq, beq),
%donde dep es el vector (fila) que contiene las observaciones
%experimentales de la variable dependiente del modelo,
%indep es la matriz que contiene por filas las observaciones
%experimentales de cada una de las variables independientes,
%A es la matriz de coeficientes de las restricciones de
%desigualdad, b es el vector de términos independientes de las
%desigualdades, Aeq es la matriz de coeficientes de las
%restricciones de igualdad, y beq vector de
%términos independientes de las igualdades.
%Los argumentos de salida son: sol, que es el vector que tiene
%los valores óptimos de los parámetros del modelo,
%e es el vector de residuos correspondiente.
%Para evitar errores se recomienda introducir los datos en un
%M-file con dep, indep, A, b, Aeq y beq.


function [sol,e]=minres(dep,indep,A,b,Aeq,beq)
x=indep;
[n,k]=size(x);
y=dep';
%función cuadrática
x=x';
```

```
X=[ones(k,1),x]
Q=2*X'*X;
%función lineal
c=-2*X'*y;
[sol]=quadprog(Q,c,A,b,Aeq,beq);
e=y-X*sol;
```

────────────── Fin función **minres** ──────────────

Resolución de la ilustración del problema de reacciones químicas.
Seguidamente se muestra la ejecución de la función **minres** con los datos de la
ilustración presentada al comienzo de la subsección anterior.

```
>> K=[107.5, 112.4, 84, 113.8, 94.1, 73.2, 102, 104.2, 110.7,
75.7, 77.9, 81.9];
>> A=[13, 6.8, 2.3, 10.1, 9.9, 7.8, 11.9, 3,23, 2.1, 7, 9.8];
>> B=[67, 33, 59, 31, 43, 69.9, 72,51, 46,45, 25.5, 33];
>> C=[8, 9, 11, 24, 15, 11, 9, 13, 16, 8, 7, 7];
>> D=[19, 15, 27, 25, 42, 7, 23, 46, 22, 54, 61, 63];
>> dep=K;
>> indep=[A;B;C;D];
>> [sol,e]=minres(dep,indep,[0,1,1,1,0],[4],[0,2,-1,0,0],[0])
```

Recordemos que el argumento de salida "**sol**" contiene los valores óptimos
de los parámetros α_0, α_1, ..., α_4, obteniéndose la siguiente solución:

$$K = 103.8332 - 0.0891A - 0.1782B + 1.1144C - 0.3721D.$$

7.3.4. Ejercicio propuesto: Un modelo explicativo del precio de la vivienda

Se desea ajustar un modelo lineal que explique el precio de venta de una
vivienda (**precio**) en función del valor de tasación del terreno (**valterr**), el valor de tasación de las mejoras (**valmejor**) y el valor de tasación total (**valtot**).

Formalmente, se desea determinar los parámetros $\alpha_0, \alpha_1, ..., \alpha_3$ que proporcionan el mejor ajuste del modelo

$$\textbf{precio} = \alpha_0 + \alpha_1\textbf{valterr} + \alpha_2\textbf{valmejor} + \alpha_3\textbf{valtot}$$

a los datos que se indican a continuación, mediante el método de mínimos cuadrados sujeto a la restricción $\alpha_3 = 2\alpha_1$.

Emplearemos la base de datos del SPSS contenida en el fichero Ventas de casas [por barrio].sav. Concretamente, centraremos nuestra atención en los datos de los barrios A y B.

Indicación (véase el ejercicio 6.2 para detalles sobre la **creación de una base de datos** extraídos del SPSS). Para comenzar, hemos de crear las dos bases de datos correspondientes a los barrios A y B; para ello, abrimos el fichero Ventas de casas [por barrio].sav de la base de datos del SPSS. A través de las opciones *Analizar→Estadísticos descriptivos→Frecuencias* a la variable **barrio**, vemos que hay 7 barrios designados de la A a la G. Seguidamente mediante *Datos→Seleccionar casos*, seleccionamos las opciones *Eliminar casos no seleccionados* y *Si satisface la condición* y pulsamos *Si...→* elegimos barrio, **barrio**="A"*→Continuar→Aceptar*. Ahora de la ventana *Vista de variables* eliminamos la variable **barrio**, y guardamos la base de datos con el nombre de barrioA y el tipo Excel 2.1(*.xls). Repetimos el mismo procedimiento para el barrioB, de nuevo con la base de datos completa.

Una vez terminado este proceso en el que hemos creado las dos bases de datos, desde MATLAB abrimos las bases de datos, *File→Open*, abrimos directamente el documento Excel que acabamos de crear. MATLAB nos muestra *Import Wizard*, seleccionamos *Create vector from each column using column names*, *Finish*. Primero trabajamos con una y calculamos su plano de regresión; una vez hallado, y antes de abrir la otra base de datos eliminamos las variables de *Workspace*, mediante *Edit→Clear Workspace*.

Solución. Para hallar los parámetros del modelo barrioA tecleamos en MATLAB:

```
>> dep=precio';
>> indep=[valterr,valmejor,valtot]';
```

```
>> [sol,e]=minres(dep,indep,[],[],[0,0,2,-1,0],0)
```

7.3.5. Ajuste a modelos no lineales: Un modelo de producción basado en la función de producción de Cobb-Douglas

En el proceso de engorde del ganado vacuno en Allueva *et ál.* [1] se consideran dos fases diferentes: la fase de iniciación (hasta 300 kg de peso) y la de acabado. En la fase de iniciación aparece el siguiente modelo de engorde del ganado en función del tipo de alimentación empleada

$$P = \alpha_0 M^{\alpha_1} S^{\alpha_2}, \tag{7.9}$$

donde P representa la ganancia de peso en kg de un ternero con una ración de pienso, M y S representan, respectivamente, las cantidades (en kg) de cierta mezcla de maíz en grano con ensilado y de soja, empleada en la ración de pienso. Por su parte α_0, α_1 y α_2 son los parámetros del modelo, que han de tomar valores no negativos. Dicho modelo se ajusta al clásico *modelo de producción de Cobb* y *Douglas* (analizado por estos autores en la publicación [6] de 1928).

Nuestro objetivo es determinar los valores óptimos de los parámetros α_0, α_1 y α_2 en el sentido de que proporcionen el mejor ajuste por mínimos cuadrados del modelo (7.9) a la siguiente muestra de datos relativos al engorde de 20 terneros:

P :	47	46	48	46.5	48.7	56.8	56.9	49.8	51.6	54.9
M :	100	93	120	90	98	140	150	97	115	130
S :	50	54	34	58	65	79	67	80	65	75
P :	47.5	49.8	51.2	49.3	48.9	57.6	51.9	54.5	48.4	50.5
M :	95	105	110	97	104	145	125	132	92	104
S :	59	64	69	73	56	79	54	68	75	72

Planteamiento general. Consideremos el siguiente modelo no lineal que expresa a la variable Y como función de las variables independientes $X_1, ..., X_n$ y que, además, depende del parámetro $\alpha \in F \subset \mathbb{R}^m$,

$$Y = f_\alpha (X_1, ..., X_n),$$

donde $f_\alpha : \mathbb{R}^n \to \mathbb{R}$, $\alpha \in F$, es una función en general no lineal.

Supongamos dada una muestra experimental de tamaño k de las variables involucradas en el modelo, $Y, X_1, ..., X_n$:

$$\{(y_j, x_{1j}, x_{2j}, ..., x_{nj}), \; j = 1, ..., k\} \subset \mathbb{R}^{n+1}.$$

El método de ajuste por mínimos cuadrados pretende determinar el valor del parámetro (vectorial) α que minimiza la norma euclídea del vector de residuos correspondiente

$$\varepsilon(\alpha) := (y_j - f_\alpha(x_{1j}, x_{2j}, ..., x_{nj}))_{j=1,...,k};$$

esto es, se trata de resolver el siguiente problema de optimización, en la variable vectorial $\alpha \in \mathbb{R}^m$,

$$(P) \quad Min \; \|\varepsilon(\alpha)\|_2$$
$$s.a. \quad \alpha \in F,$$

o, equivalentemente, de resolver el problema de mínimos cuadrados no lineal

$$(P_{mcnl}) \quad Min \; \sum_{j=1}^{k} (y_j - f_\alpha(x_{1j}, x_{2j}, ..., x_{nj}))^2 \tag{7.10}$$
$$s.a. \quad \alpha \in F.$$

El problema (P_{mcnl}) será de PNL con restricciones si F está dado como el conjunto de soluciones de cierto sistema de restricciones. Si $F = \mathbb{R}^m$, el problema (P_{mcnl}) puede verse como un problema de PNL sin restricciones.

Resolución con MATLAB. En el ejemplo del problema de engorde del ganado, la función no lineal que describe el modelo es

$$f_\alpha(M, S) = \alpha_0 M^{\alpha_1} S^{\alpha_2},$$

y el problema (P_{mcnl}) puede escribirse de la forma (se indica el primer y último sumando de la función de mínimos cuadrados)

$$(P_{mcnl}) \quad Min \; (47 - \alpha_0 100^{\alpha_1} 50^{\alpha_2})^2 + ... + (50.5 - \alpha_0 104^{\alpha_1} 72^{\alpha_2})^2 \tag{7.11}$$
$$s.a. \quad \alpha_0, \alpha_1, \alpha_2 \geq 0.$$

Por motivos didácticos y de generalidad en el planteamiento, hemos optado por trabajar directamente con el modelo no lineal (7.9); aunque en este caso

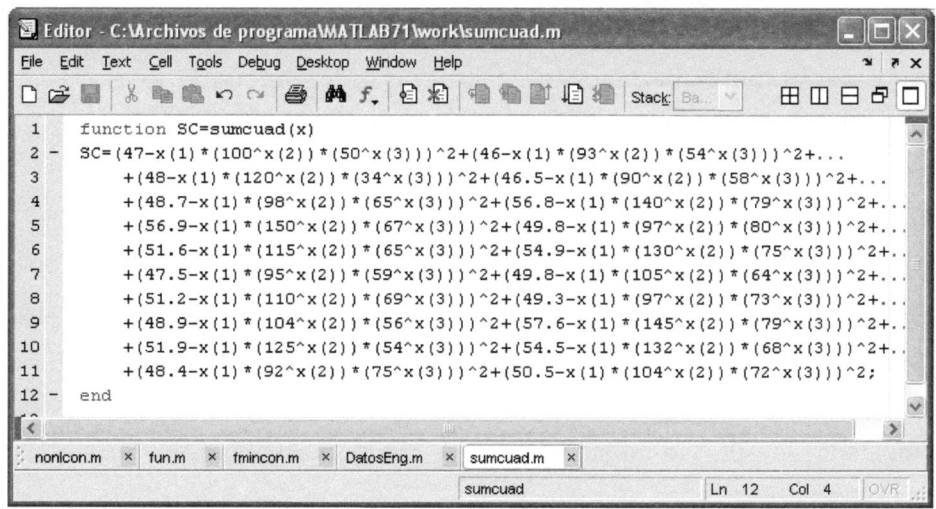

Figura 7.6: Función objetivo del problema (7.11).

particular, podríamos haber linealizado dicho modelo tomando logaritmos, pues los valores experimentales de P, M y S son positivos.

A continuación, introducimos el modelo en MATLAB y lo resolvemos con ayuda de la función **fmincon** descrita en la sección 5.2. La figura 7.6 muestra la edición de la función objetivo del modelo como un M-archivo que hemos denominado **sumcuad** (suma de cuadrados).

Una vez creada la función objetivo, ejecutamos la función **fmincon** con la sintaxis que figura a continuación. Hacemos hincapié en el hecho de que la elección inicial de la semilla la hacemos de forma arbitraria. En este caso se ha considerado la semilla $(1, 1, 1)$.

```
>> [x,f,e,o]=fmincon('sumcuad',[1 1 1],[],[],[],[],[0 0 0],[]);
```

Se tiene, **e** =0 (véase de nuevo la sección 5.2 para detalles). El punto propuesto es **x=[2.5606, 0.4625, 0.1917]**, con valor del objetivo **f=27.3360**. Seguidamente, hemos optado por introducir una nueva semilla, cercana a la solución propuesta anteriormente, en vez de aumentar el valor del parámetro **OPTIONS. MaxFunEvals**. Ensayaremos con la semilla $(2, 0.5, 0.1)$. Así ejecutamos de nuevo la función **fmincon** con la sintaxis:

```
>> [x,f,e,o]=fmincon('sumcuad',[2 0.5 0.1],[],[],[],[],
   [0 0 0],[]);
```

En este caso obtenemos el mensaje de salida correspondiente a **e =5** (recordemos que valores positivos de **e=exitflag** se correspondían con reglas satisfactorias de parada). Por otro lado, a partir del valor de **o.firstorderopt=0.0256**, podemos decir que no se cumplen las condiciones de KKT para la tolerancia empleada de 10^{-6}, aunque sí se tiene cierta aproximación. Formalmente **o.firstorderopt=0.0256** significa que

$$\left\| \nabla f(x) + \sum_{i=1}^{m} \lambda_i \nabla g_i(x) \right\|_{\infty} \leq 0.0256,$$

$$|\lambda_i g_i(x)| \leq 0.0256, \text{ para todo } i,$$

donde aquí f representa la función objetivo del problema y g_i la función que determina la i-ésima restricción de desigualdad ($g_i(x) \leq 0$).

Por otro lado, la solución propuesta es:

$$\text{x}=[5.1633, \ 0.3644, \ 0.1369], \text{ con f=0.4642.}$$

Nótese que se ha producido una mejora (disminución) en el valor de la función objetivo con respecto a la ejecución anterior de **fmincon.**

Hemos ensayado con diferentes semillas y no hemos encontrado una mejora significativa en el valor de la función objetivo. Con todo, admitiremos el punto anterior como solución aceptable del problema. Así pues, aceptamos el siguiente modelo de engorde del ganado vacuno:

$$P = 5.1633 \ M^{0.3644} \ S^{0.1369}.$$

7.4. Distancia de un punto a un poliedro

7.4.1. Ilustración: El problema de la grúa

Se quiere transportar una cantidad de materiales pesados de construcción desde el punto $a = (14, 120)$ al recinto R (véase una ilustración en la figura 7.7).

Para ello se va a instalar una grúa torre en dicho recinto con la que se elevarán

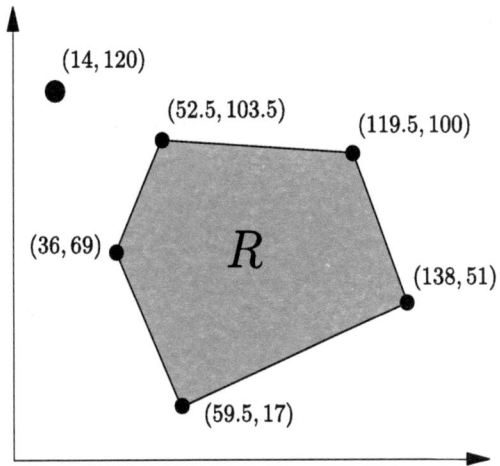

Figura 7.7: Representación gráfica problema de la grúa.

los materiales. Suponemos que el coste de la grúa torre depende linealmente de la longitud del brazo (llamado pluma o flecha) de ésta. Formalmente, suponemos que el coste viene dado por:

$$\textbf{coste} = \alpha d\left(a, x\right) + \beta,$$

siendo x el punto donde se instalará la grúa, y siendo α y β dos números positivos.

El objetivo del problema es calcular el punto x donde instalar la grúa con el fin de minimizar el coste. Esto es, el planteamiento será

$$(P) \quad Min \quad \alpha d(a, x) + \beta$$
$$s.a \qquad x \in R,$$

o equivalentemente

$$(\tilde{P}) \quad Min \quad d(a, x)$$
$$s.a \quad x \in R.$$

La resolución numérica de este problema se encuentra en la subsección 7.4.3. Seguidamente, abordamos este problema desde una perspectiva más general.

7.4.2. Planteamiento general

La ilustración anterior corresponde a una situación particular del problema de hallar la distancia euclídea de un punto $a \in \mathbb{R}^n$ a un poliedro $F \subset \mathbb{R}^n$. Es sabido que un poliedro en $\mathbb{R}^n$ admite diferentes tipos de representaciones. En esta aplicación, por simplicidad, trabajaremos con la representación de F como solución de un sistema de desigualdades lineales; esto es,

$$F = \{x \in \mathbb{R}^n \mid Ax \leq b\},$$

siendo A una matriz de orden $m \times n$ y $b \in \mathbb{R}^m$. Se considera entonces el problema de optimización

$$(P_1) \quad Min \quad d(a,x)$$
$$s.a \quad x \in F,$$

donde $d(a,x)$ representa la distancia euclídea entre a y x. En otros términos, la finalidad de (P_1) es determinar la *mejor aproximación* (o *proyección*) del punto a en el poliedro F, que será representada por $P_F(a)$ como se ilustra en la figura 7.8.

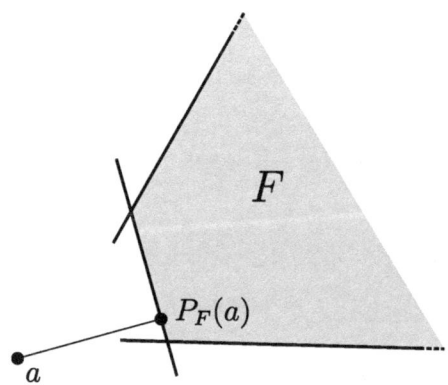

Figura 7.8: Proyección del punto a sobre el poliedro F.

Puesto que F es un convexo cerrado (ejemplo 1.9), un resultado clásico del análisis convexo (que puede consultarse, por ejemplo, en el texto de Rockafellar [23]) establece la existencia y unicidad de $P_F(a)$ cuando se trabaja con la distancia euclídea (en general, con otras distancias no está garantizada la unicidad).

En otros términos, el problema (P_1) es resoluble y tiene un único óptimo global. Aunque no es necesario suponer $a \notin F$, obviamente, el caso contrario es trivial, en el sentido de que si $a \in F$, entonces $P_F(a) = a$ y el valor óptimo (P_1) es cero.

Por otro lado, puesto que la función $t \longmapsto t^2$ es estrictamente creciente en $\mathbb{R}_+$, y teniendo en cuenta que

$$d(a, x)^2 = \|x - a\|_2^2 = x'x - 2a'x + a'a,$$

el problema (P_1) es equivalente al problema de programación cuadrática:

$$(P_2) \quad Min \quad x'x - 2a'x + a'a$$
$$s.a \qquad Ax \leq b.$$

7.4.3. Resolución con MATLAB

Seguidamente implementamos una función con MATLAB, que llamaremos **dispol**, que resuelve el problema (P_2) anterior. Expresamos dicho problema en el formato estándar:

$$(P_2) \quad Min \quad \tfrac{1}{2}x'Qx + c'x + d \qquad (7.12)$$
$$s.a \qquad Ax \leq b,$$

considerando

$$Q := 2I_n, \ c := -2a \text{ y } d := \|a\|^2.$$

(Como en ocasiones anteriores, obviaremos la constante d de la función objetivo, lo que no supone cambio alguno en el conjunto de óptimos del problema.)

Presentamos a continuación la función **dispol**:

—————————— Inicio función **dispol** ——————————

```
%La función dispol resuelve el problema que minimiza la dis-
%tancia de un punto a un poliedro dado a través del sistema
%de desigualdades lineales A*x<=b. Si el punto pertenece
%al poliedro, aparece un mensaje de aviso.
%La sintaxis es [sol,d]=dispol(punto,A,b), donde
%el primer argumento de entrada representa el punto considerado.
%Respecto a los argumentos de salida, sol es el punto
```

```
% donde se alcanza la distancia mínima deseada (proyección)
% y d el valor de dicha distancia.

function [sol,d]=dispol(punto,A,b)
[m,t]=size(A);
%Primero se comprueba si el punto pertenece a F
D=[];
for i=1:m
 C=A(i,:)*punto';
 D=[D,C];
end
if D<=b
 disp('El punto pertenece al poliedro')
 sol=[];
 d=[];
 return
else
n=length(punto);
Q=eye(n);
c=-2*punto;
[sol]=quadprog(2*Q,c,A,b);
d=sqrt((sol'-punto)*(sol'-punto)');
end
```

———————————— Fin función **dispol** ————————————

A continuación, retomamos nuestra ilustración del problema de la grúa. Con el fin de ajustarnos al planteamiento general, en primer lugar, representaremos el recinto R como solución de un sistema de desigualdades lineales. Inicialmente, sabemos que:

$$R = \text{conv}\left\{(52.5,\ 103.5), (119.5,\ 100), (138,\ 51), (59.5,\ 17), (36,\ 69)\right\}.$$

A partir de las ecuaciones de las rectas que conectan cada par de vértices consecutivos llegamos a la representación deseada:

$$R := \left\{x \in \mathbb{R}^2 \mid Ax \leq b\right\}.$$

Puede comprobarse que una posible elección de A y b es:

$$A := \begin{pmatrix} 3.5 & 67 \\ 49 & 18.5 \\ 34 & -78.5 \\ -52 & -23.5 \\ -34.5 & 16.5 \end{pmatrix} \quad y \quad b := \begin{pmatrix} 7118.2 \\ 7705.5 \\ 688.5 \\ -3493.5 \\ -103.5 \end{pmatrix}.$$

Utilizando la función **dispol** con la sintaxis indicada anteriormente, se obtiene que el punto óptimo para colocar la grúa es:

$$\bar{x} = (51.75, 101.94).$$

La figura 7.9 ilustra gráficamente la situación.

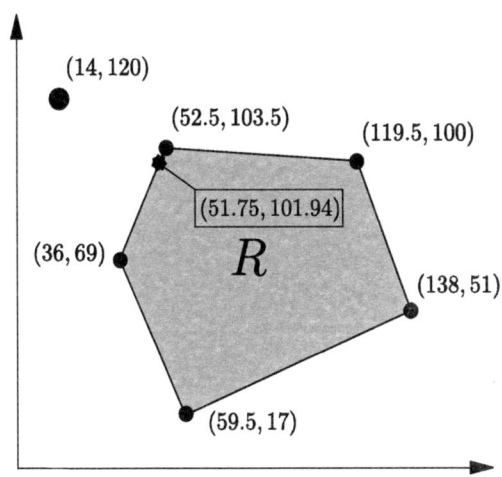

Figura 7.9: Solución del problema de la grúa.

7.4.4. Ejercicios

Ejercicio 7.1 Se desea hallar la distancia del punto $a = (3, 4)$ al poliedro dado por

$$P := \left\{ x \in \mathbb{R}^2 \mid x_1 + x_2 \le 4, \ x_1 + 2x_2 \le 5, \ -x_1 \le 0, \ -x_2 \le 0 \right\}.$$

Utilícese la función **dispol**.

Solución. Ejecutamos la función **dispol** con los datos actuales:

```
>> A=[1,1;1,2;-1,0;0,-1];
>> b=[4,5,0,0];
>> [sol,d]=dispol([3,4],A,b)
```

Obtenemos la solución: sol= (1.8, 1.6), con distancia mínima d= 2.6833. La figura 7.10 ilustra gráficamente la situación.

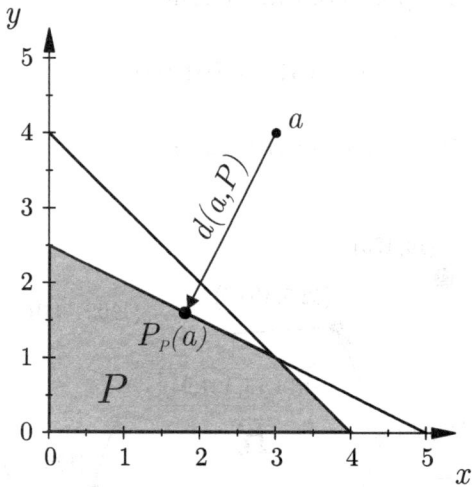

Figura 7.10: Distancia del punto a al poliedro P.

Ejercicio 7.2 Se desea minimizar las distancias de los puntos dados a cada uno de los correspondientes poliedros, mediante la función **dispol**:

(a) $p_1 = (4, 6, 7)$,

$$F_1 = \left\{ \begin{array}{c} x \in \mathbb{R}^3 \mid -x_1 + 3x_2 + x_3 \leq 12, x_1 + 9x_2 \leq 18, \ -x_1 \leq 0, \\ -x_2 \leq 0, \ -x_3 \leq 0 \end{array} \right\}.$$

(b) $p_2 = (-2, 6, 5, 10)$,

$$F_2 = \left\{ \begin{array}{c} x \in \mathbb{R}^4 \mid x_1 + x_2 + 4x_3 \leq 4, \ x_1 + 2x_4 \leq 7, \\ x_1 + x_2 - 3x_3 + 5x_4 \leq 11, \ -x_1 \leq 0, \ -x_2 \leq 0, \\ -x_3 \leq 4, \ -x_4 \leq 0 \end{array} \right\}.$$

Solución. (a) sol= $(3.5122, 1.6098, 7)$; d $= 4.4173$.

(b) sol= $(0, 2.0928, 0.4768, 2.0675)$; d= 10.1316.

7.5. Distancia entre dos poliedros

7.5.1. Ilustración: Construcción de una zanja para conectar dos recintos

Una gran empresa localizada en el recinto R esquematizado en la figura 7.11 (las magnitudes vienen dadas en metros), ha decidido ampliar sus dependencias al recinto S, que acaba de adquirir recientemente. Se quiere comunicar ambos recintos por cable bajo tierra, para lo cual se realizará una zanja en línea recta que una un recinto con otro. Cada posible zanja puede ser representada por un par $(x, y) \in \mathbb{R}^2 \times \mathbb{R}^2$, donde $x \in R$ representa el punto de salida e $y \in S$ el punto de llegada. Suponiendo que el coste del material (tubos, cables...) y las obras es proporcional a la longitud de la zanja, calcular el vector (x, y) que minimiza el coste de las obras.

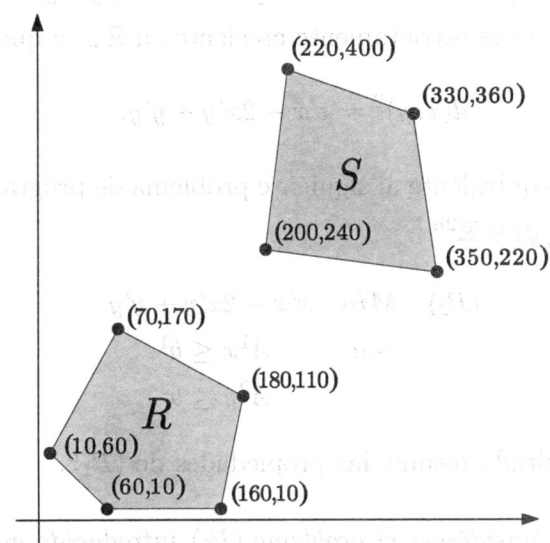

Figura 7.11: Esquema que muestra la localización de los recintos.

Véase la subsección 7.5.3 para la resolución numérica de este problema. A continuación, presentamos un planteamiento general en el que ubicar la ilustración actual.

7.5.2. Planteamiento general

La situación anterior se ajusta al problema de determinar la distancia euclídea entre dos poliedros de $F_1 \subset \mathbb{R}^n$ y $F_2 \subset \mathbb{R}^n$. Como en la sección anterior, los poliedros serán representados como conjuntos de soluciones de sistemas lineales. Concretamente,

$$F_1 = \left\{ x \in \mathbb{R}^n \mid A^1 x \le b^1 \right\} \text{ y } F_2 = \left\{ x \in \mathbb{R}^n \mid A^2 x \le b^2 \right\}.$$

Así pues, el planteamiento del problema sería

$$(P_1) \quad Min \quad d(x,y)$$
$$s.a \quad x \in F_1,$$
$$y \in F_2,$$

donde $d(x,y)$ representa la distancia euclídea entre x e y.

Atendiendo a la representación de los poliedros F_1 y F_2, teniendo en cuenta que la función $t \longmapsto t^2$ es estrictamente creciente en $\mathbb{R}_+$, y que

$$d(x,y)^2 = x'x - 2x'y + y'y,$$

el problema (P_1) es equivalente al siguiente problema de programación cuadrática en la variable $(x,y) \in \mathbb{R}^{2n}$:

$$(P_2) \quad Min \quad x'x - 2x'y + y'y$$
$$s.a \quad A^1 x \le b^1, \tag{7.13}$$
$$A^2 y \le b^2.$$

El siguiente resultado resume las propiedades de (P_2).

Proposición 7.5 *Considérese el problema (P_2) introducido en (7.13). Se tiene que:*

(i) (P_2) es un problema cuadrático convexo;

(ii) (P_2) es resoluble si, y solo si, es consistente.

Demostración. (i) Veamos que la función objetivo de (P_2), que denotaremos por f, es convexa. Sea

$$f(x, y) := x'x - 2x'y + y'y, \quad (x, y) \in \mathbb{R}^{2n}.$$

Se comprueba fácilmente que la matriz hessiana de f en $(x, y) \in \mathbb{R}^{2n}$ está dada por

$$Hf(x, y) = \left(\begin{array}{c|c} I_n & -I_n \\ \hline -I_n & I_n \end{array} \right).$$

Veamos que, para cualquier $(x, y) \in \mathbb{R}^{2n}$, $Hf(x, y)$ es semidefinida positiva: en efecto, para cualquier $z = \left(\begin{smallmatrix} z^1 \\ z^2 \end{smallmatrix} \right) \in \mathbb{R}^{2n}$ se tiene que

$$z' \left(\begin{array}{c|c} I_n & -I_n \\ \hline -I_n & I_n \end{array} \right) z = \left(z^1 \right)' z^1 - 2 \left(z^1 \right)' z^2 + \left(z^2 \right)' z^2 = d(z^1, z^2)^2 \geq 0.$$

Así pues, f es convexa.

(ii) Es consecuencia inmediata del teorema de Frank y Wolfe (teorema 3.7), teniendo en cuenta que $f(x, y) = d(x, y)^2 \geq 0$ para todo (x, y). ∎

7.5.3. Resolución con MATLAB

Nótese que el problema (P_2) introducido en (7.13) se puede ajustar al formato

$$(P_2) \quad Min \quad \frac{1}{2} z'Qz$$
$$s.a \quad Az \leq b,$$

si consideramos

$$z := \begin{pmatrix} x \\ y \end{pmatrix} \in \mathbb{R}^{2n}, \quad Q := 2 \left(\begin{array}{c|c} I_n & -I_n \\ \hline -I_n & I_n \end{array} \right),$$

$$A := \begin{pmatrix} A^1 & 0_{m \times n} \\ 0_{p \times n} & A^2 \end{pmatrix} \quad \text{y } b := \begin{pmatrix} b^1 \\ b^2 \end{pmatrix},$$

donde A^1, A^2, b^1 y b^2 son las matrices y vectores que aparecen en el problema (7.13).

A partir de estos ingredientes implementamos la función **dis2pols** que resuelve el problema de la mínima distancia entre dos poliedros mediante la resolución del problema (P_2).

────────── Inicio función **dis2pols** ──────────

%La función dis2pols resuelve el problema de minimizar la dis-
%tancia entre dos poliedros F1 y F2.
%La sintaxis es [x1,x2,d]=dis2pols(A1,b1,A2,b2), donde el par
%(A1,b1) define al poliedro F1 formado por los puntos x que
%cumplen A1*x<=b1 y el par (A2,b2) define al poliedro F2 for-
%mado por los puntos x que cumplen A2*x<=b2.
%En cuanto a las salidas, x1 y x2 son, respectivamente, los pun-
%tos de los poliedros F1 y F2 que minimizan la distancia en-
%tre ambos, y d es la distancia mínima.

```
function [x1,x2,d]=dist2pols(A1,b1,A2,b2)
[m,n]=size(A1); [p,n]=size(A2);
A=[A1,zeros(m,n);zeros(p,n),A2]; b=[b1;b2];
Q=[eye(n),-eye(n);-eye(n),eye(n)];
[z,fval]=quadprog(Q,zeros(2*n,1),A,b);
x1=z(1:n); x2=z(n+1:2*n); d=sqrt(fval);
```

────────── Fin función **dis2pols** ──────────

A continuación, resolvemos el problema de la zanja planteado en la subsección 7.5.1.

En primer lugar, representamos los recintos R y S como los conjuntos de soluciones de sendos sistemas lineales dados por:

$$R = \left\{ x \in \mathbb{R}^n \mid A^1 x \leq b^1 \right\} \text{ y } S = \left\{ x \in \mathbb{R}^n \mid A^2 y \leq b^2 \right\}.$$

Los coeficientes de los respectivos sistemas se han calculado determinando las ecuaciones de las rectas que unen a cada par de vértices consecutivos de R y S. Consideramos:

$$A^1 := \begin{pmatrix} 6 & 11 \\ 5 & -1 \\ 0 & -1 \\ -1 & -1 \\ -11 & 6 \end{pmatrix}, \quad A^2 := \begin{pmatrix} -8 & 1 \\ -2 & -15 \\ 4 & 11 \\ 7 & 1 \end{pmatrix},$$

$$b^1 = (2290, 790, -10, -70, 250)' \text{ y } b^2 = (-1360, -4000, 5280, 2670)'.$$

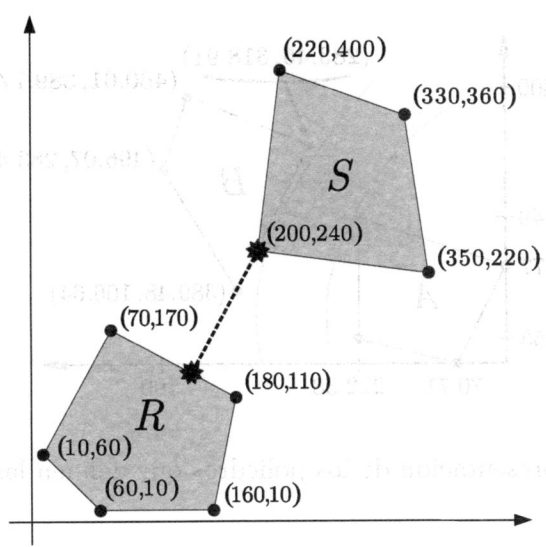

Figura 7.12: Representación gráfica de la solución del problema.

Ejecutamos la función **dis2pols** y obtenemos la solución:

$$\bar{x} = (140.7643, 131.4013) \in R \text{ e } \bar{y} = (200, 240) \in S,$$

con distancia $\bar{d} = 87.4716$ m; véase una ilustración en la figura 7.12.

7.5.4.   Ejercicio propuesto: Construcción de un paso elevado

Ejercicio 7.3 Se pretende construir un paso elevado que una las zonas A y B representadas en la figura 7.13. Cada posible paso elevado puede ser representado por un par $(x, y) \in \mathbb{R}^4$, donde $x \in A$ e $y \in B$ representan los puntos inicial y final del trayecto respectivamente. Calcúlese el par (x, y) que define el paso elevado de menor longitud.

Solución. Utilizando la función **dis2pols** se obtiene que el par

$$((212.38, \ 212.49), (312.12, \ 262.36))$$

define el paso elevado de menor longitud, siendo ésta de 111.52 m.

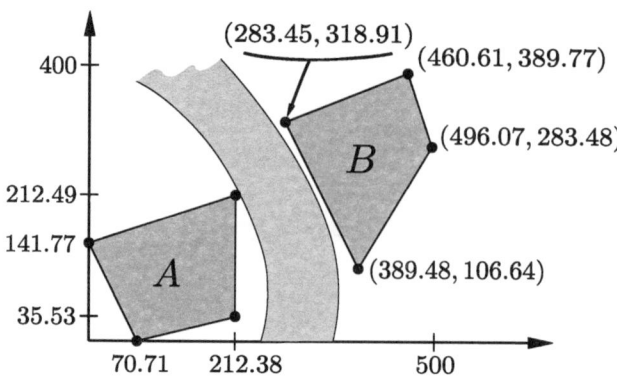

Figura 7.13: Representación de los poliedros que definen las zonas A y B.

7.6. Problema de la cartera óptima

7.6.1. Ilustración: Un problema de inversión en diferentes empresas del IBEX35

Supongamos que un inversor dispone de 20000 euros para comprar acciones de diferentes compañías que cotizan en Bolsa, en particular en algunas de las empresas del IBEX35. Por simplicidad se han elegido 10 compañías de diferentes sectores y $x_1, ..., x_{10}$ representan las cantidades que el inversor destinará a la compra de acciones de cada una; estas cantidades serán las variables de decisión del modelo. El vector que las reúne, que denotaremos por $x = (x_1, x_2, \ldots, x_{10})$, constituye la llamada *cartera de inversión*. Concretamente, $x_1, ..., x_{10}$ se describen de la siguiente manera:

x_1: cantidad invertida en la compra de acciones del Banco Santander,

x_2: cantidad invertida en la compra de acciones de Enagas,

x_3: cantidad invertida en la compra de acciones de Endesa,

x_4: cantidad invertida en la compra de acciones de Iberia,

x_5: cantidad invertida en la compra de acciones de Inditex,

x_6: cantidad invertida en la compra de acciones de Mapfre,

x_7: cantidad invertida en la compra de acciones de Repsol YPF,

x_8: cantidad invertida en la compra de acciones de Sacyr Valle,

x_9: cantidad invertida en la compra de acciones de Telecinco,

x_{10}: cantidad invertida en la compra de acciones de Telefónica.

Así pues, las primeras restricciones del modelo son: todas las variables toman valores no negativos $(x_1, x_2, \ldots, x_{10} \geq 0)$ y la suma total $x_1 + x_2 + \ldots + x_{10}$ ha de coincidir con 20000 euros.

La verdadera dificultad de esta aplicación aparece en la selección de un objetivo que represente fielmente el deseo del inversor, suponiendo que dicho inversor centra su interés en obtener el mayor beneficio posible por la compra/venta de acciones (lo que se llama ganancias del capital). El primer obstáculo que encontramos es que dicho beneficio no es determinístico sino aleatorio (por tanto, no puede preverse con exactitud).

La resolución numérica de esta ilustración se encuentra en la subsección 7.6.3. Seguidamente, centramos nuestra atención en el planteamiento general de la situación.

7.6.2. Planteamiento general

Denotemos por $m > 0$ a la cantidad total que se desea invertir y por x_i a la cantidad empleada en la compra de acciones de la i-ésima compañía, con $i = 1, 2, ..., n$. De este modo $x = (x_1, \ldots, x_n)' \in \mathbb{R}_+^n$ constituye nuestra cartera de inversión. Denotaremos por $B_1, \ldots, B_n$ a los beneficios por unidad monetaria invertida en un determinado periodo de tiempo y por B_x el beneficio total de la cartera en dicho periodo. Se tiene que:

$$B_x := x_1 B_1 + \ldots + x_n B_n.$$

Así pues, un primer planteamiento del modelo es:

$$(P) \quad Max \quad B_x$$
$$s.a \quad x_1 + \ldots + x_n = m,$$
$$x_1, \ldots, x_n \geq 0.$$

En general, $B_1, \ldots, B_n$ son variables aleatorias y, por tanto, B_x es también una variable aleatoria resultante de una combinación lineal de las anteriores.

Con el fin de trabajar con un objetivo determinístico, una técnica estándar consiste en considerar la esperanza matemática (en términos informales el valor promedio) del beneficio, que denotamos por $E(B_x)$, lo que desde luego supone una primera simplificación de la realidad. Si denotamos por c al vector $(E(B_1), \ldots, E(B_n))' \in \mathbb{R}^n$ se tiene que

$$E(B_x) = \sum_{i=1}^{n} x_i E(B_i) = c'x.$$

Otro aspecto a tener en cuenta es la variablidad que presentan los beneficios diarios con respecto a sus valores promedio. Es razonable interpretar esta variabilidad en términos de riesgo, en el sentido de que una alta variabilidad puede conducir a la situación particular de tener beneficios sensiblemente inferiores a los valores esperados. Formalmente, como medida de la variabilidad del beneficio B_x, (y por tanto medida de riesgo) puede considerarse un nuevo estadístico, la varianza, que denotamos por $Var(B_x)$. Podemos expresar dicha varianza de la siguiente manera (puede consultarse en los manuales de estadística)

$$Var(B_x) = x'Qx,$$

donde Q es la llamada *matriz de varianzas y covarianzas*, la cual, en la posición (i,j) con $i \neq j$, tiene la covarianza de las variables B_i y B_j, y en la posición diagonal (i,i), la varianza de B_i.

Modelo de Markovitz. Con todo, el siguiente modelo, llamado *modelo de Markovitz*, formaliza los deseos de maximizar el beneficio esperado y minimizar el riesgo de la cartera de inversión (véase el texto de Suárez [25]):

$$
\begin{aligned}
(PBO) \quad &Max \quad E(B_x) = c'x \\
&Min \quad Var(B_x) = x'Qx \\
&s.a \quad x_1 + \ldots + x_n = m, \\
&\qquad x_1, \ldots, x_n \geq 0.
\end{aligned}
$$

Se trata de un modelo biobjetivo (un objetivo lineal, el beneficio promedio, y otro cuadrático, el riesgo) con restricciones lineales. Una metodología típica de resolución de problemas biobjetivo consiste en optimizar uno de los objetivos y acotar el otro (véanse detalles adicionales en el texto de Novo [17]). Por ejemplo, en nuestra ilustración elegimos como objetivo minimizar el riesgo y añadimos la condición de que deseamos un beneficio esperado superior a determinada cantidad M. De este modo, llegamos al siguiente problema de programación cuadrática, que depende del parámetro M:

$$(P_M) \quad Min \quad x'Qx$$
$$s.\,a \quad c'x \geq M,$$
$$x_1 + \ldots + x_n = m, \tag{7.14}$$
$$x_1, \ldots, x_n \geq 0.$$

Por último, queda pendiente la elección del valor M con el que se acota el beneficio esperado. Con el objetivo de dar una respuesta a esta cuestión, estudiaremos la resolubilidad del problema (P_M).

Proposición 7.6 *Si llamamos $\overline{M}$ al máximo valor de M para el cual (P_M) es consistente, o lo que es es lo mismo, si $\overline{M}$ es el valor óptimo del problema*

$$(\overline{P}) \quad Max \quad c'x$$
$$s.a \quad x_1 + \ldots + x_n = m,$$
$$x_1, \ldots, x_n \geq 0,$$

entonces $\overline{M} < +\infty$ y el problema (P_M) es resoluble si, y solo si, $M \leq \overline{M}$.

Demostración. En primer lugar, $\overline{M} < +\infty$, de hecho $(\overline{P})$ es resoluble en virtud del teorema de Weierstrass (véase la subsección 3.5.1) por tener un conjunto factible no vacío (por ejemplo $(m, 0, \ldots, 0)$ es un punto factible de $(\overline{P})$) y compacto (nótese que todo punto factible, $\overline{x}$, de $(\overline{P})$ verifica $0 \leq \overline{x}_i \leq m$, $i = 1, \ldots, n$).

Si $M \leq \overline{M}$, entonces (P_M) es obviamente consistente y, de hecho, resoluble como consecuencia del Teorema de Weierstrass. Nótese que, de hecho el conjunto factible de (P_M) está contenido en el de $(\overline{P})$.

Por otro lado, dado $M > \overline{M}$, el conjunto factible de (P_M) es vacío, como consecuencia directa de la definición de $\overline{M}$. Así, el problema P_M no es resoluble, lo que prueba la implicación recíproca. ∎

7.6.3. Resolución con MATLAB

En primer lugar, observaremos que, en la práctica, suele ser desconocida la distribución de la variable vectorial $(B_1, ..., B_n)$ y en particular suelen ser desconocidos tanto el vector $c = (E(B_1), E(B_2), \ldots, E(B_n))'$ como la matriz de varianzas y covarianzas, Q. Así pues, nos encontramos ante una nueva dificultad en el planteamiento del modelo (7.14) que comienza con la estimación de c y Q a partir de determinados datos históricos que se recogen en la matriz H, cuyas columnas denotamos por $H_1, H_2, ..., H_n$:

H_1	H_2	$\cdots$	H_n
h_{11}	h_{12}	$\cdots$	h_{1n}
$\vdots$	$\vdots$	$\cdots$	$\vdots$
h_{j1}	h_{j2}	$\cdots$	h_{jn}
$\vdots$	$\vdots$	$\cdots$	$\vdots$
h_{k1}	h_{k2}	$\cdots$	h_{kn}

Concretamente, h_{ij} representa el precio medio de la acción de la j-ésima compañía en el periodo i. A partir de aquí calculamos una matriz de rentabilidades (beneficios) por unidad monetaria invertida en acciones de la j-ésima compañía en el periodo i, $D = (d_{ij})_{i=2,...,k;\ j=1,...,n}$, definida como sigue

$$d_{ij} := \frac{h_{ij} - h_{(i-1)j}}{h_{(i-1)j}}, \quad \text{para todo } i = 2, ..., k;\ j = 1, ..., n.$$

Finalmente, empleamos esta matriz D para realizar nuestras estimaciones. Así pues, estimamos $E(B_1), E(B_2), \ldots, E(B_n)$ por las medias aritméticas de los datos contenidos en las columnas de D; esto es, consideramos:

$$\widehat{c}_j = \frac{\displaystyle\sum_{i=2}^{k} d_{ij}}{k}, \quad para\ j = 1, \ldots, n.$$

Del mismo modo, estimamos Q por las varianzas y covarianzas muestrales de las columnas de D; así, definimos $\widehat{Q} = (\widehat{q}_{rs})_{r,s=1,...,n}$,

$$\widehat{q}_{rs} = \frac{\displaystyle\sum_{i=2}^{k} (d_{ir} - \widehat{c}_r)(d_{is} - \widehat{c}_s)}{k}, \quad r, s = 1, \ldots, n.$$

En consecuencia, el problema que realmente resolveremos está dado por

$$(\widehat{P}_M) \quad Min \quad x'\widehat{Q}x$$
$$s.\ a \quad \widehat{c}'x \geq M,$$
$$x_1 + \ldots + x_n = m, \tag{7.15}$$
$$x_1, \ldots, x_n \geq 0.$$

Finalmente, elegimos una serie de valores para el parámetro M. En nuestro caso, hemos seleccionado un determinado número de puntos, $M_1, ..., M_{n_p}$, equiespaciados en el intervalo

$$\text{Int:} = [\max\{0, v(P_{\min})\}, v(P_{\max})],$$

donde $v(P_{\min})$ y $v(P_{\max})$ representan los valores óptimos de los problemas de optimización lineal $(P_{\min})$ y $(P_{\max})$ siguientes:

$$(P_{\min}) \quad Min \quad \widehat{c}'x \qquad\qquad (P_{\max}) \quad Max \quad \widehat{c}'x$$
$$s.a \quad x_1 + \ldots + x_n = m, \qquad\qquad s.a \quad x_1 + \ldots + x_n = m,$$
$$x_1, \ldots, x_n \geq 0, \qquad\qquad\qquad x_1, \ldots, x_n \geq 0.$$

Seguidamente presentamos la implementación con MATLAB de la resolución del modelo $(\widehat{P}_M)$ descrito en (7.15) para los valores $M_1, ..., M_{n_p}$ del parámetro M indicados en el párrafo anterior. Los problemas $(P_{\min})$ y $(P_{\max})$ se resuelven con ayuda de la función **linprog** y cada uno de los problemas $(\widehat{P}_{M_j})$ con ayuda de **quadprog**.

Nótese que en la sintaxis de MATLAB se ha omitido el símbolo '⌢' en los elementos $\widehat{c}$ y $\widehat{Q}$.

──────────── Inicio función **cartera**────────────

```
%Esta función resuleve el modelo de la cartera de optimización
%(modelo de Markovitz).
%La sintaxis es la siguiente [x,b,r,Q,c,Int]=cartera(H,m,np).
%Los parámetros de entrada son: H matriz de datos históricos
%(por columnas); m es la cantidad a invertir;
%np es el número de puntos o carteras que queremos observar.
%Los parámetros de salida son: x es la cartera óptima; b es
```

```
%el beneficio esperado para dicha cartera; r es el riesgo de la
%misma; Q es la matriz de estimaciones de las varianzas-covarianzas
%de las rentabilidades; c es el vector de beneficios esperados
%e Int es el intervalo de beneficios esperados.
function [x,b,r,Q,c,Int]=cartera(H,m,np)
[k,n]=size(H);
%matriz de diferencias
D=(H(2:k,:)-H(1:k-1,:))./H(1:k-1,:);
%beneficios medios estimados
c=mean(D)';
%matriz de varianzas-covarianzas
Q=cov(D);
%acotamos el beneficio medio esperado
[aux,cmax1]=linprog(-c,[],[],ones(1,n),m,zeros(1,n),[]);
cmax=-cmax1;
if cmax<0 then
    disp('No hay beneficio esperado positivo');
    disp('para ninguna cartera!!!');
    return
end
[aux,cmin]=linprog(c,[],[],ones(1,n),m,zeros(1,n),[]);
cmin=max(0,cmin);
Int=[cmin,cmax];
%calculo de cada uno de los puntos equiespaciados Mj
%para su posterior resolución
Mj=cmin+(cmax-cmin)/(np-1)*[0:1:np-1]';
x=[];r=[];
for i=1:np
   [x1,r1]=quadprog(2*Q,[],-c',-Mj(i),ones(1,n),m,zeros(1,n),[]);
%riesgo
    r=[r;r1];
%cartera
    x=[x;x1'];
```

```
end
%beneficio
b=(c'*x')';
%gráfico con np puntos
plot(b,r,'r.-','LineWidth',1,'MarkerSize',5)
xlabel('Beneficio esperado');ylabel('Riesgo');
title('Beneficio esperado vs Riesgo')
```

―――――――――――――― Fin función **cartera** ――――――――――――――

Resolución de la ilustración del problema de inversión en diferentes empresas del IBEX 35. Para ello, obtenemos los datos referentes a cada una de las empresas de la página www.bolsamadrid.es (véase la figura 7.14).

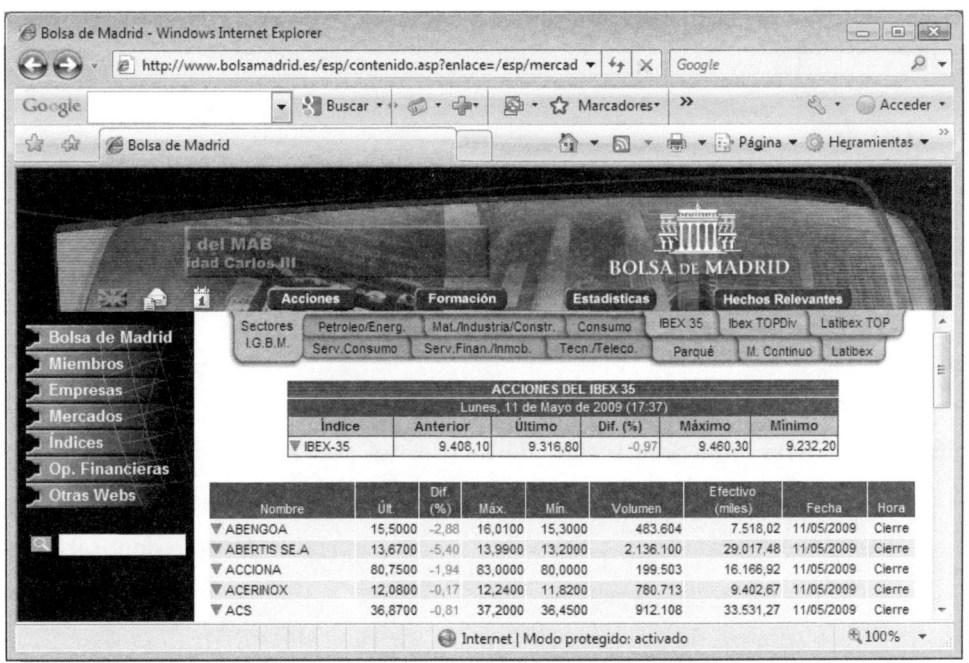

Figura 7.14: Página web de la bolsa de Madrid.

Seguidamente, de nuestras variables seleccionamos la información histórica en el rango que nos interesa. En nuestro caso, hemos considerado datos del 02/01/09 al 16/04/09. En la página web se nos da la opción de mostrar dichos datos históricos en pantalla en formato html o guardar esta información como un fichero .dat; seleccionamos esta última (véase la figura 7.15).

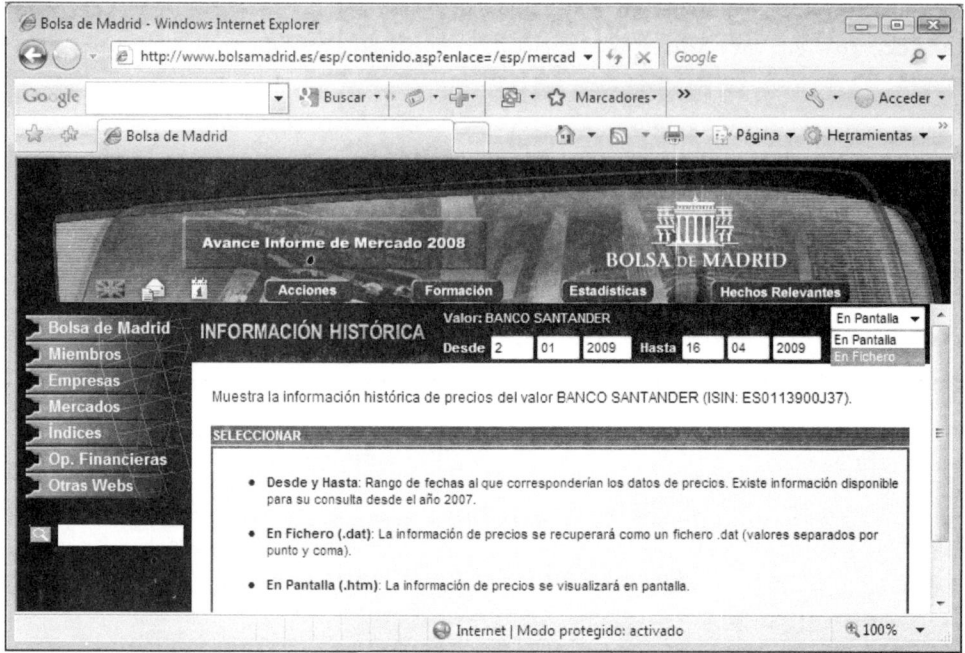

Figura 7.15: Pantalla que nos muestra los distintos formatos para guardar los datos.

Una vez guardados todos los ficheros, se ha creado una base de datos (véase el apéndice A, para una descripción detallada del procedimiento seguido para crear la base de datos) en la que aparecen por columnas las diferentes variables $H_1, \ldots, H_{10}$. Concretamente, el i-ésimo valor de la variable H_j que denotaremos por h_{ij} representa el precio medio unitario (diario) de la acción de la empresa j en el instante (día) i, donde se ha asignado $i = 1$ al día 02/01/09 e $i = 73$ al día 16/04/09.

Ahora, desde MATLAB abrimos la base de datos creada *File→Open*, abrimos directamente el documento Excel. MATLAB nos muestra *Import Wizard*, seleccionamos *Create vector from each column using column names*, *Finish*.

Por comodidad, creamos una matriz, H, con los valores históricos de las variables de interés que denotamos por **sant** (Banco Santander), **enag** (Enagas), **ende** (Endesa), **ibe** (Iberia), **indi** (Inditex), **mapf** (Mapfre), **rep** (Repsol), **sacy** (Sacyr Valle), **t5** (Telecinco) y **telf** (Telefónica), e introducimos los parámetros de entrada en la función cartera. Recordemos que $m = 20000$ (cantidad total a invertir) y hemos elegido $n_p = 10$ (esto es, asignaremos 10 valores del parámetro M que figura en el problema (7.15)).

Así pues, ejecutamos la función **cartera** con los siguientes datos:

```
>> H=[sant,enag,ende,ibe,indi,mapf,rep, sacy,t5,telf];
>> [x,b,r,Q,c,Int]=cartera(H,20000,10)
```

De esta operación, en pantalla se nos muestra el intervalo, Int= $[0, 53.7]$, en el que se tomarán los 10 valores del parámetro M de los beneficios esperados equiespaciados. La matriz $\widehat{Q}$ de varianzas-covarianzas se encuentra en la figura 7.16 y el vector $\widehat{c}$ de beneficios unitarios esperados en la figura 7.17.

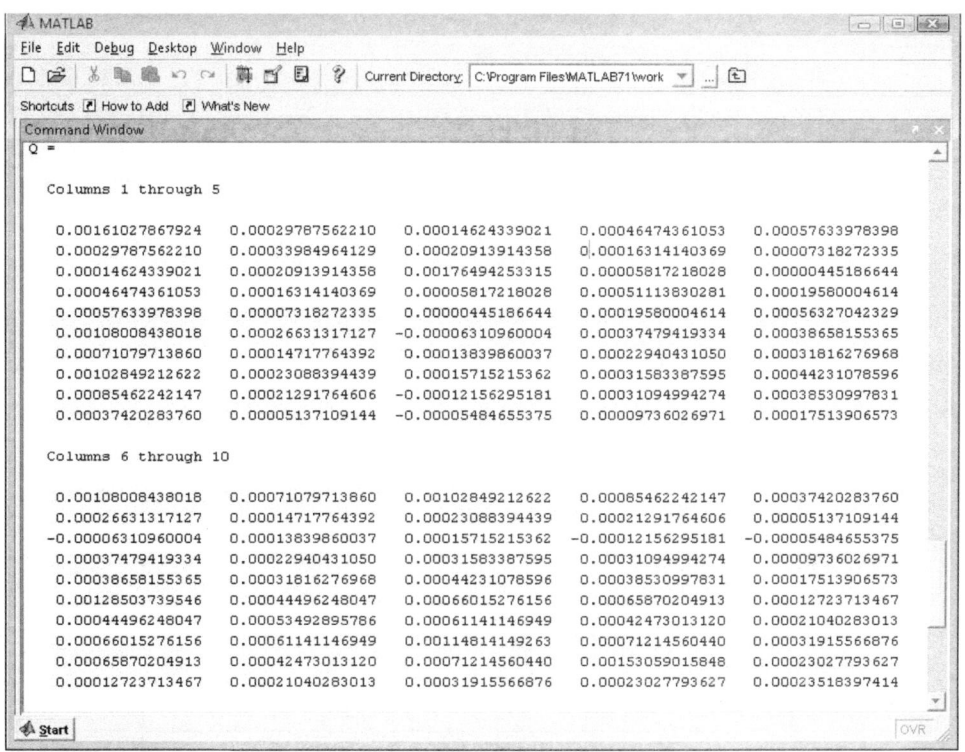

Figura 7.16: Matriz $\widehat{Q}$ del problema de la cartera (7.15).

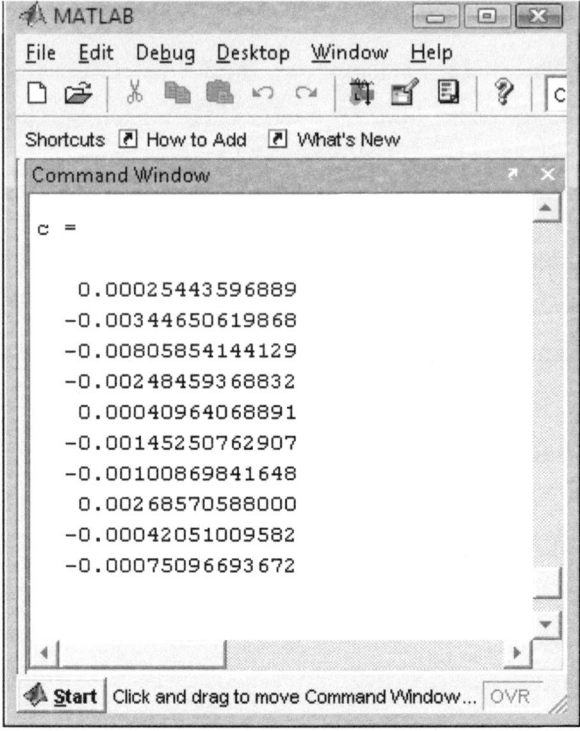

Figura 7.17: Vector $\widehat{c}$ del problema de la cartera (7.15).

A continuación, se muestra una tabla con los resultados obtenidos de esta operación, es decir, las 10 carteras óptimas que hemos pedido junto con beneficio y el riesgo asociado a cada una.

Cartera óptima (en euros)	Beneficio esperado (en euros)	Riesgo (en euros^2)
(0,0,0,0,5048.75,0,0,2665.29,0,12285.96)	0	112546.64
(0,0,0,0,5338.90,0,0,4303.93,0,10357.17)	5.96	130701.47
(0,0,0,0,5629.04,0,0,5942.58,0,8428.38)	11.93	153281.15
(0,0,0,0,5919.19,0,0,7581.23,0,6499.38)	17.90	180285.65
(0,0,0,0,6209.33,0,0,9219.87,0,4570.8)	23.87	211714.98
(0,0,0,0,6499.47,0,0,10858.52,0,2642.01)	29.84	247569.14
(0,0,0,0,6789.62,0,0,12497.17,0,713.22)	35.80	287848.14

Cartera óptima (en euros)	Beneficio esperado (en euros)	Riesgo (en euros^2)
(0,0,0,0,524.34,0,0,14755.66,0,0)	41.77	333931.15
(0,0,0,0,2622.17,0,0,17377.83,0,0)	47.74	390909.04
0,0,0,0,0,0,0,20000,0,0)	53.71	459256.59

Puesto que el problema planteado no tiene solución única, en última instancia, quien ha de elegir una cartera de inversión es el propio inversor. Nuestra labor, entonces, ha consistido precisamente en proporcionar el listado mencionado de 10 soluciones razonables (óptimas en algún sentido) y explicar con claridad la diferencia que hay entre ellas. Como cabe esperar, a medida que mejora un objetivo (a medida que aumenta el beneficio), empeora el otro (aumenta también el riesgo), lo que puede apreciarse en la figura 7.18.

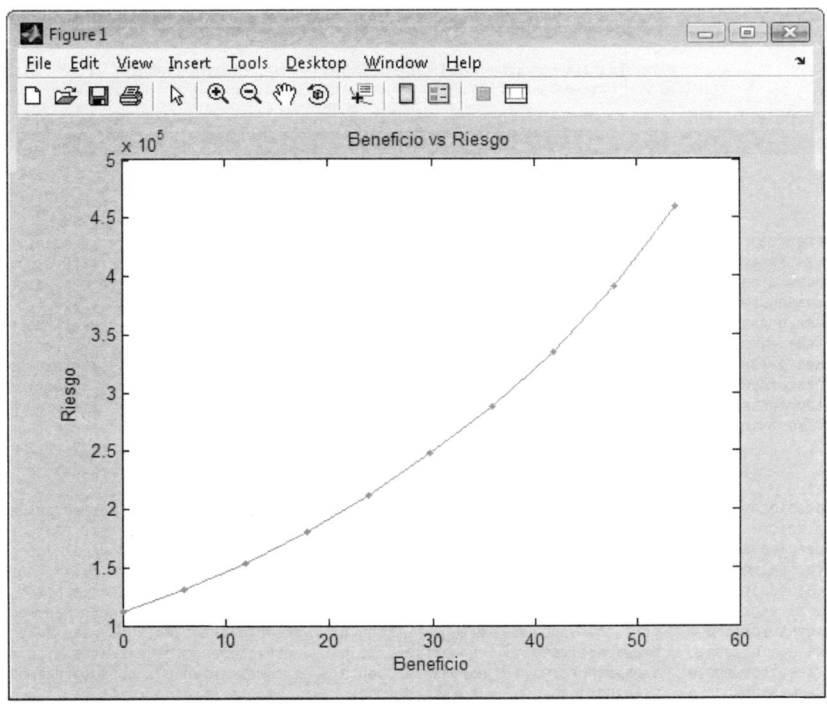

Figura 7.18: Gráfico del beneficio frente al riesgo del ejercicio de la cartera.

7.7.   Dos modelos sencillos de diseño industrial

7.7.1.   Diseño de un contenedor para transportar arena

El coste de transportar arena de un lugar a otro en un contenedor de dimensiones x, y, z es de 200 euros por cada viaje completo. Suponemos que el precio del contenedor depende del material empleado en su elaboración atendiendo a las siguientes observaciones: suponemos que el precio del material de las paredes superior e inferior (ambas de dimensiones $x \times y$) y de los laterales del contenedor (ambos de dimensiones $y \times z$) son el triple y el doble, respectivamente, de las paredes anterior y posterior (de dimensiones $x \times z$). El precio por m^2 de estas últimas paredes asciende a 300 euros.

Se desea determinar las dimensiones óptimas del contenedor en el sentido de minimizar el coste que supone el transporte de 50 m^3 de arena, sabiendo que por cuestiones operativas el volumen del contenedor ha de estar entre 2.5 m^3 y 5 m^3, y todas las dimensiones (x, y, z) han de ser mayores o iguales que 0.5 m.

Nótese que el coste total es la suma del coste del contenedor, C_C y del coste del total de portes necesarios, C_P. El coste del contenedor asciende a:

$$C_C = 300(2xz) + 600(2yz) + 900(2xy) = 600(xz + 2yz + 3xy),$$

y el de los portes (aproximamos el número entero de portes por $\frac{50}{xyz}$):

$$C_P = 200\frac{50}{xyz}.$$

Como restricciones, el enunciado establece que:

$$2.5 \leq xyz \leq 5, \ x \geq 0.5, \ y \geq 0.5, \ z \geq 0.5.$$

Así pues, el problema de optimización que hemos de resolver es el siguiente:

$$\begin{aligned}
(P) \quad &Min \ \ 600(xz + 2yz + 3xy) + \frac{10000}{xyz} \\
&s.a \qquad 2.5 \leq xyz \leq 5, \\
&\qquad\qquad x, y, z \geq 0.5.
\end{aligned} \tag{7.16}$$

Resolución con MATLAB. Las figuras 7.19 y 7.20 muestran las definiciones de la función objetivo y de las restricciones no lineales del problema (7.16)

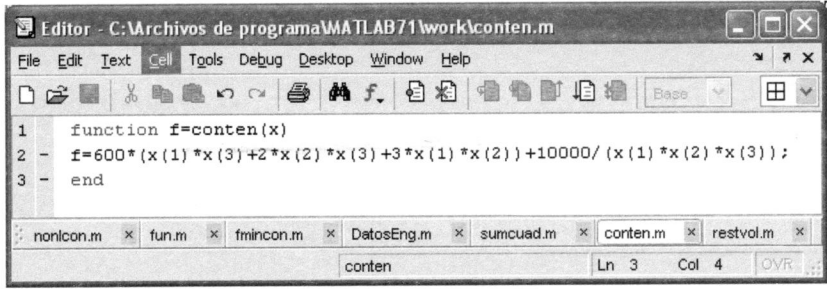

Figura 7.19: Función objetivo del problema (7.16).

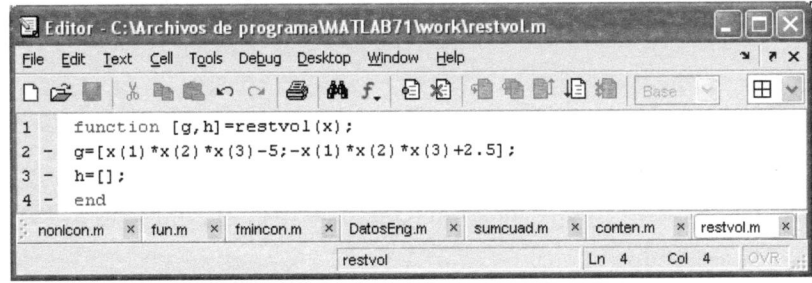

Figura 7.20: Restricciones no lineales del problema (7.16).

en los correspondientes M-archivos denominados **conten** y **restvol**, respectivamente.

Seguidamente, ejecutamos la función **fmincon** (véase la sección 5.2) empleando diferentes semillas:

- Con la semilla [1 2 2]:

```
>> [x,f,e,o]=fmincon('conten',[1 2 2],[],[],[],[],
[0.5 0.5 0.5],[],'restvol')
```

En este caso se obtiene

```
x=[1.4938   0.7469   2.2407], f = 1.0025e+004,

e=4,                o.firstorderopt: 7.2059e-005.
```

- Con la semilla [2 1 2]:

```
>> [x,f,e,o]=fmincon('conten',[2 1 2],[],[],[],[],[0.5 0.5 0.5],
[],'restvol')
```

Se obtiene:

x=[1.4938 0.7469 2.2407], f = 1.0025e+004,

e=5,   o.firstorderopt:1.1307e-005.

- Con la semilla [1 1.5 2]:

```
>> [x,f,e,o]=fmincon('conten',[1 1.5 2],[],[],[],[],[0.5 0.5
0.5],[],'restvol')
```

Se obtiene:

x=[1.4938 0.7469 2.2407], f = 1.0025e+004,

e=5,   o.firstorderopt: 7.8234e-005

En todos los casos se obtiene el mismo punto x, con el mismo valor de la función objetivo. Además, e (=exitflag) toma valores positivos, lo que se corresponde con la presencia de reglas de parada satisfactorias. En todos los casos 'o.firstorderopt' toma valores del orden de 10^{-5}, lo que significa que se producen buenas aproximaciones de las condiciones de KKT. Por ejemplo, en el último caso, o.firstorderopt: 7.8234e-005 significa que:

$$\left\|\nabla f\left(x\right)+\sum_{i=1}^{m}\lambda_i\nabla g_i\left(x\right)\right\|_{\infty}\leq 7.8234\times 10^{-5},$$

$$|\lambda_i g_i\left(x\right)|\leq 7.8234\times 10^{-5}, \text{ para todo } i,$$

donde aquí f representa la función objetivo del problema y g_i la función que determina la i-ésima restricción de desigualdad ($g_i\left(x\right)\leq 0$).

Una cuestión de análisis de sensibilidad del modelo. ¿Cómo reper-cutiría en el coste mínimo de transporte la relajación de las restricciones acerca del volumen del contenedor? Esto es, qué ocurriría si se permitiera un ligero aumento del miembro derecho de $xyz \leq 5$ y una ligera disminución del miembro derecho de $xyz \geq 2.5$.

Para responder a esta cuestión, observamos los valores correspondientes de los multiplicadores de KKT, que se encuentran en el quinto de los argumentos de salida. Así pues, hemos de ejecutar **fmincon** con la siguiente sintaxis (de nuevo, véase la sección 5.2 para detalles).

```
>> [x,f,e,o,l]=fmincon('conten',[1 1.5 2],[],[],[],[],[0.5 0.5
0.5],[],'restvol')
```

Como salida obtenemos:

```
l =
lower: [3x1 double]
upper: [3x1 double]
eqlin: [0x1 double]
eqnonlin: [0x1 double]
ineqlin: [0x1 double]
ineqnonlin: [2x1 double]
```

Seguidamente escribimos:

```
>> l.ineqnonlin
```

Y obtenemos:

```
ans=
0
6.6391
```

Atendiendo a la posición en la que hemos introducidos las restricciones (véase la figura 7.20), el multiplicador de KKT asociado a la restricción '$xyz \leq 5$' es nulo, por lo que un ligero aumento del miembro derecho, no provocaría cambio en el valor óptimo (coste) del problema; por su parte, el multiplicador asociado a '$-xyz \leq -2.5$' es 6.6391 por lo que, en términos informales, si relajamos ligeramente esta restricción quedando $xyz \geq 2.5 - \varepsilon$ para ε suficientemente pequeño, el objetivo mejoraría (disminuiría) en 6.6391ε.

7.7.2. Construcción de una tubería

Se desea construir una tubería para la canalización del cableado de determinado recinto. La tubería se construirá uniendo tubos cilíndricos (véase la figura 7.21), todos del mismo tamaño. Se desea fabricar los tubos de manera que tengan el menor peso posible, sabiendo que el peso de un cm^3 de tubo es de 0.45 gramos. En cuanto al tamaño del tubo, existen algunas restricciones: la longitud, l, ha de estar comprendida entre 10 m y 30 m, y el grosor del tubo ($r_2 - r_1$) ha de estar comprendido entre 0.5 cm y 1.5 cm. Además, el diámetro exterior debe estar entre 5 cm y 17 cm y el volumen interior del tubo no debe ser inferior a 0.022 m^3.

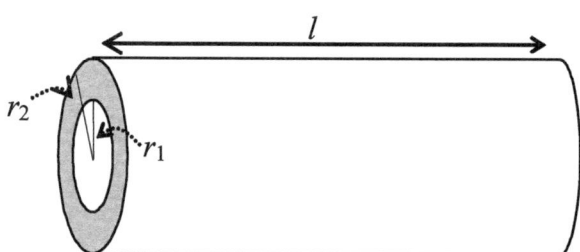

Figura 7.21: Ilustración de la forma de un tubo.

Con todo, el planteamiento del problema sería

$$
\begin{aligned}
(P) \quad Min \quad & 0.45\pi l \left(r_2^2 - r_1^2\right) \\
s.a \quad & 1000 \leq l \leq 3000, \\
& 0.5 \leq r_2 - r_1 \leq 1.5, \\
& 5 \leq 2r_2 \leq 17, \\
& \pi l r_1^2 \geq 22000, \\
& r_1, r_2, l \geq 0.
\end{aligned}
\tag{7.17}
$$

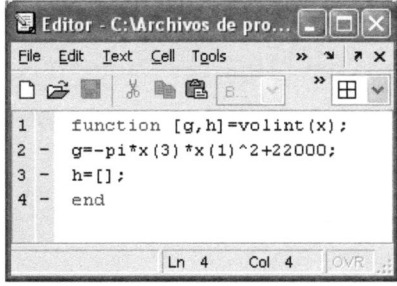

Figura 7.22: Restricción no lineal del problema 7.17.

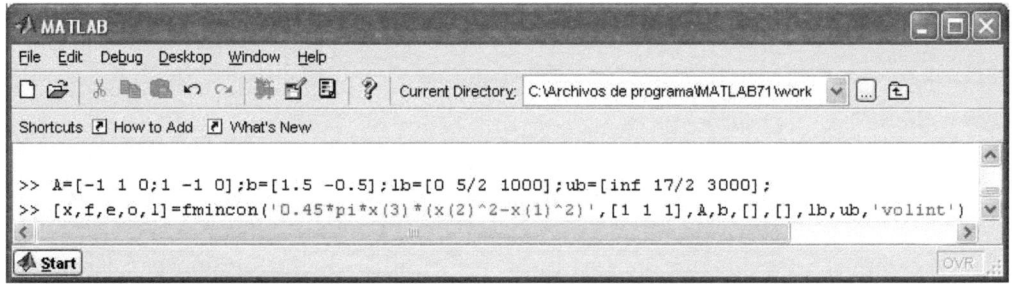

Figura 7.23: Resolución del problema 7.17.

Resolución con MATLAB. Se trata de un problema de PNL con restricciones, una de ellas no lineal que se define en el fichero **volint.m** (véase la figura 7.22). La función objetivo, las restricciones lineales y las cotas (donde se han evitado redundancias; por ejemplo, se ha introducido la cota $l \geq 1000$ y no $l \geq 0$ que sería redundante) se han introducido directamente en la ventana de comandos de MATLAB como se muestra en la figura 7.23. La asignación de variables es

$$x(1) := r_1, \ x(2) := r_2, \ x(3) := l.$$

Se ha tomado como semilla el punto [1,1,1].

Como salidas obtenemos:

x=[2.6 3.1 1000], f=4094.5, e=1,0.firstorderopt: 9.7126e-011.

Aceptamos **x** como solución ($r_1 = 2.6$ cm, $r_2 = 3.1$ cm, $l = 10$ m) puesto que la regla de parada es satisfactoria: e=exitflag=1, lo que indica que se verifican aproximadamente las condiciones de KKT. Formalmente, si denotáramos por f a la función objetivo y por $g_i(x) \leq 0$ a la i-ésima restricciones, $i = 1, ..., m$, se tiene que

$$\left\| \nabla f(x) + \sum_{i=1}^{m} \lambda_i \nabla g_i(x) \right\|_\infty \leq 9.7126 \times 10^{-11},$$

$$|\lambda_i g_i(x)| \leq 9.7126 \times 10^{-11}, \text{ para todo } i.$$

El peso del tubo sería `f=4094.5` gramos.

Una cuestión de análisis de sensibilidad: ¿Cómo repercutiría en el peso óptimo el hecho de relajar ligeramente la restricción acerca del volumen interior?

Para responder a esta cuestión, observamos el multiplicador de KKT asociado a dicha restricción; esto es,

$$\texttt{l.ineqnonlin=0.0850,}$$

lo que podemos interpretar en términos informales de la siguiente forma: si cambiamos el miembro derecho de la restricción '$\pi l r_1^2 \geq 22000$' por $22000 - \varepsilon$ cm^3, para ε suficientemente pequeño, el peso óptimo mejoraría (disminuiría) en 0.0850ε gramos.

7.8. Un problema de engorde del ganado vacuno

Los modelos que presentamos en esta sección han sido extraídos del trabajo de Allueva *et ál.* [1] (véanse también las referencias que se dan dentro del trabajo). Como se adelantó en la subsección 7.3.5, el proceso de engorde del ganado vacuno se divide en dos fases: fase de iniciación (hasta los 300 kg) y fase de acabado. El objetivo de esta aplicación es el de minimizar el coste del engorde de un ternero en cada una de las fases mencionadas, suponiendo que éste depende del pienso empleado en su alimentación y del coste diario correspondiente al mantenimiento del animal. Concretamente, en los modelos se consideran tres variables:

M : cantidad (en kg) de una mezcla de maíz en grano con ensilado empleada en una ración de pienso.

S : cantidad (en kg) de soja empleada en la ración de pienso.

D : número de días necesarios para alcanzar el nivel mínimo de peso exigido.

Seguidamente, presentamos el modelo de optimización que se considera en la fase de iniciación (puede consultarse el mismo trabajo [1, pg. 125] para la descripción del modelo de la fase de acabado).

Fase de iniciación. En esta fase, los costes de un kg de la mezcla de maíz y de soja empleada en la ración de pienso tienen un coste de 16.15 y 34.67 unidades monetarias (u.m.), respectivamente. Por su parte, el coste de mantenimiento diario del animal es de 94.86 u.m. Además, se desea que la ganancia de peso del ternero sea de al menos 55.74 kg. Dicha ganancia se modeliza según la siguiente función de producción de Cobb-Douglas (véase de nuevo la subsección 7.3.5 para detalles relacionados):

$$(M, S) \mapsto 5.3572 M^{0.36315} S^{0.12994}.$$

Por otro lado, una componente importante de la ración de pienso es cantidad de proteína aportada. El porcentaje de proteína de la mezcla de maíz en la fase de iniciación es del 8.43 % y el porcentaje de proteína de la soja es de 51.5 %. Con todo, en la fase de iniciación se exige que el contenido de proteína de la ración de pienso sea de al menos 26.73 kg.

Finalmente, el número de días que deben transcurrir (D) ha de ser, al menos, el necesario para que se alcance un cierto incremento de peso diario que viene determinado por la función de ganancia de peso. Concretamente, en esta fase, este comentario se formaliza a través de la restricción $1024D \geq \frac{5.3572}{1.69} M^{0.36315} S^{0.12994}$.

El enunciado descrito en los párrafos anteriores se corresponde con el siguiente modelo de optimización ([1, pg. 125]):

$$
\begin{aligned}
(P) \quad Min \quad & 16.15M + 34.67S + 94.86D \\
s.a \quad & 5.3572 M^{0.36315} S^{0.12994} \geq 55.74, \\
& 0.843M + 0.515S \geq 26.73, \\
& \frac{5.3572}{1.69} M^{0.36315} S^{0.12994} \leq 1.024D, \\
& M, S, D \geq 0.
\end{aligned}
\tag{7.18}
$$

Resolución con MATLAB (véase la sección 5.2 para detalles). La figura 7.24 muestra la definición de las restricciones no lineales en un M-archivo

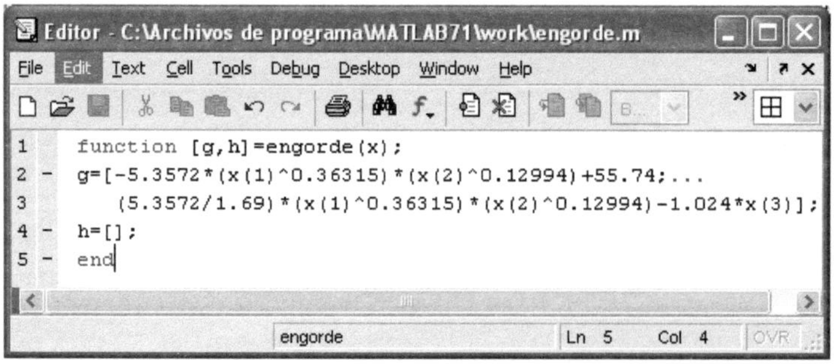

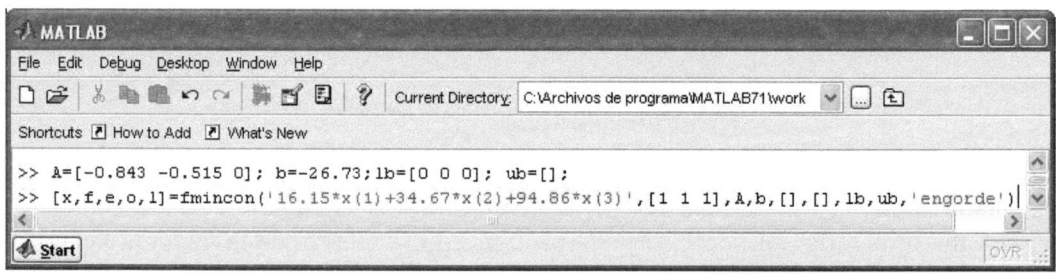

Editor - C:\Archivos de programa\MATLAB71\work\engorde.m
File Edit Text Cell Tools Debug Desktop Window Help
function [g,h]=engorde(x);
g=[-5.3572*(x(1)^0.36315)*(x(2)^0.12994)+55.74;...
(5.3572/1.69)*(x(1)^0.36315)*(x(2)^0.12994)-1.024*x(3)];
h=[];
end
engorde
Ln 5 Col 4
OVR

Figura 7.24: Restricciones no lineales del problema 7.18.

MATLAB
File Edit Debug Desktop Window Help
Current Directory: C:\Archivos de programa\MATLAB71\work
Shortcuts How to Add What's New
>> A=[-0.843 -0.515 0]; b=-26.73;lb=[0 0 0]; ub=[];
>> [x,f,e,o,l]=fmincon('16.15*x(1)+34.67*x(2)+94.86*x(3)',[1 1 1],A,b,[],[],lb,ub,'engorde')
Start
OVR

Figura 7.25: Sintaxis de la resolución del problema 7.18.

(**engorde.m**) y, a continuación, en la figura 7.25 se encuentra el resto de la sintaxis empleada en la resolución del problema 7.18. La asignación de variables es x(1):=M, x(2)=S y x(3)=D.

De entre las salidas que produce MATLAB destacamos las siguientes:

```
x=[185.3622 30.8956 32.2092],
```

esto es, $M = 185.3622$ kg, $S = 30.8956$ kg y $D = 32.2092$ días.

El valor de la función objetivo es:

```
f=7.1201e+003,
```

esto es, el coste asciende a 7120.1 unidades monetarias.

Además,

```
e (=exitflag)=1,
```

lo que indica que se cumplen aproximadamente las condiciones de KKT. De hecho, puesto que:

$$\text{o.firstorderopt: } 5.0558e\text{-}007,$$

se tiene que:

$$\left\| \nabla f(x) + \sum_{i=1}^{m} \lambda_i \nabla g_i(x) \right\|_\infty \leq 5.0558 \times 10^{-7},$$

$$|\lambda_i g_i(x)| \leq 5.0558 \times 10^{-7}, \text{ para todo } i,$$

donde f representa la función objetivo y $\{g_i(x) \leq 0, \ i = 1, ..., m\}$ el sistema de restricciones del problema (7.18).

Una cuestión de análisis de sensibilidad. ¿Cómo repercute en el coste una ligera relajación de la restricción relativa al engorde mínimo exigido, esto es, de la restricción $5.3572 M^{0.36315} S^{0.12994} \geq 55.74$?

Atendiendo al valor del correspondiente multiplicador de KKT:

$$\text{l.ineqnonlin=202.7053,}$$

si se admitiera un engorde mínimo de $55.74 - \varepsilon$, para $\varepsilon > 0$ suficientemente pequeño, el coste disminuiría en 202.7053ε unidades monetarias.

Apéndice A

Creación de una base de datos con Excel

Este apéndice recoge algunos detalles sobre la creación de la base de datos empleada en la resolución del problema de la cartera óptima que se encuentra en la subsección 7.6.3. Una forma de proceder es la siguiente: desde Excel vamos a *Datos→desde texto*, y abrimos uno de los ficheros que hemos guardado como .dat (por ejemplo, SAN088635), seleccionamos *importar*.

Aparece, entonces, el asistente para importar texto. Realizamos tres pasos:

Paso 1. Seleccionamos las opciones *Delimitados, Comenzar a importar en la fila 4 y Origen del archivo Windows (ANSI), siguiente.*

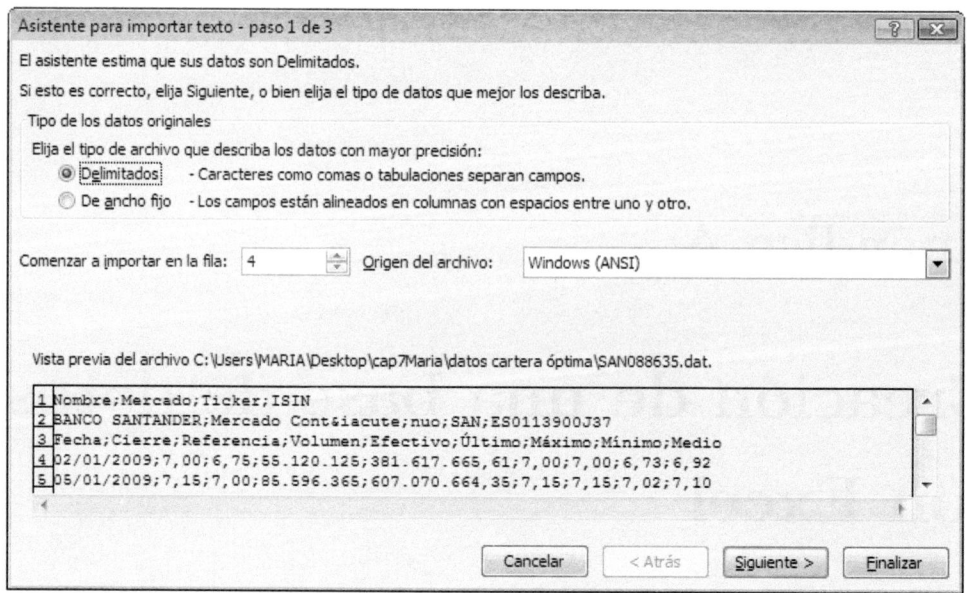

Paso 2. Seleccionamos *Tabulación* y *Punto y coma*, y pulsamos *siguiente*.

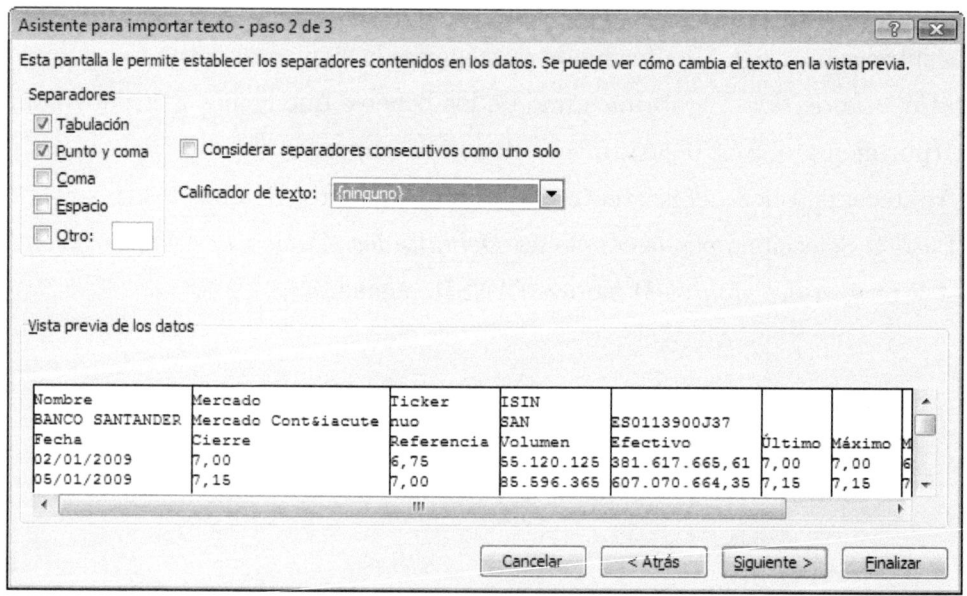

Paso 3. Seleccionamos de Formato de los datos en columnas *General*, *finalizar*.

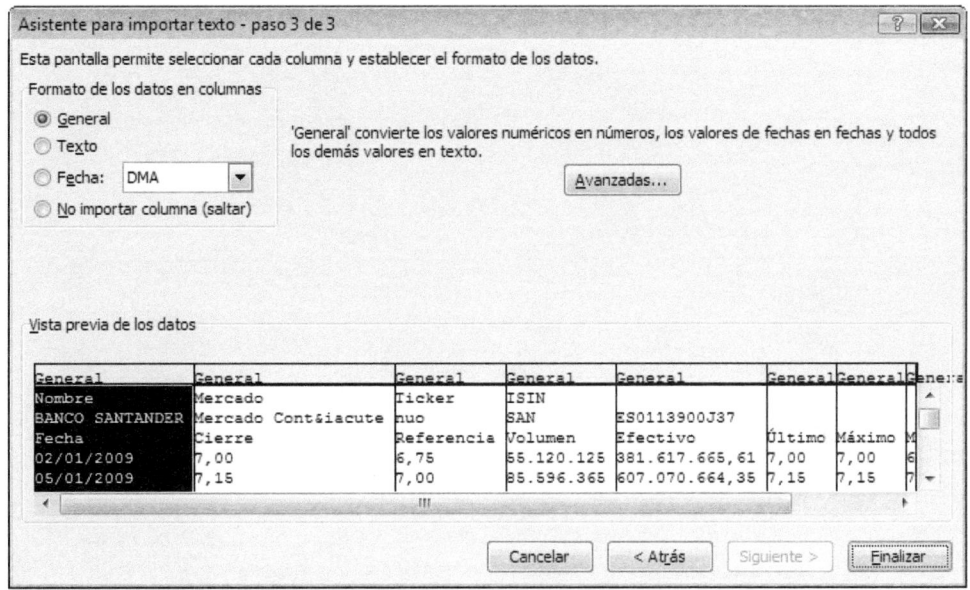

Y nos aparece en pantalla la siguiente ventana, le damos a *aceptar*.

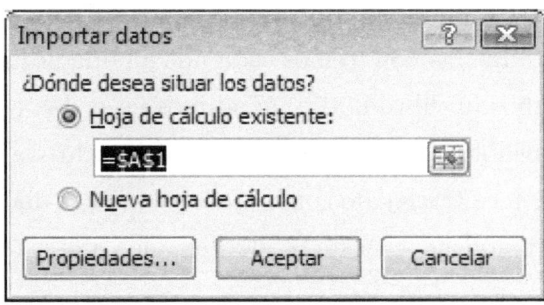

Obtenemos el siguiente resultado de esta operación.

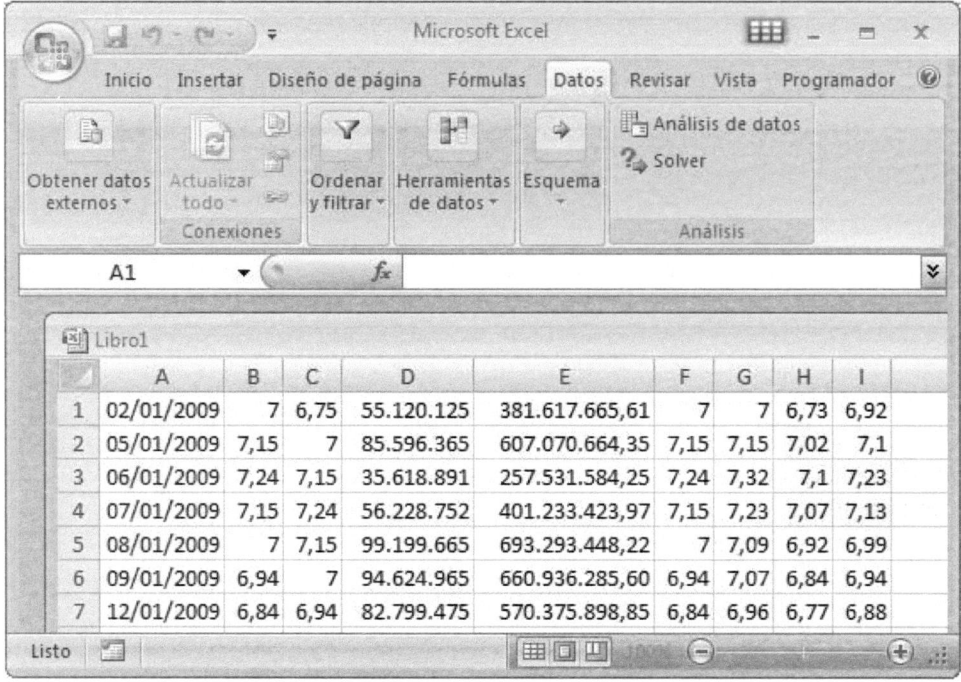

	A	B	C	D	E	F	G	H	I
1	02/01/2009	7	6,75	55.120.125	381.617.665,61	7	7	6,73	6,92
2	05/01/2009	7,15	7	85.596.365	607.070.664,35	7,15	7,15	7,02	7,1
3	06/01/2009	7,24	7,15	35.618.891	257.531.584,25	7,24	7,32	7,1	7,23
4	07/01/2009	7,15	7,24	56.228.752	401.233.423,97	7,15	7,23	7,07	7,13
5	08/01/2009	7	7,15	99.199.665	693.293.448,22	7	7,09	6,92	6,99
6	09/01/2009	6,94	7	94.624.965	660.936.285,60	6,94	7,07	6,84	6,94
7	12/01/2009	6,84	6,94	82.799.475	570.375.898,85	6,84	6,96	6,77	6,88

La última columna es la de interés, procedemos de igual forma en todas las variables, por comodidad las pondremos cada una en una hoja del libro de Excel. Seguidamente, abrimos un libro nuevo, añadimos en orden alfabético la última columna de cada variable, que es la correspondiente a los valores medios (pues en esta ilustración hemos trabajado con los valores medios diarios de las acciones de las diferentes compañías). De este modo llegamos a la siguiente ventana:

	A	B	C	D	E	F	G	H	I	J	K
1	sant	enag	ende	ibe	indi	mapf	rep	sacy	t5	telf	
2	6,92	15,64	28,99	2,01	32,75	2,44	15,62	6,63	7,77	16,20	
3	7,10	15,56	29,14	2,01	32,84	2,48	15,83	7,00	8,12	16,40	
4	7,23	15,73	29,26	2,05	34,11	2,59	16,21	7,24	8,43	16,39	
5	7,13	15,76	29,34	2,06	33,18	2,60	15,94	7,34	8,09	16,17	
6	6,99	15,62	29,23	2,06	31,23	2,58	15,95	7,30	7,98	16,03	
7	6,94	15,59	29,69	2,10	30,61	2,56	16,14	7,36	7,99	16,05	
8	6,88	15,27	28,85	2,11	30,16	2,55	15,81	7,16	7,94	15,90	
9	6,58	15,02	27,96	2,01	29,76	2,48	15,44	6,75	7,84	15,60	
10	6,21	15,02	26,69	2,00	29,36	2,45	15,62	6,71	7,68	15,23	
11	6,08	14,86	26,64	2,02	28,03	2,45	14,47	6,58	7,71	14,96	
12	6,25	15,08	25,81	2,06	29,03	2,48	14,44	6,62	7,79	15,17	
13	5,89	14,91	25,41	2,05	28,90	2,29	14,28	6,42	7,86	15,12	
14	5,58	14,50	25,44	1,96	28,03	2,16	14,04	6,28	7,51	15,08	
15	5,35	13,97	23,75	1,92	28,20	2,09	13,73	5,92	6,69	14,82	

Por último, guardamos la base de datos; es importante que este libro contenga solo la hoja de la base de datos, para evitar problemas de lectura (a la hora de importar) desde el MATLAB.

Bibliografía

[1] Allueva, A., Sánchez, M., Pérez, A., La programación geométrica en la economía de las producciones ganaderas, Trabajos de Investigación Operativa, vol. 6, n.º 1, pp.117-130, 1991.

[2] Barbolla, R., Cerdá, E., Sanz, P., Optimización matemática: teoría, ejemplos y contraejemplos, Espasa-Calpe, Madrid, 1991.

[3] Barbolla, R., Cerdá, E., Sanz, P., Optimización: cuestiones, ejercicios y aplicaciones a la economía, Pearson Educación, Madrid, 2000.

[4] Bazaraa, M.S., Sherali, H.D., Shetty, C.M., Nonlinear Programming: Theory and Algorithms, John Wiley & Sons, NY, 1993.

[5] Bertsekas, D.P., Nonlinear programming, Belmont, Mass. Athena Scientific, 1995.

[6] Cobb, C.W., Douglas, P.H., A Theory of Production, American Economic Review 18 (supplement): 139-165, 1928.

[7] Díaz, A., Novo, V., Perán, J., Optimización. Casos Prácticos, Universidad Nacional de Educación a Distancia, Madrid, 2000.

[8] Farkas, GY., Theorie der einfachen Ungleichungen, J. Reine Angew. Math., 124, pp.1-27, 1901.

[9] Fletcher, R., Practical Methods of Optimization, John Wiley & Sons, New York, 1987 / 2nd. Edition.

[10] Frank, M., Wolfe, P., An algorithm for quadratic programming, Naval Research Logistics Quaterly, vol. 3, pp. 95-110, 1956.

[11] Goberna, M.A., López, M.A., Linear Semi-Infinite Optimization, John Wiley and Sons, Chichester (UK), 1998.

[12] Goberna, M.A., Jornet, V., Puente, R., Optimización Lineal. Teoría, métodos y modelos. McGraw-Hill / Interamericama de España, Madrid, 2004.

[13] Hillier, F., Lieberman, G., Introduction to Operations Research, Mcgraw-Hill, 2005.

[14] Kelley, J.L., General Topology, D. van Norstrand Company Ind., New York, 1955.

[15] Kuhn, H. W., Tucker, A. W., Nonlinear programming, Proc. 2nd Berkeley Symposium on Mathematical Statistics and Probability, J. Neyman (Ed.), University of California Press, Berkeley, Calif., 1951.

[16] Luenberger, D.G., Linear and nonlinear programming, Mass. Addison-Wesley, 1984.

[17] Novo, V., Teoría de la optimización, UNED, Madrid, 1999.

[18] Pelegrín, B., Cánovas, L., An improvement and an extension of the Elziga & Hearn's algorithm to the 1-center problem in R^n with l_{2b}-norms, Top, vol. 4, n.º 2, pp. 269-284, 1996.

[19] Perez, C., MATLAB y sus Aplicaciones en las Ciencias y la Ingeniería, Prentice Hall, 2002.

[20] Peterson, D. W., A review of constraint qualifications in finite-dimensional spaces, SIAM Review, vol. 15 n.º 3, 1973.

[21] Prawda, J., Métodos y modelos de Investigación de Operaciones (vol. I), Limusa, México, 1989.

[22] Prékopa A., On the development of optimization theory, American Mathematical Monthly, 87, pp.527-542, 1980.

[23] Rockafellar, R.T., Convex Analysis, Princeton University Press, NJ, 1970.

[24] Sylvester, J.J., A question in the geometry of situation, Quart. J. Pure Appl. Math., 1, p. 79, 1857.

[25] Suárez, A.S., Decisiones Óptimas de Inversión y Financiación en la Empresa, Madrid: Ediciones pirámide, 1998.

[26] Taha, H. A., Investigación de Operaciones, Alfaomega, México, 1991 (2.ª ed.).

[27] Venkataraman, P., Applied optimization with MATLAB programming, John Wiley & Sons, 2009.

[28] Winston, W.L., Investigación de Operaciones: Aplicaciones y Algoritmos, México: Thompson, 2005 (4.ª ed.).

Símbolos y abreviaturas

B : bola unidad abierta para la norma $\|\cdot\|$

$\mathrm{bd}(X)$: frontera del conjunto X

c : vector de coeficientes de la función objetivo del problema (P) de PL

$cl(X)$: clausura (o adherencia) del conjunto X

$\mathrm{conv}(X)$: envoltura convexa del conjunto $\varnothing \neq X \subset \mathbb{R}^k$

CQ: (del inglés, *constraint qualification*) cualificación de restricciones

d : distancia en $\mathbb{R}^k$, $k \in \mathbb{N}$

F : conjunto factible

$\mathcal{G}$: conjunto de óptimos globales

$\nabla f(x)$: gradiente de f en x

$Hf(x)$: matriz hessiana de f en x

$\inf X$: ínfimo del conjunto $X \subset \mathbb{R}$ ($\inf \varnothing := +\infty$)

$\mathrm{int}(X)$: interior del conjunto X

$\mathcal{L}$: conjunto de óptimos locales

LCQ: (del inglés, *linear constraint qualification*) cualificación de restricciones de linealidad

LICQ: (del inglés, *linear independence constraint qualification*) cualificación de restricciones de independencia lineal

$\mathcal{N}$: conjunto de puntos donde no se cumple LCQ, ni LICQ, ni SCQ

$\mathbb{N}$: conjunto de los números naturales $\{1,2,...\}$

$\|\cdot\|$: norma arbitraria en $\mathbb{R}^k$, $k \in \mathbb{N}$

$\|\cdot\|_p$: p-norma en $\mathbb{R}^k$, $k \in \mathbb{N}$, $p \in [1, +\infty]$ ($p = +\infty$ norma de Chebyshev)

PC, PL, PNL : programación cuadrática, programación lineal, programación no lineal

$\mathcal{P}_{KKT}$: conjunto de puntos de Karush-Kuhn-Tucker

$\mathbb{R}$ $(= \,]-\infty, +\infty[)$: conjunto de los números reales

SCQ : (del inglés, *Slater constraint qualification*) cualficación de restricciones de Slater

$\sup X$: supremo del conjunto $X \subset \mathbb{R}$ $(\sup \varnothing := -\infty)$

v : valor óptimo

$\mathbb{Z}$: conjunto de los números enteros

Índice alfabético